Eurocode 6

Jetzt diesen Titel zusätzlich als E-Book downloaden und 70 % sparen!

Als Käufer dieses Buchtitels haben Sie Anspruch auf ein besonderes Kombi-Angebot: Sie können den Titel zusätzlich zum Ihnen vorliegenden gedruckten Exemplar für nur 30 % des Normalpreises als E-Book beziehen.

Der BESONDERE VORTEIL: Im E-Book recherchieren Sie in Sekundenschnelle die gewünschten Themen und Textpassagen. Denn die E-Book-Variante ist mit einer komfortablen Volltextsuche ausgestattet!

Deshalb: Zögern Sie nicht. Laden Sie sich am besten gleich Ihre persönliche E-Book-Ausgabe dieses Titels herunter.

In 3 einfachen Schritten zum E-Book:

❶ Rufen Sie die Website **www.beuth.de/e-book** auf.

❷ Geben Sie hier Ihren persönlichen, nur einmal verwendbaren E-Book-Code ein:

29779BA083420D1

❸ Klicken Sie das „Download-Feld" an und gehen dann weiter zum Warenkorb. Führen Sie den normalen Bestellprozess aus.

Hinweis: Der E-Book-Code wurde individuell für Sie als Erwerber dieses Buches erzeugt und darf nicht an Dritte weitergegeben werden. Mit Zurückziehung dieses Buches wird auch der damit verbundene E-Book-Code für den Download ungültig.

Eurocode 6

Herausgeber:
Deutscher Ausschuss für Mauerwerk e. V. (DAfM)

C.-A. Graubner, E. Brehm, V. Förster, D. Ostendorf
B. Purkert, D. Schermer, U. Schmidt, E. Scheller

Eurocode 6

DIN EN 1996 mit Nationalen Anhängen: Bemessung und Konstruktion von Mauerwerksbauten

Kommentierte Fassung

1. Auflage 2020

Ideelle Mitherausgeber:

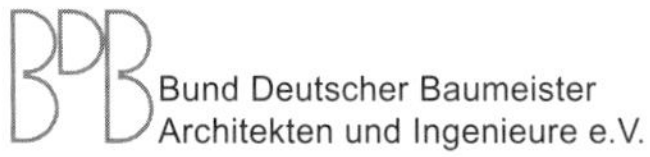

Herausgeber: Deutscher Ausschuss für Mauerwerk e. V. (DAfM)

Berlin · Wien · Zürich
Saatwinkler Damm 42/43
13627 Berlin

Telefon: +49 30 2601-0
Telefax: +49 30 2601-1260
Internet: www.beuth.de
E-Mail: kundenservice@beuth.de

Rotherstraße 21
10245 Berlin

Telefon: +49 30 470 31-200
Telefax: +49 30 470 31-270
Internet: www.ernst-und-sohn.de
E-Mail: info@ernst-und-sohn.de

Titelbildcollage: stereobloc, Berlin
Satz: B & B Fachübersetzergesellschaft mbH, Berlin
Druck: COLONEL, Kraków
Gedruckt auf säurefreiem, alterungsbeständigem Papier nach DIN EN ISO 9706.

ISBN 978-3-410-29779-6 (Beuth Verlag)
ISBN (E-Book) 978-3-410-29780-2 (Beuth Verlag)
ISBN 978-3-433-03227-5 (Verlag Ernst & Sohn)
ISBN (ePDF) 978-3-433-60912-5 (Verlag Ernst & Sohn)

Inhaltsverzeichnis

Editorial

Eine der gravierendsten Änderungen für die Bemessung von Mauerwerkskonstruktionen war im letzten Jahrzehnt der Übergang von der nationalen deutschen Bemessungsnorm DIN 1053 auf den Eurocode 6 in Form der DIN EN 1996. Die wesentliche bauaufsichtliche Einführung der europäischen Bemessungsnorm in den deutschen Bundesländern erfolgte in den Jahren 2012 und 2013. Zum Jahresbeginn 2013 veröffentlichten der Beuth Verlag und Ernst & Sohn unter Herausgeberschaft der Deutschen Gesellschaft für Mauerwerks- und Wohnungsbau e.V. (DGfM) bereits einen Kommentar zum Eurocode 6. Ein fünfköpfiges Autorenteam hatte auf Basis des damaligen Standes der Normung eine praxisgerechte Zusammenstellung aller Normenteile und nationalen Anhänge zum Eurocode 6 erstellt und mit entsprechenden Hinweisen und Kommentaren für den Praktiker ergänzt. Da in Deutschland rund 73 % aller Wohnungsbauten und rund 22 % aller Nichtwohnbauten überwiegend aus Mauerwerkskonstruktionen errichtet werden, fand der im Jahr 2013 veröffentlichte Beuth-Kommentar zum Eurocode 6 große Beachtung in der Baupraxis und war als Fachbuch eines der meistverkauften Exemplare des Beuth Verlags in den Jahren 2013 und 2014.

An der volkswirtschaftlichen Bedeutung der Mauerwerksbauweise und den Marktanteilen von Mauerwerkskonstruktionen im Wohn- und Nichtwohnbau hat sich seitdem nichts Gravierendes geändert. Allerdings gab es seit dem Jahr 2013 am Normenwerk selbst sowohl bei den Normenteilen als auch bei den nationalen Anhängen diverse Änderungen. Außerdem wurde zu Jahresbeginn 2018 der Deutsche Ausschuss für Mauerwerksbau e.V. (DAfM) gegründet und hat die wissenschaftliche Betreuung und Weiterentwicklung des Mauerwerksbaus als eigenständiger technischer Verein übernommen. Mit dieser Ausgabe erscheint eine kommentierte Fassung des Beuth-Kommentars zum Eurocode 6. Die Herausgeberschaft liegt dabei beim Deutschen Ausschuss für Mauerwerksbau. Ein aus den Mitgliedern des Deutschen Ausschusses für Mauerwerksbau bestehendes Autorenteam hat die kommentierte Fassung zum Eurocode 6 unter Berücksichtigung des aktuellsten Normenstandes und der in den Jahren seit 2013 gewonnenen Praxiserfahrungen bei der Bemessung von Mauerwerk völlig neu überarbeitet.

Als Vorsitzender des Deutschen Ausschusses für Mauerwerksbau e.V. freue ich mich daher ganz besonders, Ihnen diese kommentierte Fassung zum Eurocode 6 in Herausgeberschaft des DAfM vorstellen und empfehlen zu können. Gleichzeitig möchte ich meinen Dank an das Autorenteam aussprechen.

Ich bin überzeugt davon, dass das Buch bei der täglichen Planung und Bemessung von Mauerwerkskonstruktionen für die Fachexperten auf diesem Gebiet eine wertvolle Arbeitshilfe darstellt und wünsche Ihnen weiterhin viel Erfolg bei der Gestaltung der gebauten Umwelt mit unserem Wandbaustoff Nummer 1 – *dem Mauerwerk*.

Berlin, im Januar 2020

Dr. Ronald Rast
Vorsitzender DAfM

Vorwort der Bearbeiter

Die vorliegende Neuauflage der kommentierten deutschen Fassung von DIN EN 1996 enthält erstmalig sämtliche in Deutschland gültigen Teile von Eurocode 6 für die Bemessung, Konstruktion und Ausführung von Mauerwerksbauten einschließlich der im Brandfall gültigen Regelungen. Zur Verbesserung der praktischen Anwendbarkeit des in Deutschland gültigen Regelungswerkes wurden die zugehörigen nationalen Anhänge (NA), welche in überarbeiteter und ergänzter Form im Dezember 2019 seitens DIN veröffentlicht wurden, in den aus dem Englischen übersetzten Normentext integriert und gleichzeitig die in Deutschland nicht anwendbaren Regelungen des Originals „ausgelassen“. Damit liegt dem in der Praxis tätigen Ingenieur ein in sich stimmiges Gesamtdokument vor, welches integral alle für die Bemessung, Konstruktion und Ausführung von Mauerwerksbauten zu beachtenden Vorschriften beinhaltet (konsolidierte Fassung der Norm).

Das Autorenteam hat den derart konsolidierten Normentext um umfangreiche Kommentare ergänzt, die dem Praktiker nicht nur die fachlichen Hintergründe der normativen Regelungen erläutern, sondern auch Lösungsvorschläge für normativ bisher nicht hinreichend geregelte Sachverhalte anbieten. Wir hoffen mit diesem Kommentarband einen Beitrag für eine einfache und praxisnahe Anwendung von Mauerwerk zu leisten.

Frankfurt, im Januar 2020

Stellvertretend für das Autorenteam
Univ. Prof. Dr.-Ing. Carl-Alexander Graubner

Verkürztes Vorwort zu Eurocode 6

Der nebenstehende Text ist ein gegenüber dem originalen Normentext stark verkürztes, geringfügig adjustiertes Vorwort mit den für den Praktiker maßgebenden Inhalten.

Die deutschen Fassungen der europäischen Regelwerke (EN) werden in Deutschland als DIN EN in deutscher Sprache veröffentlicht.

Der Eurocode 6 „Bemessung und Konstruktion von Mauerwerksbauten" mit den Teilen

DIN EN 1996-1-1: Allgemeine Regeln für bewehrtes und unbewehrtes Mauerwerk: 2013-02

DIN EN 1996-1-2: Allgemeine Regeln – Tragwerksbemessung für den Brandfall: 2011-04

DIN EN 1996-2: Planung, Auswahl der Baustoffe und Ausführung von Mauerwerk: 2010-12

DIN EN 1996-3: Vereinfachte Berechnungsmethoden für unbewehrte Mauerwerksbauten: 2010-12

wurde für den konstruktiven Ingenieurbau erarbeitet.

Die Europäischen Normen berücksichtigen die Zuständigkeit der Bauaufsichtsorgane der jeweiligen Mitgliedsländer bei der nationalen Festlegung sicherheitsbezogener Werte, so dass diese Werte von Land zu Land unterschiedlich sein können. Die Anwendung dieser Normen gilt in Deutschland daher nur in Verbindung mit dem jeweiligen Nationalen Anhang.

Die Anwendung von DIN 1053-1 ist in der Muster-Verwaltungsvorschrift Technische Baubestimmungen nicht mehr aufgeführt [D5].
Für Nachweise im Bestand mit Normalmauermörtel NM I, welche in DIN EN 1996/NA nicht mehr erfasst sind, kann die Anwendung der DIN 1053-1 noch empfohlen werden. Natursteinmauerwerk mit Normalmauermörtel NM I / M1 ist in Abschnitt NA.L geregelt. Die Vorgaben zu Normalmauermörtel NM I und die Zuordnung zu M1 sind in DIN EN 1996-1-1, Abschnitt 3.2.2 aufgeführt.

DIN EN 1996-1-1/NA: Allgemeine Regeln für bewehrtes und unbewehrtes Mauerwerk: Nationaler Anhang – National festgelegte Parameter: 2019-12

DIN EN 1996-1-2/NA: Allgemeine Regeln – Tragwerksbemessung für den Brandfall: Nationaler Anhang – National festgelegte Parameter: 2013-06

DIN EN 1996-2/NA: Planung, Auswahl der Baustoffe und Ausführung von Mauerwerk: Nationaler Anhang – National festgelegte Parameter: 2012-01

DIN EN 1996-3/NA: Vereinfachte Berechnungsmethoden für unbewehrte Mauerwerksbauten:
Nationaler Anhang – National festgelegte Parameter: 2019-12

Die Normen sind Bestandteil einer Reihe von Einwirkungs- und Bemessungsnormen, deren Anwendung nur im Paket sinnvoll ist. Das Eurocode-Programm umfasst die folgenden Normen, die in der Regel aus mehreren Teilen bestehen:

DIN EN 1990, *Eurocode 0: Grundlagen der Tragwerksplanung*

DIN EN 1991, *Eurocode 1: Einwirkungen auf Tragwerke*

DIN EN 1992, *Eurocode 2: Bemessung und Konstruktion von Stahlbeton- und Spannbetontragwerken*

DIN EN 1993, *Eurocode 3: Bemessung und Konstruktion von Stahlbauten*

DIN EN 1994, *Eurocode 4: Bemessung und Konstruktion von Verbundtragwerken aus Stahl und Beton*

DIN EN 1995, *Eurocode 5: Bemessung und Konstruktion von Holzbauten*

DIN EN 1996, *Eurocode 6: Bemessung und Konstruktion von Mauerwerksbauten*

DIN EN 1997, *Eurocode 7: Entwurf, Berechnung und Bemessung in der Geotechnik*

DIN EN 1998, *Eurocode 8: Auslegung von Bauwerken gegen Erdbeben*

DIN EN 1999, *Eurocode 9: Bemessung und Konstruktion von Aluminiumtragwerken.*

Für Mauerwerksbauten in deutschen Erdbebengebieten wird in der aktuell geltenden DIN 4149 [R13] für den Nachweis noch auf DIN 1053-1 [R1] Bezug genommen.

Nationale Fassungen der Eurocodes

Die Nationale Fassung eines Eurocodes enthält den vollständigen Text des Eurocodes (einschließlich aller Anhänge), so wie von CEN veröffentlicht, möglicherweise mit einer Nationalen Titelseite und einem Nationalen Vorwort sowie einem (informativen) Nationalen Anhang.

Der Eurocode räumt die Möglichkeit ein, eine Reihe von sicherheitsrelevanten Parametern national festzulegen. Diese national festzulegenden Parameter (en: ***n**ationally **d**etermined **p**arameters,* **NDP**) umfassen alternative Nachweisverfahren und Angaben einzelner Werte sowie die Wahl von Klassen aus gegebenen Klassifizierungssystemen. Die entsprechenden Textstellen sind in der Europäischen Norm durch Hinweise auf die Möglichkeit nationaler Festlegungen gekennzeichnet.

Darüber hinaus enthält dieser Nationale Anhang ergänzende nicht widersprechende Angaben zur Anwendung von DIN EN 1996 (en: ***n**on-contradictory **c**omplementary **i**nformation*, **NCI**).

Nationale Absätze werden mit vorangestelltem „(NA. + lfd. Nr.)“ eingeführt.

Bei Bildern, Tabellen und Gleichungen, die national ergänzt werden, wird ein „NA.“ vorangestellt.

Anwendungshinweise

Vorliegendes Dokument enthält neben den konsolidierten Normen (linke Spalte) Erläuterungen und ergänzende Hinweise (rechte Spalte) für die Berechnung und konstruktive Durchbildung unbewehrter Mauerwerkswände nach DIN EN 1996/NA. Bewehrtes, vorgespanntes und eingefasstes Mauerwerk kommt in Deutschland in der Regel nicht zur Anwendung (s. DIN EN 1996-1-1/NA, Abs. 1.1.2), weshalb die entsprechenden Regelungen nicht wiedergegeben werden (als Auslassung gekennzeichnet).

Wird im Originaltext der DIN EN 1996 in den Anmerkungen auf den Nationalen Anhang verwiesen, so wird dieser Verweis im vorliegenden Werk ausgelassen. Da der entsprechende Abschnitt aus dem Nationalen Anhang unmittelbar folgt, ist die Wiedergabe des Verweises an dieser Stelle nicht mehr erforderlich.

Zur Abgrenzung der im deutschen Nationalen Anhang enthaltenen Festlegungen gegenüber den originalen Regelungen nach DIN EN 1996 werden die national ergänzend getroffenen Regelungen durch entsprechende farbliche Hinterlegung gekennzeichnet. Definierte Parameter, deren Werte national festzulegen sind (engl. nationally determined parameters) sind dabei gelb hinterlegt (NDP). Die ergänzenden, nicht widersprechenden Informationen (engl. non-contradictory complementary information), bei denen es sich um nur für Deutschland gültige normative zusätzliche und abweichende Regeln handelt, sind in diesem Dokument grau unterlegt (NCI). Auslassungen der für Deutschland irrelevanten Passagen (wie z. B. bewehrtes Mauerwerk) sind dunkelgrau unterlegt.

Wird vom deutschen Nationalen Anhang oder DIN EN 1996/NA gesprochen, ist stets die zugehörige Norm zuzüglich des gesamten Nationalen Anhangs inklusive aller Änderungen gemeint, es sei denn, es wird konkret auf ein spezifisches Dokument verwiesen.

Mauerwerk und Ergänzungsprodukte sind entweder normativ oder nach allgemeinen bauaufsichtlichen Zulassungen bzw. allgemeinen Bauartgenehmigungen geregelt. Dabei ist zu berücksichtigen, dass Zulassungen und Bauartgenehmigungen zum Teil die einschlägigen normativen Regelungen zugrunde legen, aber auch von der Norm abweichende Regeln enthalten können. Für einzelne Vorhaben wird das baurechtliche Verfahren durch eine Zustimmung im Einzelfall (ZiE) oder durch eine vorhabenbezogene Bauartgenehmigung behandelt.

Eurocode 6: Bemessung und Konstruktion von Mauerwerksbauten — Teil 1-1: Allgemeine Regeln für bewehrtes und unbewehrtes Mauerwerk: 2013-02

Deutsche Fassung EN 1996-1-1:2005+A1:2012

Nationaler Anhang (NA)
– National festgelegte Parameter: 2019-12

Erläuterungen und ergänzende Hinweise

Inhaltsverzeichnis

1 ALLGEMEINES

1.1 Anwendungsbereich

1.1.1 Anwendungsbereich des Eurocode 6

(1)P Der Eurocode 6 gilt für den Entwurf, die Berechnung und Bemessung von Hoch- und Ingenieurbauwerken bzw. Teilen davon, die mit unbewehrtem, bewehrtem, vorgespanntem oder eingefasstem Mauerwerk ausgeführt werden.

(2)P Der Eurocode 6 behandelt ausschließlich Anforderungen an die Tragsicherheit, die Gebrauchstauglichkeit und die Dauerhaftigkeit von Tragwerken. Andere Anforderungen, z. B. an den Wärme- und Schallschutz, werden nicht behandelt.

(3)P Die Ausführung wird nur so weit behandelt, wie dies zur Festlegung der Qualitätsanforderungen an die zu verwendenden Baustoffe und Bauteile und der Ausführungsqualität zur Erfüllung der Annahmen bei der Tragwerksplanung erforderlich ist.

(4)P Der Eurocode 6 behandelt nicht die besonderen Anforderungen an den Entwurf, die Berechnung und Bemessung für erdbebengefährdete Bauwerke. Festlegungen zu entsprechenden Anforderungen sind im Eurocode 8 enthalten; er ergänzt Eurocode 6 und ist in Einklang mit diesem.

(5)P Die für die Bemessung erforderlichen Zahlenwerte für Einwirkungen auf Hochbauten und Ingenieurbauwerke sind im Eurocode 6 nicht angegeben. Sie sind im Eurocode 1 enthalten.

1.1.2 Anwendungsbereich von Teil 1-1 des Eurocode 6

(1)P Teil 1-1 des Eurocode 6 behandelt die allgemeinen Grundlagen für den Entwurf, die Berechnung und Bemessung von Hochbauten und Ingenieurbauwerken mit unbewehrtem und bewehrtem Mauerwerk, bei dem die Bewehrung eingesetzt wird, um die Duktilität und die Festigkeit sicherzustellen oder die Dauerhaftigkeit zu verbessern. Die Grundlagen für den Entwurf, die Berechnung und Bemessung von vorgespanntem und von eingefasstem Mauerwerk werden hier bereitgestellt; es werden jedoch keine Anwendungsregeln angegeben. Der Teil gilt nicht für Mauerwerk, das eine Querschnittsfläche von weniger als 0,04 m² aufweist.

(2) Bei Bauwerken, die durch diese EN nicht vollständig erfasst sind, bei neuartiger Verwendung von bewährten Baustoffen, bei neuen Baustoffen oder wenn Einwirkungen und Einflüsse neuer Art aufgenommen werden müssen, dürfen die gleichen verbindlichen Regeln und Anwendungsregeln angewendet werden. Dabei kann es notwendig sein, diese zu ergänzen.

(3) Weiterhin sind im Teil 1-1 detaillierte Regeln für übliche Hochbauten angegeben. Die Anwendbarkeit dieser Details kann aus praktischen Gründen oder als Folge von Vereinfachungen beschränkt sein; ihre Anwendung und die Grenzen ihrer Anwendbarkeit sind soweit nötig im Text erläutert.

(4)P Die folgenden Gebiete werden im Teil 1-1 behandelt:

- Abschnitt 1: Allgemeines;
- Abschnitt 2: Grundlagen für Entwurf, Berechnung und Bemessung;
- Abschnitt 3: Baustoffe;
- Abschnitt 4: Dauerhaftigkeit;
- Abschnitt 5: Ermittlung der Schnittkräfte;
- Abschnitt 6: Grenzzustand der Tragfähigkeit;
- Abschnitt 7: Grenzzustand der Gebrauchstauglichkeit;
- Abschnitt 8: Bauliche Durchbildung;
- Abschnitt 9: Ausführung.

Bewehrtes, vorgespanntes und eingefasstes Mauerwerk ist in Deutschland nicht üblich. Die im Originaldokument DIN EN 1996-1-1 enthaltenen Regelungen entsprechen nicht dem nationalen Stand der Technik. Daher enthält der Nationale Anhang für bewehrtes, vorgespanntes und eingefasstes Mauerwerk einen Teilsicherheitsbeiwert von γ_M = 10 (s. Abs. 2.4.3) auf der Widerstandsseite und es wurden keine zur Bemessung notwendigen Baustoffkennwerte angegeben. Damit wird die Verwendung derartigen Mauerwerks in Deutschland faktisch ausgeschlossen und die diesbezüglichen Regelungen werden in diesem Dokument weitestgehend ausgelassen.

Die Verwendung von bewehrtem, vorgespanntem oder eingefasstem Mauerwerk ist somit grundsätzlich über Allgemeine bauaufsichtliche Zulassungen bzw. Allgemeine Bauartgenehmigungen oder bei einzelnen Vorhaben als Zustimmungen im Einzelfall bzw. vorhabenbezogene Bauartgenehmigungen möglich.

Die Regelungen für den Nachweis einer hinreichenden Feuerwiderstandsdauer werden in in DIN EN 1996-1-2/NA [E17] erläutert.

Der Nachweis von Mauerwerk bei speziellen Ingenieurbauwerken oder sonstigen Tragwerken kann in Anlehnung an die Vorgaben in dieser Normenreihe erfolgen, wenn die diesbezüglichen Besonderheiten ausreichend Berücksichtigung finden.

Für Schwergewichtsmauern ist die Ausführung als Bruchsteinmauerwerk ohne Mörtel nach Abschnitt NA.L.4.5 möglich.

Natursteinmauerwerk mit nicht regelmäßigem Verband ist ebenfalls im Anhang NA.L.5 geregelt.
Für die Nachweise gewölbter Kappen zwischen Trägern im Bestand kann auf die Regelungen in DIN 1053-1 [R1] zurückgegriffen werden.

(5)P Teil 1-1 behandelt nicht:

- den Feuerwiderstand (er wird in DIN EN 1996-1-2 behandelt);
- besondere Gesichtspunkte bei speziellen Gebäudearten (z. B. der Einfluss von Schwingungen auf Hochhäuser);
- besondere Gesichtspunkte bei speziellen Ingenieurbauwerken (z. B. gemauerte Brücken, Talsperren, Schornsteine oder Wasserbehälter);
- besondere Gesichtspunkte bei speziellen Tragwerken (wie Bögen oder Gewölbe);
- Mauerwerk, bei dem Gips, mit oder ohne Zement, im Mörtel verwendet wird;
- Mauerwerk, bei dem die Steine nicht in regelmäßigem Verband verlegt sind (Bruchsteinmauerwerk);

Mauerwerk, das mit Bewehrung versehen wird, die nicht aus Stahl besteht.

1.2 Normative Verweisungen

1.2.1 Allgemeines

(1)P Diese Norm enthält durch datierte oder undatierte Verweisungen Festlegungen aus anderen Publikationen. Diese normativen Verweisungen sind an den jeweiligen Stellen im Text zitiert, und die Publikationen sind nachstehend aufgeführt. Bei datierten Verweisungen gehören spätere Änderungen oder Überarbeitungen dieser Publikationen nur zu dieser Norm, falls sie durch Änderung oder Überarbeitung eingearbeitet sind. Bei undatierten Verweisungen gilt die letzte Ausgabe der in Bezug genommenen Publikation (einschließlich Änderungen).

Mit diesem Verweis sind die nachstehend unter Abs. 1.2.2 aufgeführten Normen gemeint.

1.2.2 Normen, auf die Bezug genommen wird

Die nachfolgend enthaltenen normativen Verweisungen wurden gegenüber dem Original des Normentextes auf den derzeit gültigen Stand aktualisiert. Ferner werden die deutschen Fassungen als DIN EN angegeben.

Auf nachfolgende Normen wird in EN 1996-1-1 Bezug genommen:

DIN EN 206-1, *Beton — Teil 1: Festlegung, Eigenschaften, Herstellung und Konformität*

DIN EN 771-1, *Festlegungen für Mauersteine — Teil 1: Mauerziegel*

DIN EN 771-2, *Festlegungen für Mauersteine — Teil 2: Kalksandsteine*

DIN EN 771-3, *Festlegungen für Mauersteine — Teil 3: Mauersteine aus Beton (mit dichten und porigen Zuschlägen)*

DIN EN 771-4, *Festlegungen für Mauersteine — Teil 4: Porenbetonsteine*

DIN EN 771-5, *Festlegungen für Mauersteine — Teil 5: Betonwerksteine*

DIN EN 771-6, *Festlegungen für Mauersteine — Teil 6: Natursteine*

DIN EN 772-1, *Prüfverfahren für Mauersteine — Teil 1: Bestimmung der Druckfestigkeit*

DIN EN 845-1, *Festlegungen für Ergänzungsbauteile für Mauerwerk — Teil 1: Anker, Zugbänder, Auflager und Konsolen*

DIN EN 845-2, *Festlegungen für Ergänzungsbauteile für Mauerwerk — Teil 2: Stürze*

DIN EN 845-3, *Festlegungen für Ergänzungsbauteile für Mauerwerk — Teil 3: Lagerfugenbewehrung aus Stahl*

DIN EN 846-2, *Prüfverfahren für Ergänzungsbauteile für Mauerwerk — Teil 2: Bestimmung der Verbundfestigkeit vorgefertigter Lagerfugenbewehrung*

Die Normen EN 845-3 und EN 846-2 sind entsprechend dem Anwendungsbereich dieser Norm (s. Abs. 1) in Deutschland für Mauerwerk nicht relevant.

DIN EN 998-1, *Festlegungen für Mörtel im Mauerwerksbau — Teil 1: Putzmörtel*

DIN EN 998-2, *Festlegungen für Mörtel im Mauerwerksbau — Teil 2: Mauermörtel*

DIN EN 1015-11, *Prüfverfahren für Mörtel für Mauerwerk — Teil 11: Bestimmung der Biegezug- und Druckfestigkeit von Festmörtel*

DIN EN 1052-1, *Prüfverfahren für Mauerwerk — Teil 1: Bestimmung der Druckfestigkeit*

DIN EN 1052-2, *Prüfverfahren für Mauerwerk — Teil 2: Bestimmung der Biegezugfestigkeit*

DIN EN 1052-3, *Prüfverfahren für Mauerwerk — Teil 3: Bestimmung der Anfangsscherfestigkeit (Haftscherfestigkeit)*

DIN EN 1052-4, *Prüfverfahren für Mauerwerk — Teil 4: Bestimmung der Scherfestigkeit bei einer Feuchtesperrschicht*

DIN EN 1052-5, *Prüfverfahren für Mauerwerk — Teil 5: Bestimmung der Biegehaftzugfestigkeit*

DIN EN 1990, *Eurocode: Grundlagen der Tragwerksplanung*

DIN EN 1991, *Eurocode 1: Einwirkungen auf Tragwerke*

DIN EN 1992, *Eurocode 2: Bemessung und Konstruktion von Stahlbeton- und Spannbetontragwerken*

DIN EN 1993, *Eurocode 3: Bemessung und Konstruktion von Stahlbauten*

DIN EN 1994, *Eurocode 4: Bemessung und Konstruktion von Verbundtragwerken aus Stahl und Beton*

DIN EN 1995, *Eurocode 5: Bemessung und Konstruktion von Holzbauten*

DIN EN 1996-2, *Eurocode 6: Bemessung und Konstruktion von Mauerwerksbauten — Teil 2: Planung, Auswahl der Baustoffe und Ausführung von Mauerwerk*

DIN EN 1997, *Eurocode 7: Entwurf, Berechnung und Bemessung in der Geotechnik*

DIN EN 1999, *Eurocode 9: Bemessung und Konstruktion von Aluminiumtragwerken*

...Auslassung...

Für den Mauerwerksbau gelten zudem die Regelwerke DIN EN 1996-1-2, „Tragwerksbemessung für den Brandfall“ [E6] sowie DIN EN 1996-3, „Vereinfachte Berechnungsmethoden für unbewehrte Mauerwerksbauten“ [E8].

Für die Bemessung von Mauerwerk in Erdbebengebieten existiert die europäische Vorschrift DIN EN 1998 [E10], die jedoch bauaufsichtlich nicht eingeführt ist. In Deutschland ist das Regelwerk DIN 4149 [R13] bis auf weiteres gültig.

An dieser Stelle werden für unbewehrtes Mauerwerk nicht benötigte Normen ausgelassen.

DIN 488 (alle Teile), Betonstahl

DIN 18015-3, Elektrische Anlagen in Wohngebäuden — Teil 3: Leitungsführung und Anordnung der Betriebsmittel

DIN EN 1991-1-4/NA, Nationaler Anhang — National festgelegte Parameter — Eurocode 1: Einwirkungen auf Tragwerke — Teil 1-4: Allgemeine Einwirkungen — Windlasten

DIN EN 1996-2/NA:2012-01, Nationaler Anhang — National festgelegte Parameter — Eurocode 6: Bemessung und Konstruktion von Mauerwerksbauten — Teil 2: Planung, Auswahl der Baustoffe und Ausführung von Mauerwerk

DIN EN 1996-3, Eurocode 6: Bemessung und Konstruktion von Mauerwerksbauten — Teil 3: Vereinfachte Berechnungsmethoden für unbewehrte Mauerwerksbauten

DIN EN 13914-1, Planung, Zubereitung und Ausführung von Innen- und Außenputzen — Teil 1: Außenputz

DIN EN 14967, Abdichtungsbahnen — Bitumen-Mauersperrbahnen — Definitionen und Eigenschaften

DIN 18533-1, Abdichtung von erdberührten Bauteilen — Teil 1: Anforderungen, Planungs- und Ausführungsgrundsätze

DIN 18533-2, Abdichtung von erdberührten Bauteilen — Teil 2: Abdichtung mit bahnenförmigen Abdichtungsstoffen

DIN 18533-3, Abdichtung von erdberührten Bauteilen — Teil 3: Abdichtung mit flüssig zu verarbeitenden Abdichtungsstoffen

DIN 18550-1, Planung, Zubereitung und Ausführung von Außen- und Innenputzen — Teil 1: Ergänzende Festlegungen zu DIN EN 13914-1:2016-09 für Außenputze

DIN 18580, Baustellenmauermörtel

DIN SPEC 20000-202, Anwendung von Bauprodukten in Bauwerken — Teil 202: Anwendungsnorm für Abdichtungsbahnen nach Europäischen Produktnormen zur Verwendung in Bauwerksabdichtungen

DIN 20000-401, Anwendung von Bauprodukten in Bauwerken — Teil 401: Regeln für die Verwendung von Mauerziegeln nach DIN EN 771-1:2015-11

DIN 20000-402, Anwendung von Bauprodukten in Bauwerken — Teil 402: Regeln für die Verwendung von Kalksandsteinen nach DIN EN 771-2:2015-11

Um Bauprodukte nach europäischen Normen in Deutschland verwenden zu können, müssen sogenannte Anwendungsnormen beachtet werden.

Anwendungsnormen, hier im Speziellen die Normenreihe DIN 20000, verknüpfen die von den Herstellern nach den

DIN 20000-403, Anwendung von Bauprodukten in Bauwerken — Teil 403: Regeln für die Verwendung von Mauersteinen aus Beton nach DIN EN 771-3:2015-11

DIN 20000-404, Anwendung von Bauprodukten in Bauwerken — Teil 404: Regeln für die Verwendung von Porenbetonsteinen nach DIN EN 771-4: 2015-11

DIN 20000-412, Anwendung von Bauprodukten in Bauwerken — Teil 412: Regeln für die Verwendung von Mauermörtel nach DIN EN 998-2:2017-02

europäischen Normen in der Leistungserklärung bzw. dem CE-Kennzeichen deklarierten Werte mit den deutschen Bemessungs- und Ausführungsregeln. Anwendungsnormen regeln beispielsweise die Zuordnung der deklarierten Steindruckfestigkeit zu einer Festigkeitsklasse und legen Grenzwerte für bestimmte Merkmale fest (z. B. maximaler Lochanteil, Mindestdruckfestigkeit).

Die Hersteller deklarieren Eigenschaften nach Produktnormen, europäisch technischen Zulassungen/Bewertungen oder nach allgemeinen bauaufsichtlichen Zulassungen. Diese sind die Basis für die Verwendung der Anwendungsnormen.

1.3 Annahmen

(1)P Die in DIN EN 1990:2010-12, 1.3, aufgeführten Annahmen sind für DIN EN 1996-1-1 anzuwenden.

1.4 Unterscheidung zwischen verbindlichen Regeln und Anwendungsregeln

(1)P Die in DIN EN 1990:2010-12, 1.4, angegebenen Regeln sind für DIN EN 1996-1-1 anzuwenden.

1.5 Begriffe

1.5.1 Allgemeines

(1) Für DIN EN 1996-1-1 gelten die in DIN EN 1990:2010-12, 1.5, angegebenen Begriffe.

(2) Die Bedeutung der Begriffe, die in DIN EN 1996-1-1 verwendet werden, ist in 1.5.2 bis einschließlich 1.5.11 angegeben.

1.5.2 Mauerwerk

1.5.2.1 Mauerwerk

Gefüge aus Mauersteinen, die in einem bestimmten Verband verlegt und mit Mörtel verbunden worden sind

1.5.2.2 unbewehrtes Mauerwerk

Mauerwerk, das weniger als die statisch erforderliche Bewehrung enthält

1.5.2.3 bewehrtes Mauerwerk

...Auslassung...

1.5.2.4 vorgespanntes Mauerwerk

...Auslassung...

1.5.2.5 eingefasstes Mauerwerk

...Auslassung...

Die Begriffe der Abs. 1.5.2.3, 1.5.2.4 und 1.5.2.5 sind entsprechend dem Anwendungsbereich dieser Norm (s. Abs. 1) nicht relevant.

1.5.2.6 Mauerwerksverband

bestimmte Anordnung von Mauersteinen in Mauerwerk in regelmäßiger Folge, um ein Zusammenwirken zu erreichen

1.5.2.7 Trockenmauerwerk

ohne Verwendung von Mörtel vermauerte Steine, die sich gegenseitig berühren, nicht wackeln und möglichst enge Fugen bilden

Trockenmauerwerk, d. h. Mauerwerk ohne Verwendung von Mörtel, ist grundsätzlich durch eine allgemeine bauaufsichtliche Zulassung bzw. eine allgemeine Bauartgenehmigung zu regeln. Für den Sonderfall von Schwergewichtsmauern aus Bruchsteinmauerwerk ohne Mörtel ist der Nachweis in Abschnitt NA.L.4.5 geregelt.

1.5.2.8 Einsteinmauerwerk

Mauerwerk ohne Mörtelfugen parallel zur Wandebene, bei dem die Wanddicke durch das Format eines Steines bestimmt wird

Mauerwerk wird in Deutschland standardmäßig als Einsteinmauerwerk ausgeführt:

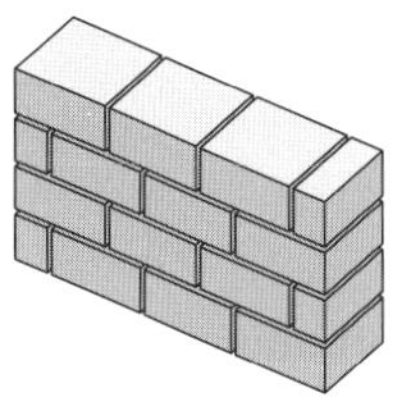

1.5.2.9 Verbandsmauerwerk

Mauerwerk mit Mörtelfugen parallel zur Wandebene, bei dem die Wanddicke durch das Nebeneinandersetzen mehrerer Steine im Verband bestimmt wird

Verbandsmauerwerk kommt in der Praxis nur noch in Einzelfällen zur Anwendung. Bei der Ermittlung der Mauerwerksdruckfestigkeit wird diese Verbandsausführung mit einem zusätzlichen Faktor 0,8 belegt (s. 3.6.1.2 (6)).

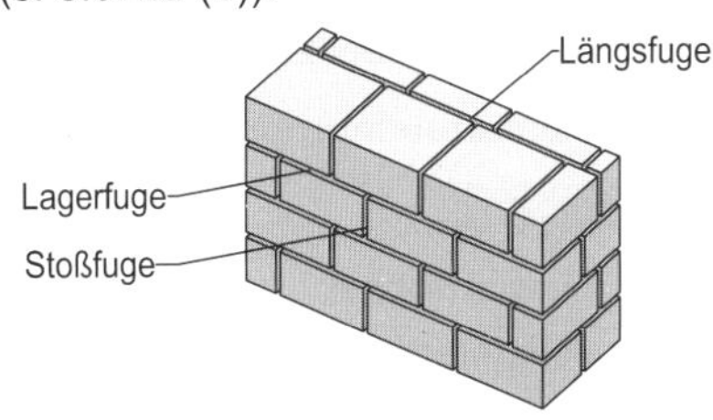

1.5.3 Festigkeit von Mauerwerk

Bei Naturstein als Verblendmauerwerk kann das Zusammenwirken mit dem Hintermauerwerk bzw. einer rückwärtigen Betonwand nach NA.L.4.3 berücksichtigt werden.

1.5.3.1 charakteristische Festigkeit

Festigkeitswert des Mauerwerks, der mit einer vorgeschriebenen Wahrscheinlichkeit von nur 5 % in einer hypothetisch unbegrenzten Grundgesamtheit von Versuchen unterschritten werden darf. Dieser Wert entspricht dem 5 %-Fraktil der angenommenen statistischen Verteilung der Prüfserie einer bestimmten Material- oder Produkteigenschaft. Unter bestimmten Umständen wird ein Nennwert als charakteristischer Wert verwendet

1.5.3.2 Druckfestigkeit von Mauerwerk

Mauerwerksfestigkeit bei Druckbeanspruchung ohne Einfluss der Verformungsbehinderung durch die Druckplatten, ohne Einfluss der Schlankheit und ausmittiger Belastung

Für die charakteristische Druckfestigkeit von Mauerwerk wird sich im Eurocode auf die theoretische Schlankheit $h_{ef}/t = 0$ unter Kurzzeitbelastung bezogen (s. NDP zu Abs. 3.6.1.2 (1)).

1.5.3.3 Schubfestigkeit von Mauerwerk

Festigkeit von Mauerwerk bei Schubbeanspruchung

Für den Nachweis von Mauerwerk unter Querkraftbeanspruchung wird eine rechnerische Schubfestigkeit verwendet, die die verschiedenen Versagenskriterien abbildet. Es erfolgt zudem eine Unterscheidung zwischen Platten- und Scheibenschub. Wichtig ist, dass gleichzeitig wirkende Normalspannungen die Schubfestigkeit beeinflussen. Damit ist eine Kopplung von Einwirkung und Widerstand gegeben, was bei der Nachweisführung und den angesetzten Lastkombinationen berücksichtigt werden muss.

1.5.3.4 Biegefestigkeit von Mauerwerk

Festigkeit von Mauerwerk bei reiner Biegebeanspruchung

Durch die Orthotropie von Mauerwerk infolge des Verbandes in Steinlängsrichtung und der Steineigenschaften ist eine Unterscheidung zwischen vertikaler Biegefestigkeit (Bruchebene parallel zu den Lagerfugen) und horizontaler Biegefestigkeit (Bruchebene senkrecht zu den Lagerfugen) erforderlich.

1.5.3.5 Verbundfestigkeit

...Auslassung...

Abs. 1.5.3.5 ist entsprechend dem Anwendungsbereich unter Abs. 1 nicht relevant.

1.5.3.6 Haftfestigkeit (Adhäsion)

durch den Mörtel entwickelter Zug- oder Scherwiderstand in der Kontaktfläche zwischen Mörtel und Mauerstein

1.5.4 Mauersteine

1.5.4.1 Mauerstein

vorgeformtes Element zur Verwendung im Mauerwerksbau

1.5.4.2 Mauersteingruppen 1, 2, 3 und 4

...Auslassung...

Die Mauersteine werden in den für Deutschland gültigen Steinnormen abweichend zu der Gruppierung 1 bis 4 (s. Abs. 3.1.1 (3)) zugeordnet (vgl. NCI 1.5.4.12 bis 1.5.4.25).

1.5.4.3 Lagerfläche

Ober- oder Unterseite eines Mauersteins nach dem planmäßigen Verlegen

1.5.4.4 Mulde

bei der Herstellung geformte Vertiefung in einer oder in beiden Lagerflächen eines Mauersteins

1.5.4.5 Loch

geformter Hohlraum in einem Mauerstein, der ganz oder nur teilweise durch den Mauerstein geht

1.5.4.6 Griffloch

geformtes Loch in einem Mauerstein, das es ermöglicht, den Mauerstein einfacher mit einer Hand oder beiden Händen oder einem Gerät zu fassen und anzuheben

1.5.4.7 Innensteg

Material zwischen den Löchern eines Mauersteins

1.5.4.8 Außensteg

Material zwischen einem Loch und der Außenfläche eines Mauersteins

1.5.4.9 Bruttofläche

Querschnittsfläche eines Mauersteins ohne Abzug der Flächen von Löchern, Hohlräumen und zurückspringenden Teilen

1.5.4.10 Druckfestigkeit von Mauersteinen

mittlere Druckfestigkeit einer festgelegten Anzahl von Mauersteinen (siehe DIN EN 771-1 bis DIN EN 771-6)

1.5.4.11 normierte Druckfestigkeit von Mauersteinen

Druckfestigkeit von Mauersteinen umgerechnet auf die Druckfestigkeit eines lufttrockenen, äquivalenten Mauersteins mit einer Breite und Höhe von je 100 mm (siehe DIN EN 771-1 bis DIN EN 771-6)

1.5.4.12 Vollstein

Mauerstein, dessen Querschnitt durch Lochung senkrecht zur Lagerfläche bis 15 % gemindert sein darf

1.5.4.13 Lochstein

Mauerstein, dessen Querschnitt durch Lochung senkrecht zur Lagerfläche um mehr als 15 % gemindert sein darf

Die als NCI angegebenen Bezeichnungen stellen die in Deutschland eingeführten Bezeichnungen nach 1.5.4.12 bis 1.5.4.25 dar, die auch die Basis für die Gruppierung der Mauersteine darstellen.

1.5.4.14 Blockstein

Mauerstein mit einer Steinhöhe > 123 mm, dessen Querschnitt durch Lochung senkrecht zur Lagerfläche bis 15 % der Lagerfläche gemindert sein darf

1.5.4.15 Hohlblockstein

Mauerstein mit einer Steinhöhe > 123 mm, dessen Querschnitt durch Lochung senkrecht zur Lagerfläche um mehr als 15 % bis höchstens 50 % gemindert sein darf

1.5.4.16 Planstein

Voll-, Loch-, Block- und Hohlblockstein, der durch Einhaltung erhöhter Anforderungen an die Grenzabmaße der Höhe sowie an die Planparallelität und Ebenheit der Lagerflächen die Voraussetzungen zur Vermauerung mit Dünnbettmörteln erfüllt

1.5.4.17 Planelement

großformatiger Vollstein mit einer Höhe ≥ 374 mm und einer Länge ≥ 498 mm, dessen Querschnitt durch Lochung senkrecht zur Lagerfläche bis zu 15 % gemindert sein darf und der durch Einhaltung erhöhter Anforderungen an die Grenzabmaße der Höhe sowie an die Planparallelität und Ebenheit der Lagerflächen die Voraussetzungen zur Vermauerung mit Dünnbettmörteln erfüllt

1.5.4.18 Planelement ohne Lochung

Planelement, dessen Querschnitt senkrecht zur Lagerfläche nur durch zwei auf der Mittelachse angeordnete Hantierlöcher mit einem Durchmesser ≤ 50 mm und einer Tiefe ≤ 180 mm an der Oberseite gemindert sein darf

1.5.4.19 Planelement mit Längsnut

Planelement ohne Lochung, dessen Querschnitt senkrecht zur Lagerfläche zusätzlich durch eine mittig angeordnete durchgehende Nut mit einer Breite ≤ 27 mm und einer Tiefe ≤ 31 mm an der Unterseite zur Aufnahme von Zentrierbolzen gemindert sein darf

1.5.4.20 Elementmauerwerk

Mauerwerk aus Planelementen

1.5.5 Mörtel

1.5.5.1 Mauermörtel

Gemisch aus einem oder mehreren anorganischen Bindemitteln, Gesteinskörnungen, Wasser und gegebenenfalls Zusatzstoffen und/oder Zusatzmitteln für Lager-, Stoß- und Längsfugen, Fugenglattstrich und nachträgliches Verfugen

1.5.5.2 Normalmauermörtel

Mauermörtel ohne besondere Eigenschaften

1.5.5.3 Dünnbettmörtel

Mauermörtel nach Eignungsprüfung mit einem Größtkorn kleiner oder gleich einem festgelegten Wert

ANMERKUNG Siehe Anmerkung in 3.6.1.2 (2).

Die in der Anmerkung in 3.6.1.2 (2) angegebene Lagerfugendicke bei Plansteinmauerwerk von 0,5 bis 2 mm wird für Deutschland im Mittel auf 1 bis 3 mm festgelegt (vgl. Tabelle NA.12 sowie Abschnitt 8.1.5 NCI (NA.4)).

1.5.5.4 Leichtmauermörtel

Mauermörtel nach Eignungsprüfung mit einer Trockenrohdichte des Festmörtels gleich oder weniger als 1300 kg/m^3 nach EN 998-2

1.5.5.5 Mörtel nach Eignungsprüfung

Mörtel, dessen Zusammensetzung und Herstellungsverfahren so ausgewählt werden, dass bestimmte Eigenschaften erreicht werden (Eignungsprüfungskonzept)

1.5.5.6 Mauermörtel nach Rezept

in vorbestimmten Mischungsverhältnissen hergestellter Mörtel, dessen Eigenschaften aus den vorgegebenen Anteilen der Bestandteile abgeleitet werden (Rezeptkonzept)

1.5.5.7 Werkmauermörtel

Mörtel, der im Werk zusammengesetzt und gemischt wird

1.5.5.8 werkmäßig hergestellter Mauermörtel

vordosierter Mauermörtel oder ein vorgemischter Kalk-Sand-Mauermörtel

1.5.5.9 werkmäßig vorbereiteter Mauermörtel

Mörtel, der aus Ausgangsstoffen besteht, die im Werk abgefüllt, zur Baustelle geliefert und dort nach Herstellerangaben und -bedingungen gemischt werden

1.5.5.10 Kalk-Sand-Werk-Vormörtel

Mörtel, der aus Ausgangsstoffen besteht, die im Werk zusammengesetzt und gemischt werden, der zur Baustelle geliefert wird, und dem dort weitere Bestandteile nach Anweisung des Werkes oder von diesem geliefert (z. B. Zement) beigefügt werden

1.5.5.11 Baustellenmauermörtel

Mörtel, der aus den einzelnen Ausgangsstoffen auf der Baustelle zusammengesetzt und gemischt wird

1.5.5.12 Mörteldruckfestigkeit

mittlere Druckfestigkeit einer festgesetzten Anzahl von Mörtelproben im Alter von 28 Tagen

1.5.6 Füllbeton

...Auslassung...

1.5.7 Bewehrung

...Auslassung...

Abs. 1.5.6 und 1.5.7 sind entsprechend dem Anwendungsbereich unter Abs. 1 nicht relevant.

1.5.8 Ergänzungsbauteile

1.5.8.1 Feuchtesperrschicht

Dichtungsbahn, Mauersteine oder anderes Material, das im Mauerwerk verwendet wird, um das Aufsteigen von Wasser zu verhindern

1.5.8.2 Maueranker

Vorrichtung zur Verbindung der beiden Schalen bei zweischaligem Mauerwerk oder zur Verbindung einer Schale mit einer Skelett- oder Wandkonstruktion

1.5.8.3 Zugband

Vorrichtung zur Verbindung von Mauerwerksbauteilen mit angrenzenden Bauteilen wie Decken oder Dächer

1.5.8.4 Flachsturz

Sturz, der aus einem Fertigteil und einem dieses ergänzenden Teil aus Mauerwerk besteht, der darüber liegt und mit dem Sturz im Verbund wirkt

1.5.9 Mörtelfugen

1.5.9.1 Lagerfuge

Mörtelschicht zwischen den Lagerflächen von Mauersteinen

1.5.9.2 Stoßfuge

Mörtelfuge senkrecht zur Lagerfuge und zur Wandoberfläche

1.5.9.3 Längsfuge

innerhalb einer Wand vertikal und parallel zur Wandoberfläche verlaufende Mörtelfuge

1.5.9.4 Dünnbettfuge

mit Dünnbettmörtel hergestellte Fuge

1.5.9.5 Fugenglattstrich

Oberflächenbearbeitung einer Mörtelfuge mit dem Fortgang der Ausführung des Mauerwerks

1.5.9.6 Verfugung

nachträgliches Verfüllen und Oberflächenbearbeitung der Mörtelfugen, bei denen die Fuge ausgekratzt oder offen gelassen worden ist

1.5.10 Wandarten

1.5.10.1 tragende Wand

Wand, die vorrangig dafür vorgesehen ist, neben ihrem Eigengewicht eine Verkehrslast zu tragen

1.5.10.2 einschalige Wand

Wand ohne Zwischenraum oder einer durchlaufenden senkrechten Fuge in ihrer Ebene

Tragende Wände nehmen neben den auf diese direkt wirkenden Lasten auch Lasten aus benachbarten Bauteilen auf und tragen diese weiter ab. Auch aussteifende Wände, die zur Knicksicherung benachbarter Wände dienen, sind tragende Wände, bei deren Entfernung die Tragsicherheit der Gesamtkonstruktion beeinflusst wird.

1.5.10.3 zweischalige Wand mit Luftschicht, mit Luftschicht und Wärmedämmung oder mit Kerndämmung[N1)]

Wand, die aus zwei parallelen einschaligen Wänden besteht, die durch Maueranker oder Lagerfugenbewehrung statisch wirksam miteinander verankert sind, wobei der Zwischenraum ein durchgehender Hohlraum (zweischalige Wand mit Luftschicht) oder mit nichttragendem Wärmedämmmaterial ganz (zweischalige Wand mit Kerndämmung) oder teilweise (zweischalige Wand mit Luftschicht und Wärmedämmung) verfüllt ist

ANMERKUNG Eine Wand, die aus zwei durch einen Zwischenraum getrennten Schalen besteht, wobei eine der Schalen eine Vorsatzschale ist, die keinen Beitrag zur Tragfähigkeit oder der Steifigkeit der anderen Schale leistet, kann nicht als zweischalige Wand nach dieser Definition betrachtet werden.

Zweischalige Wände, deren Schalen rechnerisch zusammenwirken (sog. „cavity walls"), sind in Deutschland nicht üblich und gemäß NCI zu 5.5.1.3 nicht geregelt. Dieses gilt unabhängig vom Vorhandensein einer Luftschicht, einer Kerndämmung oder einer Verfüllung zwischen den Schalen.

1.5.10.4 zweischalige Wand ohne Luftschicht

...Auslassung...

1.5.10.5 verfüllte zweischalige Wand

...Auslassung...

Zweischalige Wände ohne Luftschicht sowie verfüllte zweischalige Wände sind keine in Deutschland üblichen und im Rahmen der Vorschriften geregelten Bauteile.

1.5.10.6 einschaliges Verblendmauerwerk

eine Wand mit Verblendsteinen als Sichtmauerwerk, die mit den Hintermauersteinen im Verband gemauert sind, so dass beide Schalen unter Last zusammenwirken

Die Ausführung von einschaligem Verblendmauerwerk ist nur mit Natursteinen als Verblendsteine zulässig und wird in NA.L.4.3 geregelt.

1.5.10.7 Wand mit Randstreifenvermörtelung der Lagerfugen

...Auslassung...

Eine Randstreifenvermörtelung ist in Deutschland nicht zulässig (s. Fußnote c) in NCI Tabelle NA.1 zu 2.4.3 (1)).

1.5.10.8 zweischalige Wand mit Vorsatzschale

zweischalige Wand mit Vorsatzschale in Sichtmauerwerk, die nicht im Verband mit dem Hintermauerwerk oder Skelett gemauert wird bzw. keinen Beitrag zu dessen Tragfähigkeit leistet

Dies ist die in Deutschland übliche Ausführungsart bei mehrschaligem Mauerwerk.

Die Abtragung der vertikalen und horizontalen Lasten der Vorsatzschale erfolgt üblicherweise mittels Konsolen sowie Mauerankern. Regeln dazu sind in Anhang NA.D von DIN EN 1996-2 [E18] zu finden.

1.5.10.9 Schubwand

Wand, die in ihrer Ebene wirkende Querkräfte aufnimmt

1.5.10.10 aussteifende Wand

rechtwinklig zu einer anderen Wand stehende Wand, die dieser als Auflager zur Aufnahme von Querkräften oder zur Knickaussteifung dient und damit zur Stabilität des Gebäudes beiträgt

Aussteifende Wände müssen eine ausreichende Steifigkeit gegen Verschiebung in Aussteifungsrichtung aufweisen. Aussteifende Wände sind stets tragende Wände.

1.5.10.11 nichttragende Wand

Wand, die nicht zur Aufnahme von Lasten herangezogen wird und deren Entfernen das Tragwerk nicht nachteilig beeinflusst

Nichttragende Wände tragen nur ihre Eigenlast (inkl. Putz) sowie auf ihre Fläche wirkende Horizontallasten auf angrenzende Bauteile ab.

N1) Nationale Fußnote: Sofern aus Gründen der Unterscheidung nicht besonders erforderlich, werden diese Wandarten im Folgenden stets als „zweischalige Wand mit Luftschicht" bezeichnet.

1.5.11 Verschiedenes

1.5.11.1 Schlitz

linienförmige Querschnittsschwächung im Mauerwerk

1.5.11.2 Aussparung

flächige Querschnittsschwächung im Mauerwerk

1.5.11.3 Vergussmörtel

fließfähige Mischung aus Zement, Sand und Wasser zum Verfüllen von kleinen Löchern oder Zwischenräumen

1.5.11.4 Bewegungsfuge

Fuge, die freie Bewegungen in der Wandebene zulässt

1.5.11.5 Einbaulänge

vom Hersteller des Fertigteils deklarierte Länge, die benötigt wird, um die Bewehrungsstähle nach EN 845-2 zu verankern

1.6 Formelzeichen

(1) Baustoffunabhängige Formelzeichen sind in DIN EN 1990, 1.6, angegeben.

(2) Baustoffabhängige Formelzeichen, die in DIN EN 1996-1-1 verwendet werden, sind:

Es werden nur die für die Anwendung von DIN EN 1996-1-1/NA [E16] erforderlichen Formelzeichen dargestellt.

Lateinische Buchstaben

a	Deckenauflagertiefe;
a_1	Abstand vom Wandende zu dem am nächsten gelegenen Rand einer belasteten Fläche;
a_x	Abstand vom Auflagerrand bis zu dem zu betrachtenden Querschnitt;
A	belastete horizontale Bruttoquerschnittsfläche einer Wand;
A_b	belastete Fläche;
A_{ef}	wirksame Querschnittsfläche eines Auflagers;
$\bar{A}_i$	Überlappungsflächen der Steine;
b	Breite eines Querschnittes;
b, b'	Abstand des freien Randes von der Mitte der haltenden Wand, bzw. Mittenabstand der haltenden Wände;
b_c	Breite des Druckgurtes zwischen den Halterungen;
b_{ef}	mitwirkende Plattenbreite eines Plattenbalkens;
$b_{ef,l}$	mitwirkende Plattenbreite eines Plattenbalkens in L-Form;
$b_{ef,t}$	mitwirkende Plattenbreite eines Plattenbalkens in T-Form;
c	Schubspannungsverteilungsfaktor;
d_a	Durchbiegung eines Bogens infolge waagerecht wirkender Bemessungslast;
d_L	Dicke der Lagerfuge;
e_{he}	Ausmitte am Wandkopf oder Wandfuß aus horizontalen Lasten;
e_{hm}	Ausmitte in Wandmitte aus horizontalen Lasten;

Mit a wird die Deckenauflagertiefe auf der Wand bezeichnet (zur Erläuterung s. Bild zu NCI (NA.5) in Abs. 5.5.1.1).

Die Bezeichnungen b und b' werden bei der Ermittlung der Knicklänge von 3- bzw. 4-seitig knickgehaltenen Wänden verwendet.

Der Ausdruck b_c wird abweichend zur Formulierung im urspünglichen Normentext als Abstand der aussteifenden Querwände oder anderer aussteifender Bauteile beim Nachweis erddruckbeanspruchter Kelleraußenwände in DIN EN 1996-3 [E8] verwendet.

Der Schubspannungsverteilungsfaktor soll die in Abhängigkeit der Schubschlankheit resultierende Verteilung der Schubspannungen im überdrückten Bauteilquerschnitt beschreiben.

Als Ausmitte infolge horizontaler Lasten wird der rechnerisch aus wirkendem Moment und Normalkraft ermittelte Versatz der inneren Längskraft bezeichnet.

Symbol	Bedeutung	Erläuterungen
e_i	Ausmitte am Wandkopf oder Wandfuß;	Für die Ausmitte e_i am Wandkopf bzw. Wandfuß werden in Deutschland anstelle einer Nummerierung „i" die Buchstaben o bzw. u in den Begriffen e_o sowie e_u verwendet.
e_{init}	Anfangsausmitte;	Als ungewollte Ausmitte wird in DIN EN 1996-1-1 [E5] e_{init} verwendet.
e_k	Ausmitte infolge Kriechens;	
e_m	Ausmitte infolge Lasten;	
e_{mk}	Ausmitte in Wandmitte;	
e_o	die Ausmitte der Normalkraft am Wandkopf;	
e_u	die Ausmitte der Normalkraft am Wandfuß;	
e_w	Exzentrizität der einwirkenden Normalkraft in Wandlängsrichtung;	
E	Kurzzeit-Elastizitätsmodul als Sekantenmodul;	
E_d	Bemessungswert der auf ein bewehrtes Bauteil einwirkenden Last;	
$E_{longterm}$	Langzeit-Elastizitätsmodul von Mauerwerk;	
E_n	Elastizitätsmodul eines Bauteils *n*;	
f_b	normierte Druckfestigkeit eines Mauersteins;	Anstelle von f_b wird in Deutschland f_{st} als umgerechnete mittlere Steindruckfestigkeit einschließlich Formfaktor in Lastrichtung verwendet.
f_{bk}	charakteristische Druckfestigkeit des Steines;	
$f_{bt,cal}$	die rechnerische Steinzugfestigkeit;	
f_d	Bemessungswert der Druckfestigkeit des Mauerwerks;	Die Definition von f_d wird im Nationalen Anhang ohne die zusätzliche Angabe „in Lastrichtung" angegeben, da grundsätzlich immer nur die Druckbeanspruchung senkrecht zu den Lagerfugen betrachtet wird.
f_k	charakteristische Mauerwerksdruckfestigkeit;	
f_m	Druckfestigkeit des Mauermörtels;	
f_{st}	mittlere Steindruckfestigkeit;	
f_{vd}	Bemessungswert der Schubfestigkeit von Mauerwerk;	
f_{vk}	charakteristische Schubfestigkeit von Mauerwerk;	
f_{vk0}	charakteristische Haftscherfestigkeit von Mauerwerk ohne Auflast;	Anstelle von Haftscherfestigkeit wird z. T. die Bezeichnung Anfangsscherfestigkeit synonym verwendet.
f_{vk1}	...Auslassung...;	Der Begriff f_{vk1} wird nicht verwendet. Die Schubfestigkeit wird über die Einzelfestigkeitswerte f_{vlt1} und f_{vlt2} beschrieben.
f_{vk0i}	Haftscherfestigkeit ohne Auflast in der Fuge zwischen der Oberfläche des Fertigteils und der Aufmauerung;	
f_{vlt}	Grenzwert für f_{vk};	Bei der Ermittlung der Schubfestigkeit wird mit f_{vlt} die Schubfestigkeit unter Annahmen von Reibungsversagen und mit f_{vlt2} die Schubfestigkeit unter Annahmen von Steinzugversagen beschrieben.
f_{xd}	Bemessungswert der Biegefestigkeit der entsprechenden Biegerichtung;	
f_{xd1}	Bemessungswert der Biegefestigkeit von Mauerwerk mit der Bruchebene parallel zu den Lagerfugen;	
$f_{xd1,app}$	erhöhter Bemessungswert der Biegefestigkeit von Mauerwerk mit der Bruchebene parallel zu den Lagerfugen;	
f_{xk1}	charakteristische Biegefestigkeit von Mauerwerk mit der Bruchebene parallel zu den Lagerfugen;	
f_{xd2}	Bemessungswert der Biegefestigkeit von Mauerwerk mit der Bruchebene senkrecht zu den Lagerfugen;	
$f_{xd2,app}$	erhöhter Bemessungswert der Biegefestigkeit von Mauerwerk mit der Bruchebene senkrecht zu den Lagerfugen;	
f_{xk2}	charakteristische Biegefestigkeit von Mauerwerk mit der Bruchebene senkrecht zu den Lagerfugen;	
F_d	Bemessungswert der Druck- oder Zugtragkraft eines Maueranker;	

Symbol	Bedeutung	Erläuterungen
F_{tkl}	vom Hersteller des Fertigteils nach EN 845-2 deklarierte charakteristische Zugtragkraft des Flachsturzes;	
G	Schubmodul von Mauerwerk;	
h	lichte Geschosshöhe;	Im Nationalen Anhang wurde die Wandhöhe *h* grundsätzlich als lichte Geschosshöhe definiert.
h_i	Höhe der Ausfachungsfläche;	
h_c	Höhe einer Wand bis zur Lasteinleitungsebene;	
h_e	Anschütthöhe;	
h_{ef}	Knicklänge einer Wand;	
h_i	lichte Höhe einer Wand *i*;	
h_u	Höhe des Elements bzw. Steines;	
h_{tot}	Gesamthöhe eines Tragwerkes von Oberkante Fundament, einer Wand oder eines Aussteifungskerns;	
I_j	Trägheitsmoment eines Bauteils *j*;	
k	Verhältnis der Biegetragfähigkeit einer vertikal gespannten Wand zur Biegetragfähigkeit der tatsächlichen Wandfläche unter Berücksichtigung einer Einspannung an den Rändern;	
k_i	maßgebender Erddruckbeiwert;	
k_m	Verhältnis der Deckensteifigkeit zur Wandsteifigkeit;	
k_r	Drehsteifigkeit einer Einspannung;	
K	Festwert, der zur Berechnung der Druckfestigkeit von Mauerwerk benötigt wird;	
K_E	Kennzahl;	Kennzahl zur Bestimmung des Elastizitätsmoduls
l	Länge einer Wand (zwischen anderen Wänden, zwischen einer Wand und einer Öffnung oder zwischen Öffnungen);	
l_a	Länge des betrachteten Wandabschnittes;	
l_c	Länge des überdrückten Teils der Wand;	Die Größe l_c beschreibt die beim Nachweis der Querkrafttragfähigkeit in Scheibenrichtung unter der Modellannahme des Spannungsblocks ermittelte überdrückte Wandlänge.
l_{cal}	rechnerische Wandlänge;	Die im Rahmen der Nachweise der Querkrafttragfähigkeit anzusetzende Wandlänge.
l_{cl}	lichte Weite einer Öffnung;	
$l_{c,lin}$	überdrückte Länge der Wandscheibe;	Die Größe $l_{c,lin}$ beschreibt die bei Annahme eines linear-elastischen Materialverhaltens ohne Biegezugfestigkeit bestimmte überdrückte Wandlänge.
l_{efm}	wirksame Länge der Lastausbreitungsfläche unter einem Auflager, gemessen in Wandmitte;	
l_{ol}	Überbindemaß;	l_{ol} bezeichnet das **planmäßige** Überbindemaß.
l_a	Länge oder Höhe der Wand zwischen den Auflagern eines Druckbogens;	
l_u	Steinlänge;	
M_{ad}	zusätzliches Bemessungsmoment;	
M_d	Bemessungsmoment an der Aufstandsfläche eines Aussteifungskerns;	
M_i	Endmoment am Knoten *i*;	
M_{id}	Bemessungswert des Biegemomentes am Kopf oder Fuß einer Wand;	
M_{md}	Bemessungswert des Biegemomentes in der Mitte der Wandhöhe;	
M_{Rd}	Bemessungswert des aufnehmbaren Momentes;	

Symbol	Bedeutung	Erläuterungen
M_{Ed}	Bemessungswert des einwirkenden Momentes;	
M_{Edu}	Bemessungswert des Momentes oberhalb einer Decke;	
M_{Edf}	Bemessungswert des Momentes unterhalb einer Decke;	
M_{Ewd}	Bemessungswert des in Wandlängsrichtung einwirkenden Momentes;	
n	Anzahl der Geschosse;	
$n_{1,d,inf}$	unterer Bemessungswert der Wandnormalkraft;	
$n_{1,lim,d}$	Grenzwert der Wandnormalkraft je Einheit der Wandlänge in halber Anschütthöhe als Voraussetzung für die Gültigkeit des Bogenmodells;	
$n_{1,Ed,sup}$	oberer Bemessungswert der Wandnormalkraft;	
$n_{1,Rd}$	Bemessungswert des Tragwiderstands des Querschnitts;	
n_i	Steifigkeitsfaktor zur Beschreibung der Art der Lagerung eines Stabes;	
n_t	Anzahl der Maueranker oder -verbinder je m² Wandfläche;	
n_{tmin}	Mindestanzahl der Maueranker oder -verbinder je m² Wandfläche;	
N	Summe der vertikalen Einwirkungen auf ein Gebäude;	
N_{ad}	maximaler Bemessungswert des Bogenschubs je Längeneinheit der Wand;	
N_{Ed}	Bemessungswert der einwirkenden vertikalen Last;	
N_{Edf}	Bemessungswert der Auflagerlast aus der angeschlossenen Decke;	
N_{Edu}	Bemessungswert der Auflast aus darüber befindlichen Geschossen;	
N_{Edc}	Bemessungswert einer Einzellast;	
N_{id}	Bemessungswert der vertikalen Last am Kopf oder Fuß einer Wand;	
N_{md}	Bemessungswert der vertikalen Last in der Mitte der Wandhöhe;	
N_{od}	der Bemessungswert der Längskraft am Wandkopf;	
N_{Rd}	Bemessungswert des vertikalen Tragwiderstandes einer Mauerwerkswand oder eines gemauerten Pfeilers;	
N_{Rdc}	Bemessungswert des Tragwiderstandes einer Wand unter vertikaler Einzellast;	
N_{ud}	der Bemessungswert der Längskraft am Wandfuß;	
$q_{lat,d}$	Bemessungswert der Quertragfähigkeit je m² Wandfläche;	
r	Bogenstich;	
t	Dicke der Wand;	
t_b	betrachtete Wanddicke;	
t_c	überdrückte Tiefe;	Als überdrückte Tiefe t_c wird die für die Aufnahme der Auflagerkraft mittels Spannungsblock erforderliche Dicke bezeichnet (s. Bild NA.C.2).
t_{cal}	rechnerische Wanddicke;	Die im Rahmen der Nachweise der Querkrafttragfähigkeit anzusetzende Wanddicke.
$t_{ch,v}$	ohne rechnerischen Nachweis zulässige Tiefe eines vertikalen Schlitzes oder einer vertikalen Aussparung;	
$t_{ch,h}$	maximale Tiefe eines horizontalen oder schrägen Schlitzes;	
$t_{c,lin}$	überdrückte Dicke der Wand;	Die Größe $t_{c,lin}$ beschreibt die bei Annahme eines linear-elastischen Materialverhaltens ohne Biegezugfestigkeit resultierende überdrückte Wanddicke.
t_i	Dicke der Wand i;	
t_{min}	Mindestwanddicke;	
t_{ef}	wirksame Wanddicke;	

Symbol	Bedeutung	Erläuterungen
V_{Ed}	Bemessungswert der einwirkenden Schublast;	
V_{Rd}	Bemessungswert der Schubtragfähigkeit;	
V_{Rdlt}	Bemessungswert der Querkrafttragfähigkeit im Grenzzustand der Tragfähigkeit;	Die Nachweise der Schubtragfähigkeit werden mit dem Grenzwert V_{Rdlt} geführt.
w_i	Bemessungswert der einwirkenden Gleichstreckenlast i;	
W_{Ed}	Bemessungswert der einwirkenden Querlast je Flächeneinheit;	
x	Abstand der Nulllinie;	
z	Hebelarm;	
Z	elastisches Widerstandsmoment je Einheit der Wandlänge oder -höhe;	

Griechische Buchstaben

Symbol	Bedeutung	Erläuterungen
α	...Auslassung...;	Mit α wird zudem eine Konstante bei der Ermittlung der Mauerwerksdruckfestigkeit bezeichnet.
α_L	Neigung der Lagerfuge;	
α_t	Wärmeausdehnungskoeffizient von Mauerwerk;	
$\alpha_{1,2}$	Biegemomentenkoeffizient;	
β	Erhöhungsfaktor bei Teilflächenlasten;	Mit β wird zudem eine Konstante bei der Ermittlung der Mauerwerksdruckfestigkeit bezeichnet.
χ	Vergrößerungsfaktor für die Schubtragfähigkeit bewehrter Wände;	
δ	Formfaktor, der für die Bestimmung der normierten mittleren Druckfestigkeit der Mauersteine verwendet wird;	
$\varepsilon_{c\infty}$	Endkriechzahl von Mauerwerk;	
ε_D	rechnerische Randstauchung;	
ε_{el}	elastische Dehnung von Mauerwerk;	
ε_R	rechnerische Randdehnung;	
Φ_∞	Endkriechwert von Mauerwerk;	
Φ	Abminderungsfaktor;	
Φ_{fl}	Abminderungsfaktor zur Berücksichtigung der Biegezugfestigkeit;	
Φ_i	Abminderungsfaktor am Wandkopf oder am Wandfuß;	
Φ_m	Abminderungsfaktor in der Mitte der Wandhöhe;	
γ_M	Teilsicherheitsbeiwert für das Material einschließlich der Unsicherheiten für Geometrie und Modellbildung;	
γ_e	Wichte der Anschüttung;	
η	Momentenabminderungsfaktor bei der Berechnung der Wandmomente zur Berücksichtigung der Steifigkeitsreduzierung im Grenzzustand der Tragfähigkeit;	
η_t	Übertragungsfaktor; Verhältnis von Überlappungsfläche der Steine zu Wandquerschnitt im Grundriss;	
λ_v	Schubschlankheit;	
λ_c	Schlankheit, bis zu der Ausmitten infolge Kriechens vernachlässigt werden können;	
μ	...Auslassung...;	In Deutschland wird mit μ der Reibbeiwert bezeichnet.
ζ	Dauerstandsfaktor;	Faktor zur Berücksichtigung einer verminderten Druckfestigkeit bei Langzeitbeanspruchung.
ρ_d	Trockenrohdichte;	
ρ_n	Abminderungsfaktor bei der Berechnung der Knicklänge;	
ρ_t	...Auslassung...;	

σ_D Kantenpressung auf Basis eines linear-elastischen Stoffgesetzes;

σ_{Dd} Bemessungswert der Druckspannung an der Stelle der maximalen Schubspannung bei Annahme eines linear-elastischen Stoffgesetzes;

σ_d Bemessungsdruckspannung;

υ Neigungswinkel des Tragwerkes zur Vertikalen;

ψ der Kennwert zur Beschreibung der Momentenverteilung über die Wandscheibenhöhe.

Die Spannung σ_d stellt den bei Annahme eines Spannungsblocks (starr-plastisches Materialverhalten) resultierenden Wert auf Bemessungsniveau dar.

2 GRUNDLAGEN FÜR ENTWURF, BERECHNUNG UND BEMESSUNG

2.1 Grundlegende Anforderungen

2.1.1 Allgemeines

(1)P Entwurf, Berechnung und Bemessung von Mauerwerksbauten sind nach den in DIN EN 1990 angegebenen allgemeinen Regeln auszuführen.

(2)P In diesem Abschnitt sind spezielle Festlegungen für die Anwendung für Mauerwerksbauten angegeben.

(3) Die grundlegenden Anforderungen nach DIN EN 1990, Abschnitt 2 können für Mauerwerksbauten als erfüllt angesehen werden, wenn die folgenden Punkte erfüllt sind:

- Entwurf, Berechnung und Bemessung im Grenzzustand der Tragfähigkeit in Verbindung mit der in EN 1990 beschriebenen Teilsicherheitsmethode;
- Einwirkungen nach DIN EN 1991;
- Kombinationsregeln nach DIN EN 1990;
- die Prinzipien und Anwendungsregeln nach DIN EN 1996-1-1.

2.1.2 Zuverlässigkeit

(1)P Die für Mauerwerksbauten notwendige Zuverlässigkeit ist mit Anwendung von DIN EN 1996-1-1 bei Entwurf, Berechnung und Bemessung garantiert.

2.1.3 Vorgesehene Nutzungsdauer und Dauerhaftigkeit

(1) Im Zusammenhang mit der Dauerhaftigkeit wird auf Abschnitt 4 verwiesen.

2.2 Prinzipien im Grenzzustand der Tragfähigkeit

(1)P Die Grenzzustände beziehen sich auf das Mauerwerk oder andere Materialien, die für Teile des Tragwerkes verwendet werden und für die die zutreffenden Teile von DIN EN 1992, DIN EN 1993, DIN EN 1994, DIN EN 1995 und DIN EN 1999 anzuwenden sind.

An dieser Stelle fehlt bisher die Erwähnung der Regelwerke DIN EN 1997 [E9] und DIN EN 1998 [E10]

(2)P Bei Mauerwerksbauten sind der Grenzzustand der Tragfähigkeit und der Grenzzustand der Gebrauchstauglichkeit für alle Aspekte des Tragwerkes einschließlich der Ergänzungsbauteile im Mauerwerk zu betrachten.

(3)P Bei Mauerwerksbauten sind alle maßgebenden Bemessungszustände einschließlich der Bauausführung zu betrachten.

2.3 Grundlegende Größen

2.3.1 Einwirkungen

(1)P Die Einwirkungen sind den maßgebenden Teilen von DIN EN 1991 zu entnehmen.

2.3.2 Bemessungswerte der Einwirkungen

(1)P Die Teilsicherheitsbeiwerte für die Einwirkungen sind DIN EN 1990 zu entnehmen.

(2) Teilsicherheitsbeiwerte für Kriechen und Schwinden von Betonbauteilen in Mauerwerksbauten sind DIN EN 1992-1-1 zu entnehmen.

(3) Im Grenzzustand der Gebrauchstauglichkeit sind Zwangsverformungen als Erwartungswerte (Mittelwerte) zu verwenden.

2.3.3 Material- und Produkteigenschaften

(1) Eigenschaften von Baustoffen, Bauprodukten und Maße, die für die Bemessung verwendet werden, sollten den zutreffenden ENs, hENs oder ETAs entsprechen, sofern in DIN EN 1996-1-1 keine anderen Angaben gemacht werden.

In diesem Zusammenhang sind allgemeine bauaufsichtliche Zulassungen und Allgemeine Bauartgenehmigungen als gleichwertig zu betrachten.

2.4 Nachweis nach der Teilsicherheitsmethode

2.4.1 Bemessungswerte der Materialeigenschaften

(1)P Der Bemessungswert für eine Materialeigenschaft wird durch Division der charakteristischen Größe mit dem maßgebenden Teilsicherheitsbeiwert für das Material γ_M erhalten.

Für den Nachweis der vertikalen Tragfähigkeit wird in Deutschland zusätzlich der Dauerstandsfaktor ζ = 0,85 angesetzt (s. 6.1.2.1 Abs. (NA.8)).

Bei Verbandsmauerwerk (s. Abs. 1.5.2.4) ist bei der Bestimmung der charakteristischen Druckfestigkeit ein Abminderungsfaktor von 0,8 zu berücksichtigen.

2.4.2 Einwirkungskombinationen

(1)P Die Einwirkungskombinationen müssen den allgemeinen Regeln nach DIN EN 1990 entsprechen.

ANMERKUNG 1 In Wohn- und Bürogebäuden können die Einwirkungskombinationen nach DIN EN 1990 vereinfacht werden.

Ab vier Geschossen ist in Wohn- und Bürogebäuden die Wahrscheinlichkeit der gleichzeitigen Wirkung aller charakteristischen Werte der Verkehrslasten sehr gering, so dass die veränderlichen Lasten bei der Lastweiterleitung abgemindert angesetzt werden können (s. DIN EN 1991-1-1 [E5], Abs. 6.3.1.2).

ANMERKUNG 2 ...Auslassung...

Anmerkung 2 wird in Deutschland durch den nachfolgenden NCI ersetzt.

Bei der Berechnung des Wand-Decken-Knotens dürfen die ständigen Lasten (G) in allen Deckenfeldern und allen Geschossen mit dem gleichen Teilsicherheitsbeiwert γ_G multipliziert werden und die halbe Nutzlast darf wie eine ständige Last angeordnet werden.

Diese Kombination bei der Ermittlung der Momente am Wand-Decken-Knoten stellt die im üblichen Hochbau anzunehmende Situation dar. Die Nutzlast ist dabei stets mit dem zugehörigen Teilsicherheitsbeiwert γ_Q zu belegen – unabhängig von dem Lastbild.

Für die Ermittlung der bemessungsrelevanten Knotenmomente ist bei durchlaufenden Geschossdecken neben den Einwirkungskombinationen Volllast ($\gamma_{G,sup}$ sowie γ_Q) und feldweise ungünstig wirkende Nutzlast auch eine Einwirkungskombination unter ständigen Lasten ($\gamma_{G,inf}$ bzw. $\gamma_{G,sup}$) zu betrachten.

Vereinfachend dürfen bei üblichen Hochbauten 50 % der Nutzlast gleichzeitig über alle Felder wirkend und die restlichen 50 % der Nutzlast in feldweiser ungünstigster Stellung angesetzt werden:

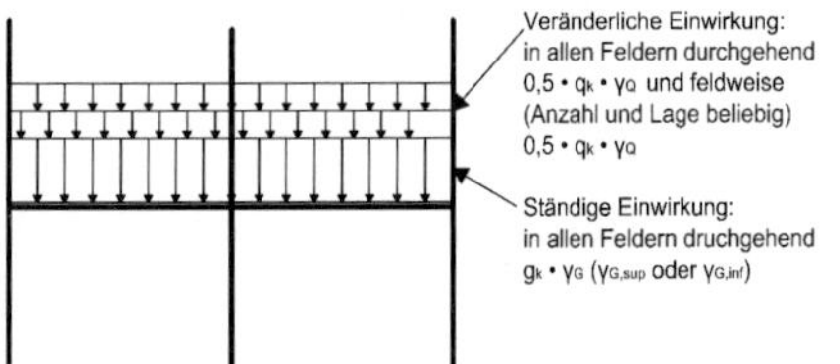

(NA.2) Bei Wohn- und Bürogebäuden darf der Bemessungswert der einwirkenden Normalkraft im Allgemeinen vereinfacht mit den folgenden Einwirkungskombinationen bestimmt werden:

$$N_{Ed} = 1{,}35 \cdot N_{Gk} + 1{,}5 \cdot N_{Qk} \quad \text{(NA.1)}$$

Diese Vereinfachung ergibt bei Vernachlässigung der Kombinationsbeiwerte ψ die maximal einwirkende Normalkraft bei mehreren veränderlichen Einwirkungen

In Hochbauten mit Decken aus Stahlbeton, die mit charakteristischen Nutzlasten einschließlich Trennwandzuschlag von maximal 3 kN/m² belastet sind, darf vereinfachend angesetzt werden:

$$N_{Ed} = 1{,}4 \cdot \left(N_{Gk} + N_{Qk}\right) \quad \text{(NA.2)}$$

Die Beschränkung der Nutzlast (einschl. Trennwandzuschlag) auf 3 kN/m² erlaubt bei üblichen Deckenstärken und Ausbaulasten die Ermittlung der maximalen Bemessungsnormalkraft mit einem gemeinsamen Teilsicherheitsbeiwert.

Im Fall größerer Biegemomente, z. B. bei Windscheiben, ist auch der Lastfall M max + N min zu berücksichtigen.

Dabei gilt:

$$\min N_{Ed} = 1{,}0 \cdot N_{Gk} \quad \text{(NA.3)}$$

Der Normungstext ist an dieser Stelle missverständlich, korrekt sollte es heißen: $\min N_{Ed}$ + zug. $\max M_{Ed}$.

Grundsätzlich sind alle relevanten Einwirkungskombinationen im Rahmen der rechnerischen Nachweise zu untersuchen, sofern nicht Gl. (NA.1) oder (NA.2) zur Anwendung kommt. Damit wird darauf hingewiesen, dass in bestimmten Nachweissituationen (z. B. Biege- und Querkrafttragfähigkeit) Kräfte auch günstig wirken können (beispielsweise eine Drucknormalkraft).

2.4.3 Grenzzustand der Tragfähigkeit

(1)P Die maßgebenden Teilsicherheitsbeiwerte für das Material γ_M sind im Grenzzustand der Tragfähigkeit und in außergewöhnlichen Bemessungssituationen anzuwenden. Wenn das Tragwerk unter außergewöhnlichen Einwirkungen untersucht wird, ist die Wahrscheinlichkeit des Auftretens der außergewöhnlichen Einwirkung zu berücksichtigen.

Der Teilsicherheitsbeiwert für das Material γ_M ist für den Nachweis im Grenzzustand der Tragfähigkeit Tabelle NA.1 zu entnehmen:

Bewehrtes, vorgespanntes und eingefasstes Mauerwerk ist in Deutschland nicht üblich. Die im Originaldokument DIN EN 1996-1-1 [E5] enthaltenen Regelungen entsprechen nicht dem Stand der Technik. Daher enthält der Nationale Anhang für bewehrtes, vorgespanntes und eingefasstes Mauerwerk einen Teilsicherheitsbeiwert $\gamma_M = 10$ auf der Widerstandsseite und es werden keine zur Bemessung notwendigen Baustoffkennwerte angegeben. Damit wird derartiges Mauerwerk in Deutschland faktisch ausgeschlossen.

Tabelle NA.1 — Teilsicherheitsbeiwerte für das Material im Grenzzustand der Tragfähigkeit

Material		γ_M Bemessungssituation	
		ständig und vorübergehend	**außergewöhnlich**[a]
A	unbewehrtes Mauerwerk aus Steinen der Kategorie I und Mörtel nach Eignungsprüfung[b, c]	1,5	1,3
	bewehrtes Mauerwerk aus Steinen der Kategorie I und Mörtel nach Eignungsprüfung[b]	10,0[d]	10,0[d]
B	unbewehrtes Mauerwerk aus Steinen der Kategorie I und Rezeptmörtel[c, e]	1,5	1,3
	bewehrtes Mauerwerk aus Steinen der Kategorie I und Rezeptmörtel[b]	10,0[d]	10,0[d]
C	Mauerwerk aus Steinen der Kategorie II	Für tragendes Mauerwerk nicht anwendbar.	
D	Verankerung von Bewehrungsstahl	10,0[d]	
E	Bewehrungsstahl und Spannstahl	10,0[d]	
F	Ergänzungsbauteile nach DIN EN 845-1	nach Zulassung	
G	Stürze nach DIN EN 845-2	nach Zulassung	

[a] für die Bemessung im Brandfall siehe DIN EN 1996-1-2.

[b] siehe NCI zu 3.2.2

[c] Randstreifenvermörtelung ist für tragendes Mauerwerk nicht anwendbar.

[d] In Einzelfällen können in Abstimmung mit der zuständigen Bauaufsichtsbehörde abweichende Werte vereinbart werden.

[e] Gilt nur für Baustellenmörtel nach DIN 18580.

Der Wert für $\gamma_M = 10$ basiert nicht auf einer statistischen Grundlage.

2.4.4 Grenzzustand der Gebrauchstauglichkeit

(1) Sofern vereinfachte Regeln in den entsprechenden Absätzen, die den Grenzzustand der Gebrauchstauglichkeit betreffen, angegeben werden, sind keine weitergehenden Untersuchungen von Einwirkungskombinationen gefordert. Sofern ein Teilsicherheitsbeiwert für das Material im Grenzzustand der Gebrauchstauglichkeit benötigt wird, ist dies γ_M.

Es gilt $\gamma_M = 1{,}0$.

2.5 Bemessung auf der Grundlage von Versuchen

(1) Trageigenschaften von Mauerwerk können durch Versuche bestimmt werden.

ANMERKUNG Anhang D (informativ) von DIN EN 1990 gibt Empfehlungen für die Bemessung auf der Grundlage von Versuchen.

Die Bemessung auf Grundlage von Versuchen ist in Deutschland auf Grundlage MVV TB Ausgabe 2019/1 [D5], Anlage 1.2.6/1 ausgeschlossen. Für die Anwendung kann grundsätzlich eine Zustimmung im Einzelfall bzw. eine vorhabenbezogene Bauartgenehmigung genutzt werden.

3 BAUSTOFFE

3.1 Mauersteine

3.1.1 Mauersteinarten und deren Gruppierung

(1)P Folgende Mauersteinarten dürfen verwendet werden:

- Mauerziegel nach EN 771-1;
- Kalksandsteine nach EN 771-2;
- Mauersteine aus Beton (mit dichten und porigen Zuschlägen) nach EN 771-3;
- Porenbetonsteine nach EN 771-4;
- Betonwerksteine nach EN 771-5;
- maßgerechte Natursteine nach EN 771-6.

Bei der Verwendung von Mauersteinen der Normen DIN EN 771-1 bis DIN EN 771-4 sind ergänzend die Verwendungsregeln nach DIN 20000-401 bis DIN 20000-404 anzuwenden.

Für Mauersteine nach DIN EN 771-6 gilt Anhang NA.L.

Alle weiteren Mauersteine dürfen nur für nichttragendes Mauerwerk verwendet werden.

(NA.5) Vollsteinen nach DIN EN 771-1 bis DIN EN 771-4 in Verbindung mit DIN 20000-401 bis DIN 20000-404 sowie Lochsteinen nach DIN EN 771-1 bis DIN EN 771-3 in Verbindung mit DIN 20000-401 bis DIN 20000-403 wird in diesem Dokument ein besonderes Vertrauensniveau entgegengebracht.

Die Anwendungsnormen der Reihe 20000 ([R23], [R24], [R25] und [R26]) regeln, wie die Angaben aus der CE-Kennzeichnung in Bezug auf die technischen Regeln für die Planung, Bemessung und Konstruktion baulicher Anlagen und ihrer Teile in Deutschland zu verwenden sind.

In den Anwendungsnormen sind die wesentlichen Leistungen aufgeführt, die in der CE-Kennzeichnung zu deklarieren sind. Der Verwender kann anhand der deklarierten Produkteigenschaften und den in den Anwendungsnormen festgelegten Anforderungen prüfen, ob die Mauersteine in Deutschland für den vorgesehenen Zweck verwendet werden dürfen. Durch die Klassifizierung der deklarierten Werte in Druckfestigkeitsklassen und Rohdichteklassen werden für die Anwendung in Deutschland geltende Bemessungswerte festgelegt. Darüber hinaus ermöglicht die Zuordnung zu Formaten und bekannten Steinarten auch die Verwendung der traditionellen Bezeichnungen.

In der Praxis ist es üblich, dass die Hersteller die Übereinstimmung mit der Anwendungsregel erklären und die entsprechenden maßgebenden Bemessungswerte angeben.

(2) Es sind Mauersteine sowohl der Kategorie I als auch der Kategorie II zugelassen.

ANMERKUNG Die Definition der Kategorien I und II sind in DIN EN 771-1 bis DIN EN 771-6 angegeben.

In Deutschland sind Mauersteine der Kategorie II für tragendes und nichttragendes Mauerwerk nicht anwendbar, siehe Tabelle NA.1.

(3) ...Auslassung...

(4) ...Auslassung...

Aufgrund der nationalen Klassifizierung der Mauersteine abweichend von Tabelle 3.1 entfallen (3) und (4).

Tabelle 3.1 — Geometrische Anforderungen an die Gruppierung der Mauersteine

...Auslassung...

Eine Gruppierung der Mauersteine nach Tabelle 3.1 in DIN EN 1996-1-1 [E5] erfolgt in Deutschland nicht. Die darin festgelegten Grenzwerte für den Lochanteil und die Stegdicken entsprechen nicht den Anforderungen in den Anwendungsnormen. Die Bemessungswerte werden in Deutschland über die Klassifizierung der Steinfestigkeits- und Rohdichteklasse sowie die Steinart festgelegt.

3.1.2 Eigenschaften der Mauersteine – Druckfestigkeit

...Auslassung...

Nach DIN EN 1996-1-1 [E5], 3.1.2 ist der Bemessung die normierte Druckfestigkeit der Mauersteine f_b zugrunde zu legen. Die normierte Druckfestigkeit bezeichnet die Druckfestigkeit eines Mauersteins im lufttrockenen Zustand mit einer Breite und Höhe von 100 mm. Nach der Normenreihe DIN EN 771 ist die normierte Druckfestigkeit entweder durch den Hersteller zu deklarieren oder nach DIN EN 772-1 [R34], Anhang A zu errechnen.

Im informativen Anhang A von DIN EN 772-1 werden in Abhängigkeit von der Konditionierung der Mauersteine Umrechnungsfaktoren für den lufttrockenen Zustand angegeben. In Anhang B sowie auch in den Anwendungsnormen ist die Konditionierung für die jeweilige Steinart geregelt.

Weiterhin enthält Anhang A von DIN EN 772-1 [R34] Formfaktoren, mit denen die Druckfestigkeit der Mauersteine im lufttrockenen Zustand multipliziert wird, um die normierte Druckfestigkeit f_b zu erhalten. Der Formfaktor ist abhängig vom Format und der Schlankheit des Prüfkörpers und ist auf einen würfelförmigen Prüfkörper mit der Kantenlänge von 100 mm bezogen. Aus deutscher Sicht sind die Formfaktoren in DIN EN 772-1, Anhang A mit den vorliegenden Versuchsergebnissen nicht belegt und sind daher in Deutschland nicht zu verwenden.

Der Bemessung ist die umgerechnete mittlere Steindruckfestigkeit f_{st} zugrunde zu legen. f_{st} ist die umgerechnete mittlere Steindruckfestigkeit einschließlich Formfaktor in Lastrichtung in N/mm² nach DIN 20000-401 bis DIN 20000-404.

Die nationalen Anhänge DIN EN 1996-1-1/NA [E16] bzw. DIN EN 1996-3/NA [E19] nehmen daher anstelle der normierten Druckfestigkeit Bezug auf die umgerechnete mittlere Steindruckfestigkeit f_{st}. Diese wird aus der deklarierten mittleren Steindruckfestigkeit (ofentrockener Zustand, ohne Formfaktor) und einem in den Anwendungsnormen angegebenen Umrechnungsfaktor für den lufttrockenen Zustand und einem Formbeiwert, der nur von der Steinhöhe abhängt, berechnet. Die deutschen Formbeiwerte legen dabei das früher übliche Steinformat 2DF als Bezugsgröße für die deutschen Bemessungswerte zugrunde.

3.2 Mörtel

3.2.1 Mörtelarten

(1) Mauermörtel sind entsprechend ihrer Zusammensetzung als Normalmörtel, Dünnbettmörtel oder Leichtmörtel definiert.

(2) Mauermörtel werden entsprechend der Festlegung der Zusammensetzung als Rezeptmörtel oder Mörtel nach Eignungsprüfung eingeordnet.

(3) ...Auslassung...

(3) Bei Mauermörtel kann es sich abhängig von der Herstellart entweder um Werkmauermörtel, werkmäßig hergestellten Mörtel (werkmäßig vorbereiteter Mauermörtel oder Kalk-Sand-Werk-Vormörtel) oder Baustellenmörtel handeln

Im NCI werden die üblichen Bezeichnungen in Deutschland verwendet.

(4)P ...Auslassung...

(4)P Werkmauermörtel und werkmäßig hergestellte Mörtel müssen DIN EN 998-2 entsprechen. Baustellenmörtel müssen DIN 18580 entsprechen.

Die deutsche Anwendungsnorm DIN 20000-412 [R27] enthält alle erforderlichen Anforderungen und Regelungen für die Verwendung von Werkmauermörteln nach DIN EN 998-2 [R37].

Die aktuelle DIN 18580:2019-06 [R22] enthält ausschließlich Regelungen zu Mörteln, die auf der Baustelle gemischt werden.

3.2.2 Festlegungen zu Mauermörtel

(1) Mörtel sollten entweder nach ihrer Druckfestigkeit – bezeichnet mit dem Buchstaben M, gefolgt von der Druckfestigkeit in N/mm², z. B. M5 – oder beim Einsatz von Rezeptmörteln nach ihrem Mischungsverhältnis, z. B. Zement : Kalk : Sand = 1 : 1 : 5 in Volumenanteilen, klassifiziert werden.

ANMERKUNG Der nationale Anhang eines Landes darf gleichwertige Mischungsverhältnisse der Bestandteile angeben, die entsprechende M-Werte gewährleisten.

Die Verwendung von auf der Baustelle hergestellter Normalmauermörtel der Mörtelklassen: M 1; M 2,5; M 5 und M 10 mit einer Zusammensetzung nach DIN 18580:2019-06, Tabelle 2 ist zulässig. Die weiteren Festlegungen der DIN 18580 für Baustellenmörtel sind einzuhalten (Zuordnung siehe Tabelle NA.2).

Im Anwendungsbereich der europäischen Mörtelnorm DIN EN 998-2 [R37] sind Baustellenmörtel ausgeschlossen.

(2) Normalmauermörtel dürfen Mörtel nach Eignungsprüfung nach EN 998-2 oder Rezeptmörtel nach EN 998-2 sein.

(3) Dünnbettmörtel und Leichtmörtel sollten Mörtel nach Eignungsprüfung nach EN 998-2 sein.

(NA.4) Nur die Verwendung folgender Mauermörtel ist zulässig:

a) Mauermörtel nach Eignungsprüfung:

Normalmauermörtel, Leichtmauermörtel und Dünnbettmörtel, für die mindestens die in DIN 20000-412 angegebenen Leistungen deklariert wurden (siehe Tabelle NA.2);

b) Mauermörtel nach DIN 18580:2019-06, Tabelle 2.

Siehe NDP zu 3.2.2 (1).

Tabelle NA.2 — Rechenwerte für die Druckfestigkeit von Mauermörtel

Mauermörtel nach DIN 20000-412 oder DIN 18580[a]		**Druckfestigkeit** f_m N/mm^2
Normalmauermörtel mit Nachweis über die Erfüllung der Anforderungen an die Fugendruckfestigkeit	M 2,5	2,5
	M 5	5,0
	M 10	10,0
	M 20	20,0
Leichtmauermörtel[b] mit Nachweis über die Begrenzung der Verformbarkeit und Nachweis über die Erfüllung der Anforderungen an die Fugendruckfestigkeit	M 5	5,0
Leichtmauermörtel[b] ohne Nachweis über die Begrenzung der Verformbarkeit und Nachweis über die Erfüllung der Anforderungen an die Fugendruckfestigkeit	M 10	5,0
Dünnbettmörtel (DM)	M 10	10,0

[a] Eine Zuordnung der bisherigen Mörtelbezeichnungen (MG I; II; IIa; III und IIIa nach der Normenreihe DIN 1053) ist in DIN 20000-412:2019-06, Anhang A enthalten

[b] LM 21 oder LM 36 nach DIN 20000-412:2019-06, Tabelle A.1

Baustellenmörtel sind in Deutschland in DIN 18580:2019-06 [R22] geregelt.

DIN EN 998-2 [R37] ermöglicht in Abhängigkeit der Normdruckfestigkeit (ermittelt am Normprisma) die Zuordnung zu den Mörtelklassen M1, M2,5, M5, M10, M15 und M20.

Für eine Zuordnung zu einer Mörtelklasse nach Tabelle NA.2 sind bei Normalmauermörteln (außer Rezeptmörteln) und bei Leichtmörteln bei der Eignungsprüfung auch die Anforderungen an die Fugendruckfestigkeit nach einem der drei Verfahren in DIN 18555-9 [R21] nachzuweisen.

Bei Leichtmörteln besteht zusätzlich die Anforderung, die Längs- und Querverformung bei Druckbeanspruchung nachzuweisen.

Eine weitere wesentliche nachzuweisende Eigenschaft ist bei Normal-, Leicht- und Dünnbettmörteln die charakteristische Anfangsscherfestigkeit, die an Referenzsteinen geprüft werden kann.

Darüber hinaus bestehen bei Leichtmörteln zusätzliche Anforderungen an die Trockenrohdichte bzw. die Wärmeleitfähigkeit.

Die nachzuweisenden Anforderungswerte sind für Werkmörtel in DIN EN 20000-412 [R27] bzw. für Baustellenmörtel in DIN 18580 [R22] geregelt.

Eine direkte Zuordnung der europäischen Mörtelklassen zu den teilweise noch verwendeten nationalen Bezeichnungen entsprechend DIN 1053-1 [R1] (z. B. in NA.L Natursteinmauerwerk) ist aufgrund der unterschiedlichen Anforderungen nicht ohne Weiteres möglich. Die nachfolgende Tabelle gibt Anhaltswerte für die Zuordnung der Mörtelklassen zu Mörtelgruppen entsprechend Anhang A der DIN 20000-412:2019-06 [R27].

Mörtelart	Mörtel-gruppe	Mörtelklasse nach DIN EN 998-2
Normal-mörtel	I	M1
	II	M2,5
	IIa	M5
	III	M10
	IIIa	M20
Leicht-mauer-mörtel	LM21	M5
	LM36	M5
Dünnbett mörtel	DM	M10

Die Zuordnung gilt nur, wenn die o. g. ergänzenden Eigenschaften deklariert und die Eignung der Ausgangsstoffe nachgewiesen wurde.
Die in DIN 1053-1 [R1] aufgeführte Mörtelgruppe I entfällt in Tabelle NA.2. Bei dieser Mörtelgruppe bestanden keine Anforderungen an die Mindestdruckfestigkeit. Der Abschnitt NA.L nimmt diese Mörtelgruppe noch in Bezug. Gemäß DIN 20000-412 [R27] ist diese der Mörtelklasse M1 zuzuordnen. Bei Bestandsmauerwerk kann Mörtel der Gruppe I auch eine geringere Druckfestigkeit aufweisen.

3.2.3 Mörteleigenschaften

3.2.3.1 Druckfestigkeit des Mauermörtels

(1)P Die Druckfestigkeit f_m des Mörtels ist nach EN 1015-11 zu bestimmen.

(NA.2)P Der Rechenwert der Druckfestigkeit f_m des Mörtels für die Ermittlung der charakteristischen Druckfestigkeit des Mauerwerks ist Tabelle NA.2 zu entnehmen.

(NA.3) ...Auslassung...

Auslassung, da in Deutschland bewehrtes und vorgespanntes Mauerwerk üblicherweise nicht angewendet wird, siehe Erläuterung zu Abs. 1.

3.2.3.2 Verbund zwischen Mauerstein und Mörtel

(1)P Der Verbund zwischen Mörtel und Mauerstein muss für die vorgesehene Verwendung ausreichend sein.

ANMERKUNG 1 Der ausreichende Verbund hängt von dem verwendeten Mörtel und den Mauersteinen, für die der Mörtel verwendet wird, ab.

ANMERKUNG 2 EN 1052-3 regelt die Bestimmung der Anfangsscherfestigkeit (Haftscherfestigkeit) von Mauerwerk und EN 1052-5 die Bestimmung der Biegehaftzugfestigkeit von Mauerwerk.

In Deutschland kann der Verbundnachweis im Rahmen der Eignungsprüfung über die Prüfung der Haftscherfestigkeit mit dem Kalksand-Referenzstein erfolgen. Bei den für die Bemessung anzusetzenden Werten für die Haftscherfestigkeit handelt es sich um tabellierte Werte in Abhängigkeit der Mörtelart und -klasse.

3.3 Füllbeton

...Auslassung...

In Deutschland wird bewehrtes und vorgespanntes Mauerwerk üblicherweise nicht angewendet (s. Abs. 1). Die Abschnitte 3.3 bis 3.5 werden daher ausgelassen.

3.4 Bewehrungsstahl

...Auslassung...

3.5 Spannstahl

...Auslassung...

3.6 Mechanische Eigenschaften von Mauerwerk

3.6.1 Charakteristische Druckfestigkeit von Mauerwerk

3.6.1.1 Allgemeines

(1)P Die charakteristische Druckfestigkeit von Mauerwerk f_k ist aus Ergebnissen von Mauerwerksversuchen zu bestimmen.

ANMERKUNG Versuchsergebnisse dürfen entweder aus Versuchen für das jeweilige Projekt oder aus einer vorhandenen Datenbasis entnommen werden.

Die in Deutschland anzusetzenden charakteristischen Werte der Mauerwerksdruckfestigkeit basieren auf der Auswertung von Versuchsdatenbanken.

3.6.1.2 Charakteristische Druckfestigkeit von Mauerwerk ohne Randstreifenvermörtelung der Lagerfugen

(1) Die charakteristische Druckfestigkeit von Mauerwerk sollte bestimmt werden, entweder:

(i) aus Ergebnissen von Versuchen nach DIN EN 1052-1, die entweder für das jeweilige Projekt durchgeführt werden oder die aus früher durchgeführten Versuchen, z. B. in Form einer Datenbasis, verfügbar sind, wobei die Auswertung der Versuchsergebnisse unter Verwendung der Gleichung (3.1) in Form einer Tabelle dargestellt werden sollte.

$$f_k = K\, f_b^{\alpha}\, f_m^{\beta} \qquad (3.1)$$

Dabei ist

f_k die charakteristische Druckfestigkeit von Mauerwerk in N/mm²;

K eine Konstante, die – sofern notwendig – nach 3.6.1.2(3) und/oder 3.6.1.2(6) zu modifizieren ist;

α, β Konstanten;

f_b die normierte Mauersteindruckfestigkeit in Lastrichtung in N/mm²;

f_m die Druckfestigkeit des Mauermörtels in N/mm².

Die Anwendungsgrenzen der Gleichung (3.1) sollten in Bezug auf f_b, f_m, den Variationskoeffizienten der Versuchsergebnisse und die Mauersteingruppen angegeben werden.

Die charakteristische Mauerwerksdruckfestigkeit für eine theoretische Schlankheit der Mauerwerkwände $h_{ef}/t = 0$ wird nach DIN EN 1996-1-1 [E5] rechnerisch über Gleichung (3.1) ermittelt.

Absatz (ii) wird in Deutschland nicht angewendet und entfällt.

Die Parameter K, α und β zur Beschreibung des Zusammenhangs der Mauerwerksdruckfestigkeit zur Stein- und Mörtelfestigkeit wurden durch Regressionsrechnungen ermittelt. Die Gleichungsparameter und Exponenten K, α und β sind in den Tabellen NA.4 bis NA.11 angegeben.

Bei der Auswertung der Versuchsergebnisse für die Festlegung der Gleichungsparameter und Exponenten erfolgte zunächst eine Umrechnung der an unterschiedlichen Schlankheiten bestimmten Mauerwerksdruckfestigkeiten auf die Schlankheit $h_{ef}/t = 5$. Auf der sicheren Seite liegend wurde kein weiterer Faktor zur Umrechnung auf die theoretische Schlankheit $\lambda = 0$ angesetzt.

Für Dünnbettmörtel und Leichtmörtel hat die Auswertung der Untersuchungsergebnisse ergeben, dass die Mörteldruckfestigkeit keinen Einfluss hat. Gleichung (3.1) vereinfacht sich dann wie folgt:

$$f_k = K \cdot f_{st}^{\alpha}$$

Bei Nachweisen im Bestand besteht teilweise die Notwendigkeit, σ_0-Werte nach DIN 1053-1 in charakteristische Festigkeiten umzurechnen.

Abweichend von der Regelung in DIN 1053-100 [R3] sollte nach neueren Erkenntnissen auf der sicheren Seite liegend ein geringerer Schlankheitseinfluss berücksichtigt werden und folgender Zusammenhang zur Ermittlung der charakteristischen Mauerwerksdruckfestigkeit aus der zulässigen Druckspannung angesetzt werden:

$$f_k \approx 2{,}64 \cdot \sigma_0$$

Die in DIN EN 1996-1-1/NA [E16] und DIN EN 1996-3/NA [E19] festgelegten charakteristischen Druckfestigkeiten f_k bezogen auf die zulässigen Druckspannungen σ_0 gemäß DIN 1053-1 [R1] ergeben Faktoren im Bereich von 1,7 bis 4,9. Der o. g. Faktor von 2,64 wird für früher übliche Materialkombinationen im Regelfall jedoch eingehalten. Im Zweifelsfall ist eine Überprüfung der Materialien erforderlich.

Es wird (i) angewendet. Die Konstanten und freien Exponenten sind das Ergebnis der Auswertung vorliegender Versuche zur Bestimmung der Druckfestigkeit von Mauerwerk. Die in den Tabellen NA.4 bis NA.11 angegebenen Anwendungsgrenzen sind im Einzelnen zu beachten. In der Gleichung (3.1) ist f_b durch f_{st} zu ersetzen. f_{st} ist die umgerechnete mittlere Steindruckfestigkeit einschließlich Formfaktor in Lastrichtung in N/mm² nach DIN 20000-401 bis DIN 20000-404.

Die Tabellenwerte aus Anhang NA.D von DIN EN 1996-3/NA [E19] entsprechen den mit Gleichung (3.1) ermittelten Werten für die jeweiligen Stein-Mörtelkombinationen bei Ansatz der mittleren Mindestdruckfestigkeit der Mauersteine f_{st} und der mittleren Mörteldruckfestigkeit (entspricht der Mörtelklasse). Die Tabellenwerte können beim genaueren Nachweisverfahren nach DIN EN 1996-1-1/NA [E16] verwendet werden.

Wenn die Einwirkung parallel zur Lagerfugenrichtung erfolgt, darf die charakteristische Druckfestigkeit ebenfalls nach Gleichung (3.1) bestimmt werden, wobei anstelle von f_b die mittlere Druckfestigkeit der Mauersteine in Lastrichtung aus der CE-Deklaration zu entnehmen ist. Der zugehörige K-Wert nach Tabelle NA.4 bis Tabelle NA.11 ist mit 0,5 zu multiplizieren. Aufgrund der Wahl des Verfahrens (i) sind die Abschnitte (2), (3), (4) und (5) nicht anwendbar.

Die Werte gelten nur bei vermörtelter Stoßfuge.

oder

(ii) nach (2) und (3) im Folgenden.

Absatz (ii) wird nicht angewendet und entfällt.

...Auslassung...

Tabelle NA.3 — Rechenwerte für f_{st} in Abhängigkeit von der Druckfestigkeitsklasse

Druckfestigkeitsklasse der Mauersteine und Planelemente	2	4	6	8	10	12	16	20	28	36	48	60
Umgerechnete mittlere Mindestdruckfestigkeit f_{st} N/mm²	2,5	5,0	7,5	10,0	12,5	15,0	20,0	25,0	35,0	45,0	60,0	75,0

Die umgerechnete mittlere Mindestdruckfestigkeit f_{st} ergibt sich aus der Druckfestigkeitsklasse multipliziert mit dem Faktor 1,25. Die Druckfestigkeitsklasse entspricht dabei sinngemäß dem 5%-Quantilwert der Steindruckfestigkeit (früher kleinster Einzelwert).

(4) ...Auslassung...

(5) ...Auslassung...

Die Absätze (4) und (5) sowie Tabelle 3.3 werden nicht angewendet, da keine Einteilung der Mauersteine nach den Gruppen entsprechend Tabelle 3.1 erfolgt.

(6) Bei Mauerwerk aus Normalmörtel und mit Mörtelfugen parallel zur Wandebene (Verbandsmauerwerk), die über die gesamte Länge der Wand oder Teile davon verlaufen, sind die K-Werte aus der Tabelle 3.3 mit dem Faktor 0,8 zu multiplizieren.

Der Absatz bezieht sich nicht auf Tabelle 3.3, sondern auf die Tabellen NA.4 bis NA.11.

Tabelle 3.3 — K-Werte für Mauerwerk mit Normalmörtel, Dünnbettmörtel und Leichtmörtel

...Auslassung...

Tabelle NA.4 — Parameter zur Ermittlung der Druckfestigkeit von Einsteinmauerwerk aus Hochlochziegeln mit Lochung A (HLzA), Lochung B (HLzB), Lochung E (HLzE)[a] Mauertafelziegeln T1 sowie Kalksand-Loch- und Hohlblocksteinen mit Normalmauermörtel

<table>
<tr><th rowspan="2">Mittlere Steindruckfestigkeit
N/mm²</th><th rowspan="2">Mörtelart Normal-mauermörtel</th><th colspan="3">Parameter</th></tr>
<tr><th>K</th><th>α</th><th>β</th></tr>
<tr><td rowspan="4">$5{,}0 \leq f_{st} < 10{,}0$</td><td>M 2,5</td><td rowspan="2">0,68</td><td rowspan="4">0,605</td><td rowspan="4">0,189</td></tr>
<tr><td>M 5</td></tr>
<tr><td>M 10</td><td rowspan="2">0,70</td></tr>
<tr><td>M 20</td></tr>
<tr><td rowspan="4">$10{,}0 \leq f_{st} \leq 75{,}0$</td><td>M 2,5[b]</td><td>0,69</td><td rowspan="4">0,585</td><td rowspan="4">0,162</td></tr>
<tr><td>M 5[b]</td><td rowspan="3">0,79</td></tr>
<tr><td>M10</td></tr>
<tr><td>M 20</td></tr>
</table>

[a] Zur Ermittlung der f_k-Werte von Hochlochziegeln mit Lochung E (HLzE) nach DIN 20000-401 sind die zugehörigen Parameter entsprechend den Mörtelklassen M 5 und M 10 nach Tabelle NA.2 und den Druckfestigkeitsklassen 8 bis 20 nach Tabelle NA.3 anzusetzen.

[b] Die Druckfestigkeit des Mauerwerks darf nicht größer angenommen werden als für Steinfestigkeiten f_{st} = 25 N/mm².

Tabelle NA.5 — Parameter zur Ermittlung der Druckfestigkeit von Einsteinmauerwerk aus Hochlochziegeln mit Lochung W (HLzW), Mauertafelziegeln T2, T3 und T4 sowie Langlochziegeln (LLz) mit Normalmauermörtel

<table>
<tr><th rowspan="2">Mittlere Steindruckfestigkeit
N/mm²</th><th rowspan="2">Mörtelart Normal-mauermörtel</th><th colspan="3">Parameter</th></tr>
<tr><th>K</th><th>α</th><th>β</th></tr>
<tr><td rowspan="4">$5{,}0 \leq f_{st} < 10{,}0$</td><td>M 2,5</td><td rowspan="2">0,54</td><td rowspan="4">0,605</td><td rowspan="4">0,189</td></tr>
<tr><td>M 5</td></tr>
<tr><td>M 10</td><td rowspan="2">0,56</td></tr>
<tr><td>M 20</td></tr>
<tr><td rowspan="4">$10{,}0 \leq f_{st} \leq 75{,}0$</td><td>M 2,5[a]</td><td>0,55</td><td rowspan="4">0,585</td><td rowspan="4">0,162</td></tr>
<tr><td>M 5[a]</td><td rowspan="3">0,63</td></tr>
<tr><td>M10[a]</td></tr>
<tr><td>M 20[a]</td></tr>
</table>

[a] Die Druckfestigkeit des Mauerwerks darf bei Mauerwerk aus Hochlochziegeln mit Lochung W und Mauertafelziegeln T4 nicht größer angenommen werden als für Steinfestigkeiten f_{st} = 15 N/mm² und bei Mauerwerk aus Mauertafelziegeln T2 und T3 nicht größer als für f_{st} = 25 N/mm².

Die Herleitung der Gleichungsparameter und Exponenten erfolgte auf Grundlage von Versuchsergebnissen an Einsteinmauerwerk. Der Faktor 0,8 berücksichtigt die geringere Druckfestigkeit bei Verbandsmauerwerk infolge der Längsfuge und basiert auf früheren Vergleichsversuchen.

Tabelle NA.6 — Parameter zur Ermittlung der Druckfestigkeit von Einsteinmauerwerk aus Vollziegeln sowie Kalksand-Vollsteinen und Kalksand-Blocksteinen mit Normalmauermörtel

Steinart	Mörtelart Normalmauer-mörtel	Parameter		
		K	α	β
Vollziegel, KS-Vollsteine, KS-Blocksteine	M 2,5[a]; M 5[a]	0,95	0,585	0,162
	M 10[b]; M 20[b]			

[a] Die Druckfestigkeit des Mauerwerks darf nicht größer angenommen werden als für die Steinfestigkeiten f_{st} = 45 N/mm^2.

[b] Die Druckfestigkeit des Mauerwerks darf nicht größer angenommen werden als für Steinfestigkeiten f_{st} = 60 N/mm^2.

Tabelle NA.7 — Parameter zur Ermittlung der Druckfestigkeit von Einsteinmauerwerk aus Kalksand-Plansteinen und Kalksand-Planelementen mit Dünnbettmörtel

Die Kurzzeichen der Steinarten sind in DIN 20000-402 [R24] erläutert.

Steinart		Mörtelart Dünn-bettmörtel	Parameter		
			K	α	β
KS-Plan-elemente	KS XL	DM[a]	1,70	0,630	---
	KS XL-N, KS XL-E		0,80	0,800	---
KS-Plan-steine	KS-P	DM[b]			
	KS L-P	DM[c]	1,15	0,585	---

[a] Die Druckfestigkeit des Mauerwerks darf nicht größer angenommen werden als für Steinfestigkeiten f_{st} = 35 N/mm^2.

[b] Die Druckfestigkeit des Mauerwerks darf nicht größer angenommen werden als für Steinfestigkeiten f_{st} = 45 N/mm^2.

[c] Die Druckfestigkeit des Mauerwerks darf nicht größer angenommen werden als für Steinfestigkeiten f_{st} = 25 N/mm^2.

Tabelle NA.8 — Parameter zur Ermittlung der Druckfestigkeit von Einsteinmauerwerk aus Mauerziegeln und Kalksandsteinen mit Leichtmauermörtel

Mittlere Steindruckfestigkeit N/mm^2	Mörtelart Leicht-mauermörtel	Parameter		
		K	α	β
$2{,}5 \le f_{st} < 5{,}0$	LM 21	0,74	0,495	---
	LM 36	0,85		
$5{,}0 \le f_{st} < 7{,}5$	LM 21	0,74		
	LM 36	1,00		
$7{,}5 \le f_{st} \le 35{,}0$	LM 21[a]	0,81		
	LM 36[b]	1,05		

[a] Die Druckfestigkeit des Mauerwerks darf nicht größer angenommen werden als für Steinfestigkeiten f_{st} = 15 N/mm^2.

[b] Die Druckfestigkeit des Mauerwerks darf nicht größer angenommen werden als für Steinfestigkeiten f_{st} = 10 N/mm^2.

Tabelle NA.9 — Parameter zur Ermittlung der Druckfestigkeit von Einsteinmauerwerk aus Leichtbeton- und Betonsteinen

Steinart		Mittlere Steindruck-festigkeit N/mm²	Mörtelart Normal- bzw. Leichtmauer-mörtel	Parameter		
				K	α	β
Voll-steine	V, Vbl	-	M 2,5[a], M 5[a], M 10[a], M 20[a]	0,67	0,74	0,13
	Vbl S, Vbl SW	$2{,}5 \leq f_{st} < 10{,}0$	M 2,5[a], M 5[a]	0,68	0,605	0,189
			M 10[a], M 20[a]	0,70		
		$10{,}0 \leq f_{st} < 75{,}0$	M 5[a], M 10[a], M 20[a]	0,79	0,585	0,162
	Vn, Vbn Vm, Vmb	-	M 2,5[a], M 5[a], M 10[a], M 20[a]	0,95	0,585	0,162
Loch-steine	Hbl, Hbn	-	M 2,5[a], M 5[a], M 10[a], M 20[a]	0,74	0,63	0,10
Voll- und Lochsteine		-	LM21[b], LM36[c]	0,79	0,66	-

[a] Die umgerechnete mittlere Steindruckfestigkeit darf nicht größer angenommen werden als die dreifache Mörtelfestigkeit $f_{st} \leq 3\,f_m$.
Die Mörtelfestigkeit darf nicht größer angenommen werden als $f_m \leq 10$ N/mm².

[b] Die Druckfestigkeit des Mauerwerks darf nicht größer angenommen werden als für umgerechnete mittlere Steindruckfestigkeiten $f_{st} \leq 10$ N/mm².

[c] Die umgerechnete mittlere Steindruckfestigkeit darf nicht größer angenommen werden als die dreifache Mörtelfestigkeit $f_{st} \leq 3\,f_m$.

Tabelle NA.10 — Parameter zur Ermittlung der Druckfestigkeit von Einsteinmauerwerk aus Porenbeton-Plansteinen und Porenbeton-Planelementen mit Dünnbettmörtel (DM)

Steinart	Mittlere Steindruck-festigkeit N/mm²	Mörtelart Dünn-bettmörtel	Parameter		
			K	α[a]	β
Vollsteine aus Poren-beton	$2{,}5 \leq f_{st} < 5{,}0$	DM	0,90	0,76	-
	$5{,}0 \leq f_{st} \leq 10{,}0$			0,75	-

[a] Für die Steindruckfestigkeitsklasse-Rohdichtekombination 4-0,5 gilt $\alpha = 0{,}66$.
Für die Steindruckfestigkeitsklasse-Rohdichtekombination 6-0,6 gilt $\alpha = 0{,}70$.

Die Kurzzeichen der Steinarten sind in DIN 20000-403 [R25] erläutert.

Tabelle NA.11 — Parameter zur Ermittlung der Druckfestigkeit von Einsteinmauerwerk aus Planhochlochziegeln mit Lochung B (PHLzB) und E (PHLzE) mit Dünnbettmörtel (DM)

Die Kurzzeichen der Steinarten sind in DIN 20000-401 [R23] erläutert.

Steinart	Mittlere Steindruckfestigkeit N/mm^2	Mörtelart Dünnbettmörtel	Parameter		
			K	α	β
Planhochlochziegel PHLzB und PHLzE	$7{,}5 \leq f_{st} < 10{,}0$	DM	0,75	0,70	-
	$10{,}0 \leq f_{st} < 12{,}5$		0,73		-
	$12{,}5 \leq f_{st} < 15{,}0$		0,71		-
	$15{,}0 \leq f_{st} < 20{,}0$		0,70		-
	$20{,}0 \leq f_{st} < 25{,}0$		0,68		-
	$25{,}0 = f_{st}$		0,66		-

3.6.1.3 Charakteristische Druckfestigkeit von Mauerwerk mit Randstreifenvermörtelung der Lagerfugen

...Auslassung...

Mauerwerk mit Randstreifenvermörtelung ist in Deutschland nicht zulässig, siehe Tabelle NA.1 c).

3.6.2 Charakteristische Schubfestigkeit von Mauerwerk

(1)P Die charakteristische Schubfestigkeit f_{vk} von Mauerwerk ist aus Ergebnissen von Versuchen an Mauerwerk zu bestimmen.

ANMERKUNG Versuchsergebnisse dürfen entweder aus Versuchen für das jeweilige Projekt oder aus einer vorhandenen Datenbasis entnommen werden.

Die Versuchsergebnisse sind durch die Ermittlung von f_{vlt} in diesem Dokument wiedergegeben

Die nationalen Versuchsergebnisse werden durch die nachfolgend dargestellte Ermittlung von f_{vlt} repräsentiert.

(2) ...Auslassung...

Für die Haftscherfestigkeit werden in Deutschland tabellierte Werte angesetzt.

(3) Die charakteristische Schubfestigkeit f_{vk} von Mauerwerk mit Normalmörtel nach 3.2.2 (2), oder Dünnbettmörtel mit einer Fugendicke von 0,5 mm bis 3,0 mm nach 3.2.2 (3), oder Leichtmörtel nach 3.2.2 (4) darf aus Gleichung (3.5) ermittelt werden, wenn alle Fugen die Anforderungen nach 8.1.5 erfüllen und als vollständig vermörtelt angesehen werden können.

Absatz (3) bezieht sich auf vermörtelte Stoßfugen.

Die Dicke der Lagerfuge bei Dünnbettmörtel ist in Deutschland auf 1 bis 3 mm festgelegt.

f_{vk} = ...Auslassung... (3.5)

jedoch nicht größer als ...Auslassung... oder f_{vlt}

Dabei ist

...Auslassung...

f_{vlt} der Grenzwert von f_{vk};

...Auslassung...

ANMERKUNG Die Festlegung, ob ...Auslassung... oder f_{vlt} in einem Land anzuwenden ist, und die Größe oder der Funktionsverlauf von f_{vlt} sind im Nationalen Anhang eines jeden Landes zu regeln.

Auslassungen, da in Deutschland die charakteristische Schubfestigkeit f_{vk} allein aus der Berechnung des Grenzwertes f_{vlt} zu ermitteln ist. f_{vlt} ist nach dem zugehörigen NDP zu Absatz (3) zu bestimmen. Die Gleichungen bilden Reibungs-, Steinzug- und Schub-Druck-Versagen ab.

a) Die charakteristische Schubfestigkeit f_{vk} darf auch allein aus der Berechnung des Grenzwertes f_{vlt} nach b) und c) ermittelt werden.

b) Der Grenzwert f_{vlt} ergibt sich bei Mauerwerk mit vermörtelten Stoßfugen für **Scheibenschub** bei **Reibungsversagen** aus

$$f_{vlt1} = f_{vk0} + 0{,}4 \cdot \sigma_{Dd} \qquad \text{(NA.4)}$$

bzw. bei **Steinzugversagen** aus

$$f_{vlt2} = 0{,}45 \cdot f_{bt,cal} \cdot \sqrt{1 + \frac{\sigma_{Dd}}{f_{bt,cal}}} \qquad \text{(NA.5)}$$

Die Gleichungen (NA.4) und (NA.5) ergeben sich aus der von Mann/Müller [26] entwickelten Versagenstheorie von auf Scheibenschub beanspruchten Mauerwerkwänden. Das Modell geht von einem Verdrehen der Mauersteine aus, wodurch sich eine ungleichmäßig verteilte Normalspannung einstellt, die durch eine rechnerische Reduzierung des Reibungsbeiwertes von μ = 0,6 auf μ = 0,4 berücksichtigt wird.

Bei Mauerwerk aus Porenbetonplansteinen mit glatten Stirnflächen und vollflächig vermörtelten Stoßfugen kann der Wert nach Gleichung NA.5 mit dem Faktor 1,2 erhöht werden.

Die Haftscherfestigkeit f_{vk0} darf nur in Rechnung gestellt werden, wenn der Randdehnungsnachweis nach Abs 7.2 (NA.10) eingehalten ist.

Dabei ist

f_{vk0} die Haftscherfestigkeit nach Tabelle NA.12;

σ_{Dd} der Bemessungswert der zugehörigen Druckspannung an der Stelle der maximalen Schubspannung. Für Rechteckquerschnitte gilt $\sigma_{Dd} = N_{Ed} / A$, dabei ist A der überdrückte Querschnitt; im Regelfall ist die minimale Einwirkung N_{Ed} = 1,0 N_{Gk} maßgebend;

Bei der Bestimmung der überdrückten Fläche ist linear-elastisches Materialverhalten ohne Berücksichtigung einer Biegezugfestigkeit anzunehmen. Somit ist σ_{Dd} die im überdrückten Bereich wirkende mittlere Normalspannung.

$f_{bt,cal}$ die rechnerische Steinzugfestigkeit. Es darf angenommen werden:

$f_{bt,cal}$ = 0,020 · f_{st} für Hohlblocksteine

$f_{bt,cal}$ = 0,026 · f_{st} für Hochlochsteine und Steine mit Grifflöchern oder Grifftaschen

$f_{bt,cal}$ = 0,032 · f_{st} für Vollsteine ohne Grifflöcher oder Grifftaschen

$$f_{bt,cal} = \frac{0{,}082}{1{,}25} \cdot \frac{1}{0{,}7 + \left(\frac{f_{st}}{25}\right)^{0{,}5}} \cdot f_{st}$$

f_{st} in N/mm² für Porenbetonplansteine der Länge ≥ 498 mm und der Höhe ≥ 248 mm

f_{st} in N/mm² die umgerechnete mittlere Steindruckfestigkeit (siehe Tabelle NA.3).

Der kleinere der beiden Werte ist maßgebend. Bei Ansatz der Anfangsscherfestigkeit f_{vk0} in der Gleichung (NA.4) ist der Randdehnungsnachweis nach 7.2 zu führen.

Bei der rechnerischen Steinzugfestigkeit handelt es sich nicht um einen versuchstechnisch nachzuweisenden Anforderungswert der Mauersteine. Es handelt sich um einen Rechenwert, der auf Grundlage der Bemessungsansätze und von Bauteilversuchen kalibriert wurde. Die Verhältniswerte $f_{bt,cal} / f_{st}$ für Hohlblocksteine, Hochlochsteine und Steine mit Grifflöchern oder Grifftaschen sowie für Vollsteine ohne Grifflöcher oder Grifftaschen waren bereits in DIN 1053 in analoger Form geregelt. Da in DIN 1053 Bezug zur Steinfestigkeitsklasse genommen wurde, waren die Werte um den Faktor 1,25 höher. Der Zusammenhang für Porenbetonplansteine der Länge ≥ 498 mm und der Höhe ≥ 248 mm basiert auf neueren Untersuchungen.

c) Bei **Plattenschub** gilt für Mauerwerk mit vermörtelten Stoßfugen wahlweise einer der beiden folgenden Werte f_{vlt}:

$$f_{vlt} = 0{,}6 \cdot \sigma_{Dd} \qquad \text{(NA.6)}$$

oder

$$f_{vlt} = f_{vk0} + 0{,}6 \cdot \sigma_{Dd} \qquad \text{(NA.7)}$$

Dabei ist

f_{vk0} die Haftscherfestigkeit nach Tabelle NA.12;

Bei Plattenschubbeanspruchung darf anstelle eines Reibungsbeiwertes von μ = 0,4 ein Wert μ = 0,6 verwendet werden. Ein Verdrehen der Mauersteine (siehe Scheibenschub) tritt hier nicht ein.

σ_{Dd} der Bemessungswert der zugehörigen Druckspannung an der Stelle der maximalen Schubspannung. Für Rechteckquerschnitte gilt $\sigma_{Dd} = N_{Ed} / A$, dabei ist A der rechnerisch überdrückte Querschnitt; im Regelfall ist die minimale Einwirkung $N_{Ed} = 1{,}0\ N_{Gk}$ maßgebend.

Bei der Bestimmung der überdrückten Fläche ist linear-elastisches Materialverhalten ohne Berücksichtigung einer Biegezugfestigkeit anzunehmen. Somit ist σ_{Dd} die im überdrückten Bereich wirkende mittlere Normalspannung.

(4) Die charakteristische Schubfestigkeit f_{vk} von Mauerwerk mit Normalmörtel nach 3.2.2 (2), oder Dünnbettmörtel nach 3.2.2 (3) mit einer Lagerfugendicke von 0,5 mm bis 3,0 mm, oder Leichtmörtel nach 3.2.2 (4) und unvermörtelten Stoßfugen jedoch mit knirsch gestoßenen Stirnflächen der Mauersteine darf aus Gleichung (3.6) ermittelt werden.

Absatz (4) bezieht sich auf unvermörtelte Stoßfugen.

Die Dicke der Lagerfuge bei Dünnbettmörtel ist in Deutschland auf 1 bis 3 mm festgelegt.

f_{vk} = ...Auslassung... (3.6)

jedoch nicht größer als ...Auslassung... oder f_{vlt}

Dabei ist

f_{vk0}, f_{vlt}, ...Auslassung... wie in (3) definiert.

Auch bei Mauerwerk mit unvermörtelten Stoßfugen wird die Schubfestigkeit f_{vk} allein aus der Berechnung des Grenzwertes f_{vlt} ermittelt.

ANMERKUNG Die Festlegung, ob ...Auslassung... oder f_{vlt} in einem Land anzuwenden ist, und die Größe oder der Funktionsverlauf von f_{vlt} sind im Nationalen Anhang eines jeden Landes zu regeln.

a) Die charakteristische Schubfestigkeit f_{vk} darf allein aus der Berechnung des Grenzwertes f_{vlt} nach b) und c) ermittelt werden.

b) Bei Scheibenschub errechnet sich der Grenzwert f_{vlt} für Mauerwerk mit unvermörtelten Stoßfugen nach NDP zu 3.6.2 (3) a), wobei für f_{vk0} der halbierte Wert von f_{vk0} nach Tabelle NA.12 anzusetzen ist.

c) Bei Plattenschub gilt für Mauerwerk mit unvermörtelten Stoßfugen Gleichung (NA.6) bzw. (NA 7), wobei für f_{vk0} zwei Drittel des in Tabelle NA.12 angegebenen Wertes für f_{vk0} anzusetzen sind.

Mit der Halbierung von f_{vk0} wird für Mauerwerk mit unvermörtelten Stoßfugen pauschal eine geringere Schubfestigkeit angesetzt, da in den Stoßfugen keine Scherkräfte übertragen werden. Da die unvermörtelte Stoßfuge bei Plattenschub einen geringeren Einfluss hat als bei Scheibenschub, erfolgt eine Abminderung auf zwei Drittel von f_{vk0}.

(5) ...Auslassung...

(6) ...Auslassung...

Mauerwerk mit Randstreifenvermörtelung ist in Deutschland nicht zulässig.

Tabelle 3.4 — Werte für die Anfangsscherfestigkeit (Haftscherfestigkeit) f_{vk0} von Mauerwerk

...Auslassung...

Die Haftscherfestigkeit ist im NDP geregelt. Für f_{vk0} sind die Werte aus Tabelle NA.12 zu verwenden.

Die Haftscherfestigkeit f_{vk0} ist nach Tabelle NA.12 zu bestimmen.

Die Haftscherfestigkeit f_{vk0} ist ein Rechenwert und kein versuchstechnisch nachzuweisender Anforderungswert. Anforderungen an die Verbundfestigkeit für Mauermörtel sind in DIN 20000-412 [R27] geregelt.

Die f_{vk0}-Werte entsprechen für Normalmauermörtel und Leichtmörtel dem Mindestmittelwert der DIN 1053-1:1996-11 [R1], Anhang A geprüft am Zweistein-Prüfkörper nach DIN 18555-5 multipliziert mit einem Faktor 0,9. Der Faktor 0,9 stellt somit ein Vorhaltemaß gegenüber der Prüfung mit dem KS-Referenzstein nach DIN 18555-5 dar.

Tabelle NA.12 — Werte für die Haftscherfestigkeit f_{vk0} von Mauerwerk ohne Auflast

f_{vk0} N/mm²					
Normalmauermörtel mit einer Festigkeit f_m N/mm²				Dünnbettmörtel (Lagerfugendicke 1 mm bis 3 mm)	Leichtmauermörtel
2,5	5	10	20		
0,08	0,18	0,22	0,26	0,22	0,18

Für Dünnbettmörtel entspricht f_{vk0} dem Wert für Normalmörtel der Klasse M10 (früher Gruppe III), wobei der Anforderungswert nach DIN 20000-412 [R27] für Dünnbettmörtel doppelt so groß ist wie für den Normalmauermörtel. Dies ist darauf zurückzuführen, dass der Nachweis mit einem Vollstein erfolgt, der Wert aber auch für Lochsteine mit einem Lochanteil von bis zu rd. 50 % gilt.

Der Nachweis der Verbundfestigkeit erfolgt nach DIN EN 998-2 [R37] bzw. DIN 20000-412 [R27] am Dreistein-Prüfkörper nach DIN EN 1052-3 [R38]. Untersuchungen haben gezeigt, dass die Haftscherfestigkeit mit dem europäischen Prüfverfahren nur rd. halb so große Prüfwerte ergibt wie nach DIN 18555-5. Daher sind die nach DIN 20000-412 [R27] definierten Anforderungswerte auch geringer als die tabellierten f_{vk0}-Werte.

(7) Der vertikale Schubwiderstand des Anschlusses von zwei Wänden kann durch entsprechende Versuche für ein spezielles Projekt oder die Auswertung einer Datenbank ermittelt werden. Liegen keine Versuchsergebnisse vor, darf der charakteristische Schubwiderstand dem Wert von f_{vk0} gleichgesetzt werden. Dabei ist f_{vk0} die Schubfestigkeit ohne Auflast nach 3.6.2 (2) und (6), wenn die Verbindung der Wände nach 8.5.2.1 ausgeführt wird.

3.6.3 Charakteristische Schubfestigkeit der Fuge zwischen Mauerwerk und vorgefertigtem Sturz

(1) Die charakteristische Haftscherfestigkeit der Fuge zwischen dem Mauerwerk und der Oberfläche des Fertigteils eines Flachsturzes, f_{vk0i}, wird vom Hersteller in der Deklaration angegeben.

3.6.4 Charakteristische Biegefestigkeit von Mauerwerk

(1) Bei der Plattenbiegung ist f_{xk1} als Biegefestigkeit mit einer Bruchebene parallel zu den Lagerfugen und f_{xk2} als Biegefestigkeit mit einer Bruchebene senkrecht zu den Lagerfugen definiert (siehe Bild 3.1).

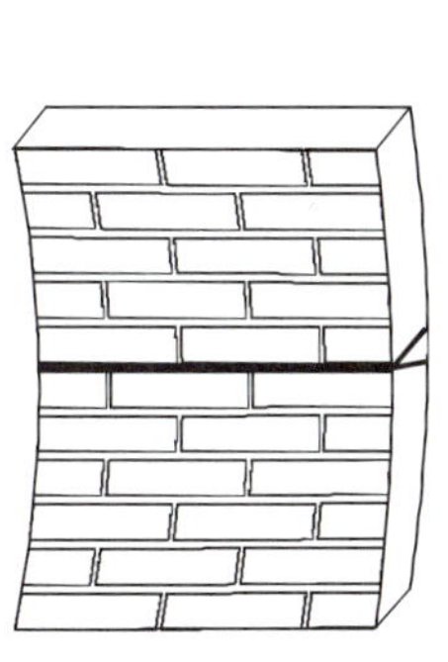

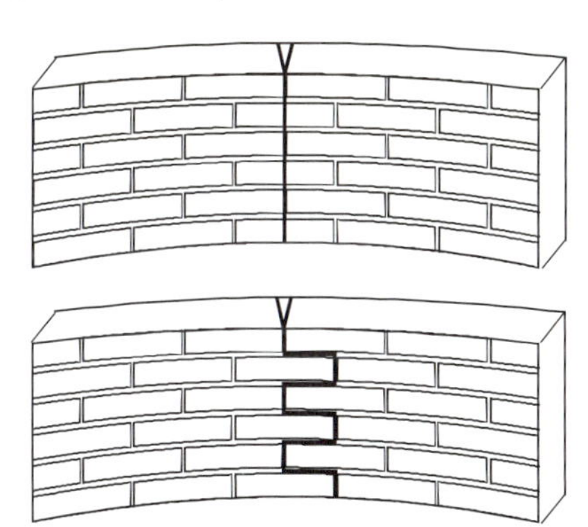

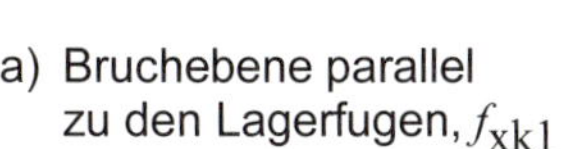

a) Bruchebene parallel zu den Lagerfugen, f_{xk1}

b) Bruchebene senkrecht zu den Lagerfugen, f_{xk2}

Bild 3.1 — Bruchebenen bei Biegebeanspruchung von Mauerwerk

(2)P Die charakteristischen Biegefestigkeiten f_{xk1} und f_{xk2} von Mauerwerk sind aus Ergebnissen von Mauerwerksversuchen zu bestimmen.

Die Auswertung der nationalen Versuchsergebnisse wird durch die nachfolgend dargestellte Ermittlung von f_{x1} und f_{x2} repräsentiert.

ANMERKUNG Versuchsergebnisse dürfen entweder aus Versuchen für das jeweilige Projekt oder aus einer vorhandenen Datenbank entnommen werden. Dem NDP zu 3.6.4 (3) liegen die nationalen Versuchsergebnisse zugrunde.

(3) ...Auslassung...

a) Die charakteristische Biegezugfestigkeit f_{xk1} mit einer Bruchebene parallel zu den Lagerfugen (Plattenbiegung) darf in tragenden Wänden nicht in Rechnung gestellt werden. Eine Ausnahme gilt nur, wenn Wände aus Planelementen bestehen und lediglich durch zeitweise einwirkende Lasten rechtwinklig zur Oberfläche beansprucht werden (z. B. Wind auf Ausfachungsmauerwerk). In diesem Fall darf der Bemessung eine charakteristische Biegezugfestigkeit in Höhe von f_{xk1} = 0,2 N/mm² zugrunde gelegt werden. Beim Versagen der Wand darf es nicht zu einem größeren Einsturz oder zum Stabilitätsverlust des ganzen Tragwerkes kommen.

b) Die charakteristische Biegezugfestigkeit f_{xk2} von Mauerwerk mit der Bruchebene senkrecht zu den Lagerfugen ergibt sich aus dem kleineren der beiden Werte nach den Gleichungen (NA.8) und (NA.9):

$$f_{xk2} = (\alpha \cdot f_{vko} + 0{,}6 \cdot \sigma_d) \cdot \frac{l_{ol}}{h_u} \qquad \text{(NA.8)}$$

Dabei ist

α der Korrekturbeiwert: α = 1,0 für vermörtelte Stoßfugen
α = 0,5 für unvermörtelte Stoßfugen

$$f_{xk2} = 0{,}5 \cdot f_{bt,cal} \leq 0{,}7 \text{ in N/mm}^2 \qquad \text{(NA.9)}$$

Dabei ist

f_{vk0} die Haftscherfestigkeit nach Tabelle NA.12;

σ_d der Bemessungswert der zugehörigen Druckspannung rechtwinklig zur Lagerfuge im untersuchten Lastfall. Er ist im Regelfall mit dem geringsten zugehörigen Wert einzusetzen;

l_{ol}/h_u das Verhältnis von Überbindemaß zur Steinhöhe;

$f_{bt,cal}$ die rechnerische Steinzugfestigkeit. Nach NDP zu 3.6.2 (3), b).

Nach dem Modell von Mann [25] ergeben sich bei unvermörtelten Stoßfugen geringere Biegezugfestigkeiten als bei vermörtelten Stoßfugen. Für Fugenversagen wird die Biegezugfestigkeit mit dem Faktor α abgemindert.

Bei Steinzugversagen wird nicht zwischen vermörtelten und unvermörtelten Stoßfugen unterschieden. Die Biegezugfestigkeit wird rechnerisch aus der halben Steinzugfestigkeit ermitttelt, unter der Annahme, dass nur in jeder zweiten Steinlage eine Kraftübertragung erfolgt. Im Allgemeinen bewirkt eine Vermörtelung der Stoßfugen auch bei Steinversagen eine höhere Biegezugfestigkeit, siehe [32].

3.6.5 Charakteristische Verbundfestigkeit der Bewehrung

...Auslassung...

In Deutschland wird bewehrtes und vorgespanntes Mauerwerk nach DIN EN 1996-1-1 [E5] üblicherweise nicht angewendet (s. Abs. 1).

3.7 Verformungseigenschaften von Mauerwerk

3.7.1 Spannungs-Dehnungs-Linie

(1) Die Spannungs-Dehnungs-Linie von Mauerwerk unter Druckbeanspruchung ist in der Regel nichtlinear. Für die Bemessung darf sie als linear, parabelförmig, parabel-rechteckförmig (siehe Bild 3.2) oder als Rechteck angenommen werden (siehe 6.6.1 (1)P).

ANMERKUNG Die in Bild 3.2 dargestellte Spannungs-Dehnungs-Linie ist eine Näherung, die nicht für alle Steinarten zutreffend ist.

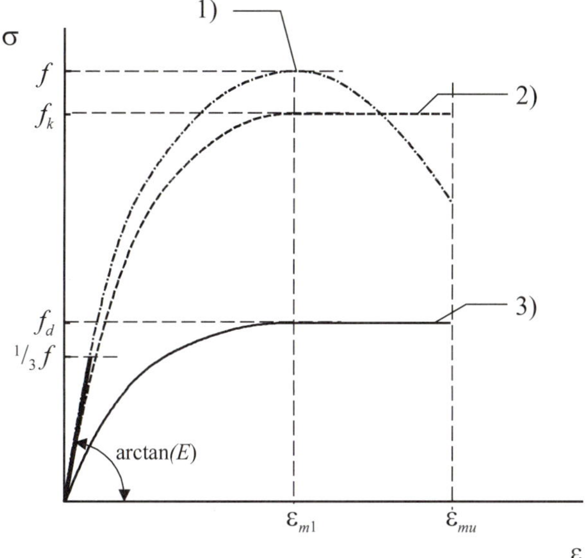

Legende
1) typischer, tatsächlicher Verlauf
2) idealisierter Verlauf (Parabel-Rechteck)
3) Verlauf für die Bemessung

Bild 3.2 — Spannungs-Dehnungs-Linie für Mauerwerk bei Druckbeanspruchung

Die vollständigen Spannungs-Dehnungs-Linien von Mauerwerk unterscheiden sich in Abhängigkeit der Stein-Mörtel-Kombinationen. Der in Bild 3.2 dargestellte parabelförmige Verlauf ist nicht für alle Mauerwerksarten zutreffend. Wirklichkeitsnahe Spannungs-Dehnungs-Beziehungen und Werkstoffkennwerte können bspw. [3] entnommen werden.

Für die Querschnittsbemessung wird üblicherweise starr-plastisches Materialverhalten angesetzt (siehe Abschnitt 6.1.2.2).

Im unteren Bereich verlaufen die Spannungs-Dehnungs-Linien näherungsweise linear. Die Steigung im unteren Drittel entspricht dem Elastizitätsmodul, der als Sekantenmodul bei einmaliger Belastung bei 1/3 der maximalen Spannung definiert ist. Der Elastizitätsmodul wird für die Berechnung der Lastausmitte am Wand-Decken-Knoten benötigt.

3.7.2 Elastizitätsmodul

(1)P Der Kurzzeitelastizitätsmodul E ist ein Sekantenmodul und muss durch Versuche nach DIN EN 1052-1 ermittelt werden.

ANMERKUNG Versuchsergebnisse können aus Versuchen für das Projekt oder aus vorhandenen Werten aus einer Datenbank erhalten werden.

(2) Liegen keine nach DIN EN 1052-1 ermittelten Versuchsergebnisse vor, darf für die Verformungs- und Schnittkraftermittlung der Kurzzeitelastizitätsmodul E des Mauerwerks mit $K_E \cdot f_k$ angenommen werden.

Als Rechenwerte für die Kennzahl K_E dürfen die in Tabelle NA.13 angegebenen Werte angenommen werden.

Tabelle NA.13 — Kennzahlen zur Bestimmung des Elastizitätsmoduls von Mauerwerk

Mauersteinart	Kennzahl K_E	
	Rechenwert	Wertebereich
Mauerziegel	1 100	950 bis 1 250
Kalksandsteine	950	800 bis 1 250
Leichtbetonsteine	950	800 bis 1 100
Betonsteine	2 400	2 050 bis 2 700
Porenbetonsteine	550	500 bis 650

Der in Tabelle NA.13 angegebene Wertebereich für den Elastizitätsmodul basiert auf der Auswertung von Versuchsergebnissen.

ANMERKUNG Der Streubereich ist in Tabelle NA.13 als Wertebereich angegeben. Er kann in Ausnahmefällen noch größer sein.

Für den Nachweis der vertikalen Belastung im Grenzzustand der Tragfähigkeit (Knicksicherheitsnachweis) ist abweichend davon ein Elastizitätsmodul von $E_0 = 700 \cdot f_k$ zu verwenden.

Eine Definition des beim Nachweis der Knicksicherheit zu verwendenden Elastizitätsmoduls ist nicht erforderlich, da dieser bereits in der Traglastfunktion nach Anhang NA.G integriert ist.

Für den Langzeitelastizitätsmodul darf der infolge von Kriecheinflüssen abgeminderte Kurzzeitelastizitätsmodul angesetzt werden (siehe 3.7.4):

$$E_{\text{long term}} = \frac{E}{1 + \Phi_\infty} \tag{3.8}$$

Dabei ist Φ_∞ die Endkriechzahl.

Mögliche Kriecheinflüsse auf das Verformungsverhalten des Mauerwerks können durch Umrechnung des Kurzzeit-E-Moduls mithilfe der Endkriechzahl Φ_∞ in den Langzeit-E-Modul $E_{\text{long term}}$ berücksichtigt werden.

3.7.3 Schubmodul

(1) Der Schubmodul *G* darf mit 40 % des Elastizitätsmoduls *E* angenommen werden.

3.7.4 Kriechen, Quellen oder Schwinden und Wärmedehnung

(1)P Die Koeffizienten für die Berücksichtigung von Kriechen, Quellen oder Schwinden und Wärmedehnung von Mauerwerk müssen durch Versuche ermittelt werden.

ANMERKUNG 1 Versuchsergebnisse dürfen entweder aus Versuchen für das jeweilige Projekt oder aus einer vorhandenen Datenbank verwendet werden.

ANMERKUNG 2 Derzeit existiert zur Ermittlung der Kriechzahl und des Koeffizienten für das Quellen von Mauerwerk kein europäisches Prüfverfahren.

(2) Die Endkriechzahl Φ_∞, der Endwert für langzeitiges Quellen oder Schwinden bzw. der Wärmeausdehnungskoeffizient α_t, sollte durch Auswertung von Versuchsergebnissen ermittelt werden.

ANMERKUNG: ...Auslassung...

Die europäisch angegebenen Wertebereiche werden hier nicht dargestellt, da diese national im NDP geregelt sind.

Als Rechenwerte für die Verformungseigenschaften (Kriechen, Quellen oder Schwinden und Wärmedehnung) von Mauerwerk dürfen die in Tabelle NA.14 angegebenen Werte angenommen werden.

Bei den in Tabelle NA.14 angegebenen Kennwerten für Kriechen, Quellen oder Schwinden und Wärmedehnung handelt es sich um Anhalts- bzw. Rechenwerte, die auf Grundlage von Versuchsergebnissen ermittelt wurden. In Einzelfällen können auch Formänderungswerte außerhalb der angegebenen Wertebereiche vorkommen. Es handelt sich nicht um Anforderungswerte an die jeweiligen Baustoffe, die eingehalten werden müssen.

Tabelle NA.14 — Kennwerte für Kriechen, Quellen oder Schwinden und Wärmedehnung (Rechenwerte und Wertebereiche)

Bei der Feuchtedehnung bedeuten die Vorzeichen Folgendes:
„ - " Schwinden
„ + " Quellen

Mauersteinart	Mauermörtelart	Endkriechzahl [a] Φ_∞		Endwert der Feuchtedehnung [b] mm/m		Wärmeausdehnungskoeffizient α_t 10^{-6} / K	
		Rechenwert	Wertebereich	Rechenwert	Wertebereich	Rechenwert	Wertebereich
Mauerziegel	Normalmauermörtel/ Dünnbettmörtel	1,0	0,5 bis 1,5	0	-0,1 [c] bis +0,3	6	5 bis 7
	Leichtmauermörtel	2,0	1,0 bis 3,0				
Kalksandstein	Normalmauermörtel / Dünnbettmörtel	1,5	1,0 bis 2,0	-0,2	-0,3 bis -0,1	8	7 bis 9
Betonsteine	Normalmauermörtel	1,0	-	-0,2	-0,3 bis -0,1	10	8 bis 12
Leichtbetonsteine	Normalmauermörtel	2,0	1,5 bis 2,5	-0,4	-0,6 bis -0,2	10; 8[d]	
	Leichtmauermörtel			-0,5	-0,6 bis -0,3		
Porenbetonsteine	Dünnbettmörtel	0,5	0,2 bis 0,7	-0,1	-0,2 bis +0,1	8	7 bis 9

a Endkriechzahl $\Phi_\infty = \varepsilon_{c\infty} / \varepsilon_{el}$, mit $\varepsilon_{c\infty}$ als Endkriechmaß und $\varepsilon_{el} = \sigma / E$.

b Endwert der Feuchtedehnung ist bei Stauchung negativ und bei Dehnung positiv angegeben.

c Für Mauersteine < 2 DF gilt der Grenzwert – 0,2 mm/m.

d Für Leichtbeton mit überwiegend Blähton als Zuschlag.

ANMERKUNG Die Verformungseigenschaften der Mauerwerksarten können stark streuen. Der Streubereich ist in Tabelle NA.14 als Wertebereich angegeben; er kann in Ausnahmefällen noch größer sein.

3.8 Ergänzungsbauteile

3.8.1 Feuchtesperrschichten

(1)P Feuchtesperrschichten müssen den (kapillaren) Feuchtigkeitstransport verhindern.

(NA.2) Die Abdichtung ist nach DIN 18533 (alle Teile) auszuführen. Die waagerechte Abdichtung (Querschnittsabdichtung) muss aus besandeter Bitumendachbahn (R500 nach DIN EN 14967 in Verbindung mit DIN SPEC 20000-202), mineralischen Dichtungsschlämmen nach DIN 18533-3 oder Material mit gleichwertigem Reibungsverhalten bestehen, für das die jeweiligen Bestimmungen der Zulassungen gelten.

3.8.2 Maueranker

(1)P Maueranker müssen die Anforderungen nach EN 845-1 erfüllen.

(NA.2) Zusätzlich gelten die Bestimmungen der jeweiligen Zulassung.

Für Ergänzungsbauteile nach der Normenreihe DIN EN 845 liegen in Deutschland keine technischen Regeln für Planung, Bemessung und Ausführung vor. Ergänzungsbauteile sind in Deutschland in Form von Zulassungen oder Bauartgenehmigungen geregelt.

3.8.3 Zugbänder, Auflager und Konsolen

(1)P Zugbänder, Auflager und Konsolen müssen die Anforderungen nach EN 845-1 erfüllen.

(NA.2) Zusätzlich gelten die Bestimmungen der jeweiligen Zulassung.

3.8.4 Vorgefertigte Stürze

(1)P Vorgefertigte Stürze müssen die Anforderungen nach EN 845-2 erfüllen.

(NA.2) Zusätzlich gelten die Bestimmungen der jeweiligen Zulassung.

3.8.5 Spannstahlzubehör

...Auslassung...

In Deutschland wird bewehrtes und vorgespanntes Mauerwerk nach DIN EN 1996-1-1 [E5] üblicherweise nicht angewendet (s. Abs. 1).

4 DAUERHAFTIGKEIT

Zur Dauerhaftigkeit sind insbesondere die Regelungen in DIN EN 1996-2 [E7] zu beachten.

4.1 Allgemeines

(1)P Mauerwerk muss für die vorgesehene Nutzung unter Berücksichtigung der maßgebenden Umweltbedingungen so geplant werden, dass es ausreichend dauerhaft ist.

4.2 Klassifizierung der Umweltbedingungen

(1) Die Klassifizierung der Umweltbedingungen sollte nach DIN EN 1996-2 erfolgen.

4.3 Dauerhaftigkeit von Mauerwerk

4.3.1 Mauersteine

(1)P Mauersteine müssen für die vorgesehene Lebensdauer des Bauwerkes ausreichend dauerhaft gegenüber den maßgebenden Umweltbedingungen sein.

ANMERKUNG Hinweise für den Entwurf und Ausführung zur Gewährleistung einer ausreichenden Dauerhaftigkeit sind in DIN EN 1996-2 angegeben.

4.3.2 Mörtel

(1)P Mörtel im Mauerwerk muss für die vorgesehene Lebensdauer des Bauwerks ausreichend widerstandsfähig gegenüber den maßgebenden Umweltbedingungen sein und darf keine Bestandteile enthalten, die sich nachteilig auf die Eigenschaften und die Dauerhaftigkeit des Mörtels oder der umgebenden Baustoffe auswirken.

ANMERKUNG Hinweise für den Entwurf und die Ausführung, um eine ausreichende Dauerhaftigkeit zu erreichen, sind in DIN EN 1996-1-1, Abschnitte 8 und 9 und in DIN EN 1996-2 gegeben.

4.3.3 Bewehrungsstahl

...Auslassung...

(NA.3) Zusätzlich gelten die Bestimmungen der jeweiligen Zulassung.

In Deutschland wird bewehrtes und vorgespanntes Mauerwerk nach DIN EN 1996-1-1 [E5] üblicherweise nicht angewendet (s. Abs. 1).

4.3.4 Spannstahl

...Auslassung...

(NA.3) Zusätzlich gelten die Bestimmungen der jeweiligen Zulassung.

4.3.5 Spannstahlzubehör

...Auslassung...

(NA.2) Zusätzlich gelten die Bestimmungen der jeweiligen Zulassung.

4.3.6 Ergänzungsbauteile und Auflagerwinkel

(1) Die Anforderungen an die Dauerhaftigkeit der Ergänzungsbauteile (Feuchtesperrschichten in Wänden, Maueranker, Bänder, Auflager, Konsolen und Auflagerwinkel) sind in DIN EN 1996-2 angegeben.

(NA.2) Zusätzlich gelten die Bestimmungen der jeweiligen Zulassung.

4.4 Mauerwerk im Erdreich

(1)P Mauerwerk im Erdreich muss so beschaffen sein, dass es durch dieses nicht nachteilig beeinträchtigt wird. Anderenfalls ist es entsprechend zu schützen.

(2) Es sollten Maßnahmen zum Schutz des Mauerwerks vor Schäden infolge Feuchtigkeit aus dem anliegenden Erdreich vorgesehen werden.

Die Regelungen zur Abdichtung erdberührter Kellerwände enthält DIN 18533, Teile 1 bis 3 [R17] bis [R19].

(3) Wenn zu vermuten ist, dass der Boden durch Chemikalien kontaminiert ist, die das Mauerwerk schädigen können, sollte das Mauerwerk aus Baustoffen errichtet werden, die gegen diese Chemikalien resistent sind. Ansonsten sollte es so gegen diese aggressiven Chemikalien geschützt werden, dass diese nicht in das Mauerwerk eindringen können.

5 ERMITTLUNG DER SCHNITTKRÄFTE

5.1 Allgemeines

(1)P Für den Nachweis eines jeden zu betrachtenden Grenzzustandes muss unter Beachtung folgender Punkte ein Bemessungsmodell festgelegt werden:

- eine entsprechende Beschreibung des Tragwerkes, der verwendeten Materialien und der Umweltbedingungen;
- das Verhalten des ganzen Tragwerkes oder von Teilen davon, in Bezug zum betrachteten Grenzzustand;
- die Einwirkungen und ihre Einleitung in das Tragwerk (Wirkungsweise).

(2)P Der Entwurf des Tragwerks, das Zusammenwirken und die Verbindung der verschiedenen Bauteile müssen so erfolgen, dass die nötige Standsicherheit und Robustheit während der Ausführung und Nutzung sichergestellt ist.

(3) Berechnungsmodelle dürfen unabhängig für einzelne Teile eines Tragwerks (wie Wände) aufgestellt werden, so lange 5.1 (2)P erfüllt ist.

ANMERKUNG Wenn ein Tragwerk aus einzelnen Konstruktionselementen besteht, ist auch die Gesamtstabilität sicherzustellen.

(4) Das Verhalten eines Tragwerkes sollte entweder unter Anwendung

- eines nichtlinearen Berechnungsverfahrens unter Berücksichtigung des jeweiligen Spannungs-Dehnungs-Verhaltens des Materials (siehe 3.7.1)

oder

- eines Berechnungsverfahrens nach der Elastizitätstheorie unter Ansatz eines linear-elastischen Materialverhaltens mit einer Steigung entsprechend dem Sekantenmodul bei Kurzzeitbelastung (siehe 3.7.2)

berechnet werden.

In Deutschland ist die Verwendung nichtlinearer Verfahren gemäß (4) für den Knicksicherheitsnachweis nach [D5] ausgeschlossen. Aus technischer Sicht kann die Bemessung unter Berücksichtigung wirklichkeitsnaher Werkstoffeigenschaften mittels nichtlinearer Verfahren erfolgen. Bei der Bemessung mit rechnerischen Werkstoffkennwerten (z. B. gemäß DIN EN 1992-1-1/NA [E16], Abs. 5.7) ist darauf zu achten, dass die Spannungs-Dehnungs-Beziehung nicht verzerrt wird, da bereits geringe Änderungen maßgebliche Auswirkungen auf die Tragfähigkeit haben können (s. [6] u. [11]).

Dies ist die in Deutschland übliche Vorgehensweise.

(5) Die Ergebnisse der Schnittkraftermittlung sollten für alle Bauteile liefern:

- die Normalkräfte infolge vertikaler und horizontaler Beanspruchungen;
- die Schubkräfte infolge vertikaler und/oder horizontaler Beanspruchungen;
- die Biegemomente infolge vertikaler und/oder horizontaler Beanspruchungen;
- die Torsionsmomente, wenn vorhanden.

(6)P Für tragende Bauteile ist der Nachweis im Grenzzustand der Tragfähigkeit und im Grenzzustand der Gebrauchstauglichkeit unter Verwendung der Kräfte aus der Schnittkraftermittlung zu führen.

Gebrauchstauglichkeit und Dauerhaftigkeit sind gegeben, wenn im Grenzzustand der Tragfähigkeit alle Nachweise erfüllt sind.

(7) Die Bemessungsregeln für den Nachweis im Grenzzustand der Tragfähigkeit und den Grenzzustand der Gebrauchstauglichkeit sind in den Abschnitten 6 und 7 angegeben.

5.2 Tragverhalten in außergewöhnlichen Fällen (ausgenommen Erdbeben und Brand)

Der Nachweis im Brandfall erfolgt nach DIN EN 1996-1-2/NA [E17].

In vielen Fällen sind konstruktive Maßnahmen zielführender als komplexe Nachweisführungen.

(1)P Neben der Tragwerksbemessung für Lasten aus üblicher Nutzung ist auch ausreichend sicherzustellen, dass das Tragwerk bei missbräuchlicher Nutzung oder Unfall nicht plötzlich einstürzt oder unverhältnismäßig stark beschädigt wird.

ANMERKUNG Von keinem Bauwerk kann erwartet werden, dass es in einem extremen Fall überhöhten Lasten und Kräften standhält oder dass kein Versagen von tragenden Bauteilen oder Teilen des Tragwerks eintritt. In einem kleinen Gebäude kann beispielsweise der Ausfall eines Traggliedes zum vollständigen Versagen führen.

(2) Die Berücksichtigung des Tragverhaltens in außergewöhnlichen Fällen sollte mit einem der nachfolgend genannten Verfahren erfolgen:

- Bemessung von Bauteilen für außergewöhnlichen Einwirkungen nach DIN EN 1991-1-7;
- hypothetischer Ausfall eines wesentlichen tragenden Bauteils;
- die Verwendung eines Ringankersystems;
- Verringerung des Risikos von außergewöhnlichen Einwirkungen, z. B. durch Verwendung von Schutzeinrichtungen gegen Fahrzeuganprall.

5.3 Imperfektionen

(1)P Imperfektionen sind bei der Bemessung zu berücksichtigen.

(2) Die Auswirkung von möglichen Imperfektionen sollte durch die Annahme einer Schiefstellung des Tragwerkes mit einem Winkel von

$$\upsilon = \frac{1}{\left(100\sqrt{h_{\text{tot}}}\right)} \text{ (rad)}$$

berücksichtigt werden. Dabei ist

h_{tot} die Gesamthöhe des Tragwerkes in m.

Die daraus resultierende horizontale Einwirkung sollte zusätzlich zu den anderen Einwirkungen berücksichtigt werden.

Wenn das Kriterium nach Gleichung (5.1) erfüllt ist, kann die Berücksichtigung von Imperfektionen – mit Ausnahme beim Knicksicherheitsnachweis von Einzelbauteilen — entfallen.

Im Fall von Systemen mit geringer Steifigkeit, d. h. mit großer Erhöhung der Schnittgrößen infolge von Verformungen nach Th. II. Ordnung, muss die Imperfektion explizit berücksichtigt werden.

5.4 Theorie II. Ordnung

(1)P Die einzelnen Teile von Tragwerken, die nach DIN EN 1996-1-1 bemessene Mauerwerkswände enthalten, müssen räumlich so ausgesteift sein, dass sie insgesamt unverschieblich sind bzw. eintretende Verformungen in der Berechnung berücksichtigt werden.

(2) Eine Berücksichtigung der Verformungen des Tragwerkes ist nicht erforderlich, wenn die lotrechten aussteifenden Bauteile in der betrachteten Richtung der Biegebeanspruchung im maßgebenden unteren Schnitt die Bedingungen der folgenden Gleichungen erfüllen:

$$h_{\text{tot}}\sqrt{\frac{N_{\text{Ed}}}{\sum EI}} \begin{array}{ll} \le 0{,}6 & \text{für } n \ge 4 \\ \le 0{,}2 + 0{,}1\,n & \text{für } 1 \le n \le 4 \end{array} \qquad (5.1)$$

Gl. (5.1) setzt annähernd symmetrisch ausgesteifte und beanspruchte Tragwerke voraus.

Der Nachweis ist auf Gebrauchslastniveau zu führen. Es ergibt sich also:

$N_{\text{Ed}} = 1{,}0 \cdot N_{\text{Gk}} + 1{,}0 \cdot N_{\text{Qk}}$

Dabei ist

h_{tot} die Höhe des Tragwerkes von Oberkante Fundament;

N_{Ed} der Bemessungswert der vertikalen Einwirkungen (am Fußpunkt des Gebäudes);

$\sum EI$ die Summe der Biegesteifigkeit aller vertikal aussteifenden Bauteile in der maßgebenden Richtung;

ANMERKUNG Öffnungen in vertikal aussteifenden Elementen mit einer Fläche von weniger als 2 m² und einer Höhe von nicht mehr als 0,6 h dürfen vernachlässigt werden.

n die Anzahl der Geschosse.

In $\sum E \cdot I$ dürfen nur Wände berücksichtigt werden, welche sich am Lastabtrag beteiligen.

(3) Kann 5.4 (2) nicht erfüllt werden, ist ein Nachweis der Tragfähigkeit unter Berücksichtigung der Verformungen zu führen.

ANMERKUNG Eine Methode für die Berechnung der Exzentrizität eines Aussteifungskerns infolge Schiefstellung ist in Anhang B angegeben.

5.5 Schnittkraftberechnung von Bauteilen

5.5.1 Vertikal beanspruchte Mauerwerkswände

5.5.1.1 Allgemeines

(1) Bei der Berechnung vertikal beanspruchter Wände sind folgende Punkte bei der Bemessung zu berücksichtigen:

- direkt auf die Wand einwirkende vertikale Lasten;
- Effekte aus Theorie II. Ordnung;
- Ausmitten, die sich aus der Anordnung der Wände sowie dem Zusammenwirken der Decken und der aussteifenden Wände ergeben;
- Ausmitten infolge Ungenauigkeiten bei der Ausführung und unterschiedlicher Baustoffeigenschaften einzelner Teile.

Der Ansatz einer Streichlast infolge eines Deckenstreifens mit angemessener Breite (meistens 1,0 m) auf Wände, die parallel zur Spannrichtung einachsig spannender Decken verlaufen, hat sich in der Praxis bewährt. Dieser Ansatz wird weiterhin empfohlen.

ANMERKUNG Siehe DIN EN 1996-2 hinsichtlich zulässiger Maßabweichungen.

(2) Bei der Berechnung der Biegemomente sind die Materialeigenschaften nach Abschnitt 3, das Verhalten der Fugen und die Prinzipien der Tragwerkslehre anzuwenden.

Die Ermittlung der Biegemomente infolge in Plattenrichtung wirkender Windkräfte kann auf Basis von Grenzwertbetrachtungen erfolgen. Diese Grenzwerte ergeben sich aus den angenommenen Lagerungsbedingungen der Wandenden und können zwischen gelenkig und volleingespannt beliebig variiert werden.

ANMERKUNG Eine vereinfachte Methode zur Berechnung von Biegemomenten in einem Aussteifungskern ist in Anhang C gegeben. ...Auslassung...

In Deutschland beinhaltet Anhang C nicht die Berechnung von Biegemomenten in einem Aussteifungskern, sondern die Ermittlung von Exzentrizitäten am Wand-Decken-Knoten auf Basis eines ebenen Rahmensystems.

(3)P Es ist eine ungewollte Ausmitte, e_{init}, über die ganze Höhe einer Wand anzunehmen, um Ungenauigkeiten bei der Ausführung zu berücksichtigen.

Gemäß NCI zu 6.1.2.2 darf die ungewollte Ausmitte am Wandkopf und Wandfuß vernachlässigt werden ($e_{init} = 0$). Hintergrund ist der nachfolgend dargestellte sinusförmige Ansatz des Verlaufs der ungewollten Ausmitte über die Wandhöhe.

(4) Die ungewollte Ausmitte, e_{init}, darf mit $h_{\text{ef}}/450$ angenommen werden, wobei h_{ef} die nach 5.5.1.2 berechnete Knicklänge der Wand ist.

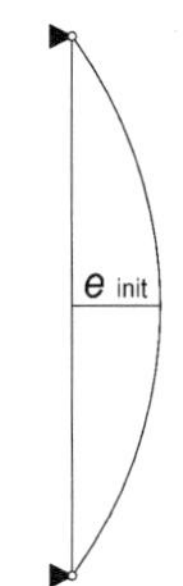

(NA.5) Die planmäßig ausmittige Lasteinleitung bei teilweise aufliegenden Deckenplatten ist bei der Schnittgrößenermittlung zu berücksichtigen.

siehe Abs. 6.1.2.2 (NA.4)

5.5.1.2 Knicklänge von Mauerwerkswänden

(1)P Bei der Festlegung der Knicklänge einer Wand müssen die relative Steifigkeit der mit der Wand verbundenen Bauteile und die Wirksamkeit der Verbindungen berücksichtigt werden.

(2) Eine Wand darf durch Decken oder Dächer, geeignet angeordnete Querwände oder jedes andere ähnlich steife Bauteil, das mit der Wand verbunden ist, ausgesteift werden.

Aussteifende Querwände verringern die Flexibilität des Grundrisses und sind daher oft hinderlich bei Planungsänderungen und Umbaumaßnahmen. Aus diesem Grund sollte der Ansatz aussteifender Querwände bei der Berechnung der Knicklänge einer Mauerwerkswand immer hinterfragt werden, um ein möglichst robustes System zu erreichen.

(3) Wände dürfen als an einer Seite ausgesteift angesehen werden, wenn:

– zwischen der Wand und der sie aussteifenden Wand keine Risse zu erwarten sind, d. h., dass beide Wände aus Baustoffen mit ungefähr gleichem Verformungsverhalten hergestellt werden, beide Wände etwa gleich belastet sind, sie gleichzeitig hergestellt und im Verband gemauert sind und unterschiedliche Bewegungen durch z. B. Schwinden, Belastung usw. nicht erwartet werden,

oder

– die Verbindung zwischen der Wand und der sie aussteifenden Wand so bemessen ist, dass auftretende Zug- und Druckkräfte durch Maueranker oder ähnliche Hilfsmittel aufgenommen werden.

(4) Aussteifende Wände sollten eine Länge von mindestens 1/5 der Geschosshöhe und eine Dicke von mindestens dem 0,3-Fachen der effektiven Dicke der auszusteifenden Wand aufweisen.

(5) Wenn die aussteifende Wand durch Öffnungen unterbrochen ist, sollte die Länge der Wand zwischen den die auszusteifende Wand einschließenden Öffnungen mindestens so groß wie nach Bild 5.1 sein, und die aussteifende Wand sollte über eine Länge von mindestens 1/5 der Geschosshöhe über jede Öffnung hinausgehen.

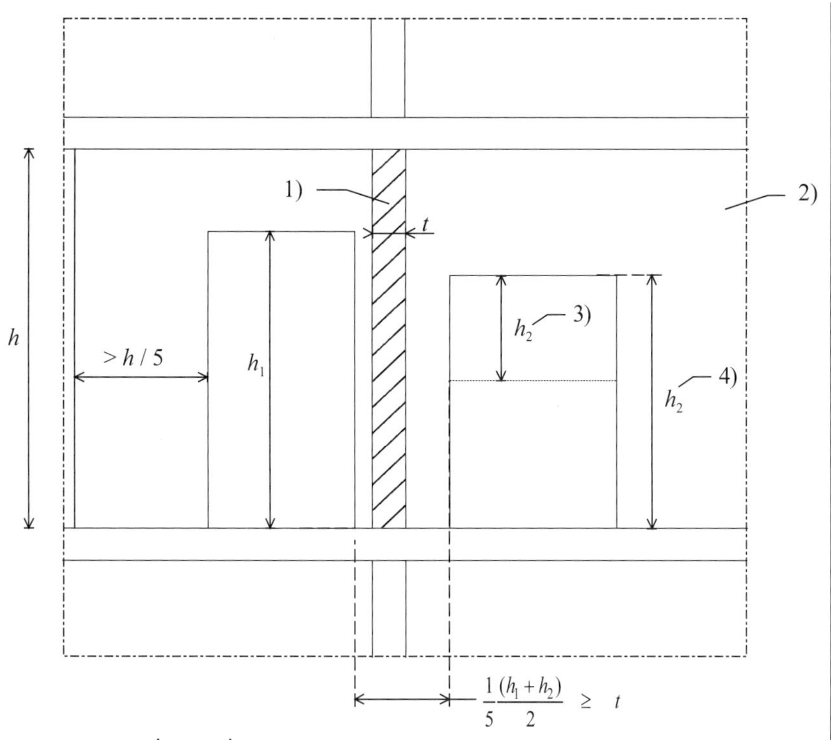

Legende
1) auszusteifende Wand
2) aussteifende Wand
3) h_2 (Fenster)
4) h_2 (Tür)

Bild 5.1 — Mindestlänge einer aussteifenden Wand mit Öffnungen

(6) Wände dürfen auch durch andere Bauteile als Mauerwerkswände ausgesteift werden, wenn sie eine gleichwertige Steifigkeit wie die in Absatz (4) behandelte aussteifende Mauerwerkswand besitzen und sie mit der auszusteifenden Wand mit Ankern oder Drahtankern so verbunden sind, dass auftretende Zug- und Druckkräfte aufgenommen werden.

(7) Ist bei an zwei vertikalen Rändern ausgesteiften Wänden $l \geq 30\ t$, oder ist bei nur an einem vertikalen Rand ausgesteiften Wänden $l \geq 15\ t$, so sollten diese Wände wie nur am Wandkopf und Wandfuß gehaltene behandelt werden. Dabei ist l die Länge der Wände zwischen den aussteifenden Wänden oder einem Ende, und t ist die Dicke der ausgesteiften Wand.

Während in DIN EN 1996-1-1 [E5] die Länge der Wand mit „l“ bezeichnet wird, ist im Nationalen Anhang in Absatz (NA.15) die Länge der Wand als „b“ bzw. „b'“ angegeben.

(8) Wird die ausgesteifte Wand durch vertikale Schlitze und/oder Aussparungen, die über die nach 6.1.2.1 (7) zulässigen Schlitze hinausgehen, geschwächt, so sollte entweder die Restwanddicke als t angesehen werden, oder es sollte an der Stelle des Schlitzes oder der Aussparung ein nicht gehaltener Rand angenommen werden. Ein nicht gehaltener Rand sollte immer dann angenommen werden, wenn die noch verbleibende Wanddicke weniger als die Hälfte der ursprünglichen Wanddicke ist.

(9) Haben Wände Öffnungen, deren lichte Höhe größer als 1/4 der lichten Höhe der Wand oder deren lichte Breite größer als 1/4 der Wandlänge oder deren Fläche größer als 1/10 der gesamten Wandfläche ist, so sollte zur Bestimmung der Knicklänge die Wand als an der Öffnung nicht gehalten angesehen werden.

(10) Die Knicklänge ist wie folgt anzunehmen:

$$h_{ef} = \rho_n \, h \tag{5.2}$$

Dabei ist

h_{ef} die Knicklänge der Wand;

h die lichte Geschosshöhe der Wand;

ρ_n ein Abminderungsfaktor mit n = 2, 3 oder 4, je nach Halterung der auszusteifenden Wand.

Die Formel zur Ermittlung des Knicklängenbeiwerts bei freistehenden Wänden (NA.10) war im NA falsch eingeordnet. Hier ist sie nun an der richtigen Stelle unter Absatz (11) zu finden.

(11) Der Abminderungsfaktor ρ_n darf wie folgt angenommen werden:

(i) ...Auslassung...

...Auslassung...

(ii) ...Auslassung...

(iii) ...Auslassung...

(iv) ...Auslassung...

Die Knicklängenermittlung erfolgt bei Wänden mit vermindertem Überbindemaß nach den Absätzen (NA.12) bis (NA.18).

Die Ermittlung der Knicklänge erfolgt nach den Regeln aus (NA.12) bis (NA.18). Daher sind die Absätze (i) bis (iv) hier ausgelassen.

Hier wurde der Verweis der nach Abs. (NA.18) verschobenen Regelung zur Knicklängenermittlung bei freistehenden Wänden korrigiert (s. auch Erläuterungen zu (NA.18)).

(NA.12) Sofern kein genauerer Nachweis für ρ_2 erfolgt, gilt für flächig aufgelagerte Massivdecken vereinfacht:

ρ_2 = 0,75 wenn $e \leq t/6$

ρ_2 = 1,00 wenn $e \geq t/3$

Dabei ist

e die planmäßige Ausmitte des Bemessungswertes der Längsnormalkraft am Wandkopf (ohne Berücksichtigung einer ungewollten Ausmitte). Zwischenwerte dürfen geradlinig interpoliert werden.

Die Absätze (NA.12) bis (NA.17) wurden in besserer logischer Folge angeordnet und entsprechend umnummeriert.

(NA.12) ist im Originaltext des Nationalen Anhangs mit (NA.16) bezeichnet.

Bei Holzbalkendecken ist der Abminderungsfaktor generell mit ρ_2 = 1,0 anzusetzen.

(NA.13) Eine Abminderung der Knicklänge (nach (NA.12)) mit ρ_2 < 1,0 ist jedoch nur zulässig, wenn folgende erforderliche Auflagertiefen a gegeben sind:

t < 125 mm $a \geq$ 100 mm

$t \geq$ 125 mm $a \geq 2/3t$

(NA.13) ist im Originaltext des Nationalen Anhangs mit (NA.17) bezeichnet.

Es bestehen weitere Regelungen für die Mindestauflagertiefe.
Abschnitt 8.5.1.1 fordert eine Mindestauflagertiefe der Decke von t/3 + 40 mm oder 100 mm, wobei der größere Wert maßgebend ist.

(NA.14) Für die Berechnung der Knicklänge von mehrseitig gehaltenen Mauerwerkswänden gilt:

Für 3-seitig gehaltene Wände:

$$h_{ef} = \frac{1}{1+\left(\alpha_3 \dfrac{\rho_2 \cdot h}{3 \cdot b'}\right)^2} \cdot \rho_2 \cdot h \geq 0{,}3 \cdot h \tag{NA.11}$$

Für 4-seitig gehaltene Wände:

$$h_{ef} = \frac{1}{1+\left(\alpha_4 \dfrac{\rho_2 \cdot h}{b}\right)^2} \cdot \rho_2 \cdot h \quad \mathit{für} \; \alpha_4 \cdot \frac{h}{b} \leq 1 \tag{NA.12}$$

(NA.14) ist im im Originaltext des Nationalen Anhangs mit (NA.12) bezeichnet. Auf der sicheren Seite liegend, kann grundsätzlich von einer zweiseitigen Halterung der Wand ausgegangen werden. Dieser Ansatz eignet sich inbesondere dann, wenn die tatsächlich zur Ausführung kommenden Steine noch nicht bekannt sind.

$$h_{ef} = \frac{b}{2\alpha_4} \quad \text{für} \quad \alpha_4 \cdot \frac{h}{b} > 1 \qquad \text{(NA.13)}$$

Gleichung (NA.13) wurde in der neu erschienenen DIN EN 1996-1-1/NA [E16] berichtigt.

Dabei ist

α_3, α_4 die Anpassungsfaktoren nach Absatz (NA.15) und (NA.16);

ρ_2 der Abminderungsfaktor der Knicklänge nach (NA.12);

b, b' der Abstand des freien Randes von der Mitte der haltenden Wand, bzw. Mittenabstand der haltenden Wände nach Bild NA.1;

h_{ef} die Knicklänge;

h die lichte Geschosshöhe.

(NA.15) Für Mauerwerk mit einem planmäßigen Überbindemaß $l_{ol}/h_u \geq 0{,}4$ sind die Anpassungsfaktoren α_3 und α_4 gleich 1,0 zu setzen.

(NA.15) ist im Originaltext des Nationalen Anhangs mit (NA.13) bezeichnet.

(NA.16) Für Elementmauerwerk mit einem planmäßigen Überbindemaß $0{,}2 \leq l_{ol}/h_u < 0{,}4$ sind die Anpassungsfaktoren Tabelle NA.17 zu entnehmen.

(NA.16) ist im Originaltext des Nationalen Anhangs mit (NA.14) bezeichnet.

Tabelle NA.17 — Anpassungsfaktoren α_3, α_4 zur Abschätzung der Knicklänge von Wänden aus Elementmauerwerk mit einem Überbindemaß $0{,}2 \leq l_{ol}/h_u < 0{,}4$

Steingeometrie h_u/l_u	0,5	0,625	1	2
3-seitige Lagerung α_3	1,0	0,90	0,83	0,75
4-seitige Lagerung α_4	1,0	0,75	0,67	0,60

(NA.17) Ist b > 30 t bei vierseitig gehaltenen Wänden bzw. b' > 15 t bei dreiseitig gehaltenen Wänden, so darf keine seitliche Halterung angesetzt werden. Diese Wände sind wie zweiseitig gehaltene Wände zu behandeln. Hierbei ist t die Dicke der gehaltenen Wand. Ist die Wand im Bereich des mittleren Drittels der Wandhöhe durch vertikale Schlitze oder Aussparungen geschwächt, so ist für t die Restwanddicke einzusetzen oder ein freier Rand anzunehmen. Unabhängig von der Lage eines vertikalen Schlitzes oder einer Aussparung ist an ihrer Stelle ein freier Rand anzunehmen, wenn die Restwanddicke kleiner als die halbe Wanddicke oder kleiner als 115 mm ist.

(NA.16) ist im Originaltext des Nationalen Anhangs mit (NA.15) bezeichnet.

Während in DIN EN 1996-1-1 [E5] die Länge der Wand als „l" bezeichnet wird, ist im Nationalen Anhang in Absatz (NA.15) die Länge der Wand als „b" bzw. „b'" angegeben.

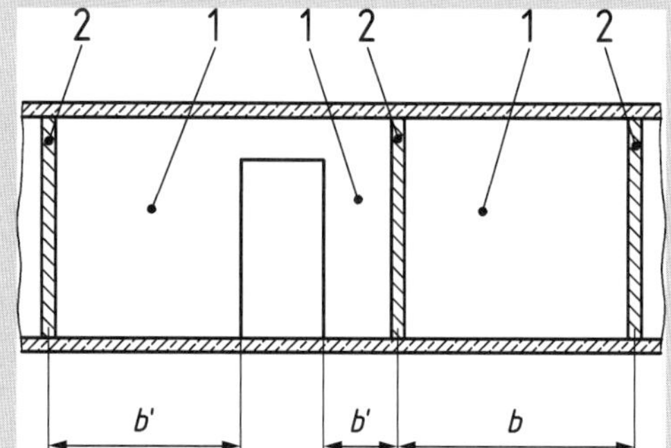

Legende
1 gehaltene Wand
2 aussteifende Wände

Die aussteifende Wirkung einer Querwand wird bis zu einer Länge von 15 t als wirksam angesehen. Daraus ergeben sich die hier genannten Abstände der aussteifenden Wände. Wandabschnitte mit größerem Abstand zur aussteifenden Wand sind als zweiseitig gehaltene Wände anzusetzen.

Bild NA.1 — Darstellung der Größen b' und b für drei- und vierseitig gehaltene Wände

(NA.18) Bei freistehenden Wänden ist

$$\rho = 2\sqrt{\frac{1 + 2N_{od}/N_{ud}}{3}} \qquad \text{(NA.10)}$$

Diese Gleichung zur Ermittlung der Knicklänge von freistehenden Wänden wurde im NA fälschlicherweise Absatz (10) (v) zugeordnet. Dieser Fehler wurde hier berichtigt und als Absatz mit neuer Nummerierung (NA.18) eingefügt.

Dabei ist

N_{od} der Bemessungswert der Längskraft am Wandkopf;

N_{ud} der Bemessungswert der Längskraft am Wandfuß.

5.5.1.3 Effektive Wanddicke

(1) ...Auslassung...

Die effektive Wanddicke entspricht generell der Dicke der inneren, tragenden Schale ($t_{ef} = t_2$).

(2) ...Auslassung...

(3) ...Auslassung...

(4) ...Auslassung...

Abs. (1) und (2) bis (4) sowie NDP zu 5.5.1.3 (3) werden ausgelassen, da die effektive Wanddicke generell der Dicke der Tragschale entspricht gemäß NCI zu 5.5.1.3. Eine Ausnahme bildet der in der Praxis unübliche Fall der Verzahnung mit Natursteinmauerwerk gemäß Anhang L.

5.5.1.4 Schlankheit von Mauerwerkswänden

(1)P Als Schlankheit von Mauerwerkswänden wird der Quotient aus der effektiven Höhe h_{ef} dividiert durch den Wert der effektiven Dicke t_{ef} bezeichnet.

(2) Die Schlankheit einer im Wesentlichen vertikal beanspruchten Mauerwerkswand darf nicht größer als 27 sein.

5.5.2 Vertikal beanspruchte Bauteile aus bewehrtem Mauerwerk

...Auslassung...

Der Abschnitt 5.5.2 behandelt in Deutschland unübliches bewehrtes Mauerwerk und wird daher ausgelassen (s. Abs. 1).

5.5.3 Schubbeanspruchte Aussteifungswände

(1) Bei der Berechnung schubbeanspruchter Wände setzt sich die Steifigkeit der Wand aus der Wand und der mitwirkenden Breite der Querwände zusammen. Bei Wänden, die mindestens doppelt so hoch wie lang sind, darf der Einfluss der Schubverformungen auf die Steifigkeit vernachlässigt werden.

(2) Eine Querwand oder ein Teil davon kann bei der Bemessung als Flansch der aussteifenden Wand in Rechnung gestellt werden, wenn die Verbindung der Wandscheibe mit dem Gurt in der Lage ist, die entsprechenden Schubkräfte aufzunehmen und wenn der Gurt innerhalb der angenommenen Länge nicht ausknickt.

Bei Ausführung eines Verbandes senkrecht aufeinanderstoßender Wände kann eine schubfeste Verbindung der beiden Wände vorausgesetzt werden. Beim Stumpfstoß ist dies nicht der Fall, auch wenn entsprechende Anker angeordnet sind. Bei der Bestimmung der Knicklänge darf auch beim Stumpfstoß von horizontalen Halterungen ausgegangen werden.

(3) Die mittragende Breite des Gurtes einer Querwand ist gleich der Dicke der Wandscheibe zuzüglich beiderseitig – soweit vorhanden – des kleinsten der nachstehenden Werte (siehe auch Bild 5.6):

- $h_{tot}/5$, wobei h_{tot} die gesamte Höhe der Wandscheibe ist;
- die Hälfte des Abstandes zwischen Schubwänden (l_s), wenn diese mit der Querwand verbunden sind;
- der Abstand vom Wandende;
- die Hälfte der lichten Höhe (h);
- das 6fache der Dicke der Querwand t.

(4) In Querwänden dürfen Öffnungen kleiner als $h/4$ oder $l/4$ außer Acht gelassen werden. Öffnungen größer als $h/4$ oder $l/4$ sind als Wandende zu betrachten.

(5) Können die Geschossdecken als steife Scheiben angesehen werden, so sind die waagerechten Geschosslasten nach den Steifigkeiten der aussteifenden Wände auf diese zu verteilen.

(6)P Liegt die resultierende waagerechte Kraft wegen der unsymmetrischen Anordnung der Wandscheiben im Grundriss oder aus anderen Gründen außermittig zum Steifigkeitsmittelpunkt des Systems, so ist die Wirkung der Torsionsbelastung auf die einzelnen Aussteifungsscheiben zu verfolgen (Torsion).

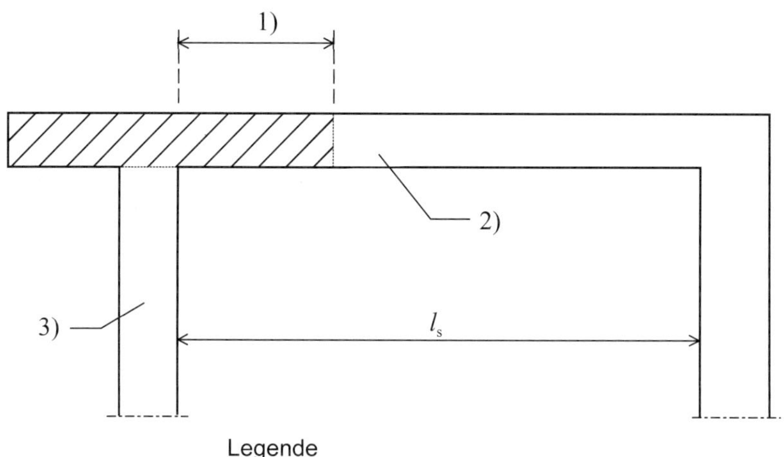

Legende

1) der kleinere Wert von $\begin{cases} h_{tot}/5 \\ l_s/2 \\ h/2 \\ 6t \end{cases}$

2) Querwand
3) aussteifende Wand

Bild 5.6 — Mitwirkende Breite bei auf Schub beanspruchten Wänden

(7) Bilden die Decken keine ausreichend steifen Scheiben (dies gilt z. B. für Decken aus nicht gekoppelten Betonfertigteilen), sollten die Windscheiben für die waagerechte Kraft aus denjenigen Deckenteilen bemessen werden, welche direkt aufliegen. Ansonsten ist eine Schnittkraftermittlung unter Ansatz quasi-biegesteifer Knoten auszuführen.

(8) Die größte horizontale Schubkraft einer aussteifenden Wand darf um 15 % abgemindert werden, wenn die von parallel verlaufenden Wänden aufzunehmenden Schubkräfte entsprechend erhöht werden.

(9) Für die Ermittlung der kleinsten, den Bemessungswert des Schubwiderstandes ausmachenden Normalkraft darf bei zweiachsig gespannten Decken die vertikale Last gleichmäßig auf die darunterliegenden Wände verteilt werden. Bei einachsig gespannten Decken oder Dächern darf zur Ermittlung der Normalkraft für die nicht direkt belasteten Wände der unteren Geschosse eine Lastverteilung unter 45° angenommen werden.

Für Wände unter zweiachsig gespannten Decken ist gemeint, dass anstelle einer über die Wandlänge näherungsweise dreieckförmigen Belastung von einer konstanten Gleichstreckenlast ausgegangen werden darf, wenn keine örtlich konzentrierten Lasteinleitungen vorhanden sind.

(10) Die Schubspannungsverteilung kann über den überdrückten Bereich der Wand als konstant angenommen werden.

Diese eigentlich richtige Grenzwertbetrachtung wird durch den Beiwert c bei Ermittlung der Querkrafttragfähigkeit im Nationalen Anhang indirekt abgeändert (siehe Abschnitt 6.2), da dieser Beiwert die Schubspannungsverteilung über den Querschnitt berücksichtigt und somit den Quotienten von Maximalwert der Schubspannung und hier errechneten, konstanten Blockspannungswert darstellt.

(NA.11) Bei Elementmauerwerk mit einem planmäßigen Überbindemaß $l_{ol} < 0{,}4\, h_u$ darf nur 40 % der nach den Absätzen (2), (3) und (4) ermittelten mitwirkenden Breite angesetzt werden.

(NA.12) Auf einen rechnerischen Nachweis der Aussteifung des Gebäudes darf verzichtet werden, wenn die Geschossdecken als steife Scheiben ausgebildet sind bzw. statisch nachgewiesene, ausreichend steife Ringbalken vorliegen und wenn in Längs- und Querrichtung des Gebäudes eine offensichtlich ausreichende Anzahl von genügend langen Aussteifungswänden vorhanden ist, die ohne größere Schwächungen und ohne Versprünge bis auf die Fundamente geführt sind.

Damit obliegt in Deutschland dem planenden Ingenieur die Entscheidung, ob ein rechnerischer Aussteifungsnachweis zu führen ist.

(NA.13) Bei Elementmauerwerk mit einem planmäßigen Überbindemaß $l_{ol} < 0{,}4\ h_u$ ist bei einem Verzicht auf einen rechnerischen Nachweis der Aussteifung des Gebäudes nach Absatz (NA.12) die ggf. geringere Schubtragfähigkeit bei hohen Auflasten zu berücksichtigen.

5.5.4 Bewehrte Mauerwerksbauteile unter Schubbeanspruchung

...Auslassung...

Der Abschnitt 5.5.4 behandelt in Deutschland unübliches bewehrtes Mauerwerk und wird daher ausgelassen (s. Abs. 1).

5.5.5 Querbelastete Mauerwerkswände

(1) Bei der Berechnung von horizontal auf Plattenbiegung beanspruchten Mauerwerkswänden ist Folgendes bei der Bemessung zu berücksichtigen:

- der Einfluss von Feuchtesperrschichten;
- die Auflagerbedingungen und die Durchlaufwirkung über Zwischenauflagern.

(2) Verblendmauerwerk ist als einschalige Wand, die vollständig aus den Steinen mit der kleineren Biegefestigkeit hergestellt worden ist, zu berechnen.

(3) Eine Bewegungsfuge in einer Wand ist als Wandende zu behandeln, an dem keine Momente und Querkräfte übertragen werden.

ANMERKUNG Einige spezielle Anker können Momente und/oder Querkräfte über Bewegungsfugen übertragen. Deren Verwendung wird durch diese Norm nicht geregelt.

(4) Die Auflagerkräfte aus der Bemessungslast entlang der Auflagerlinie dürfen für die Bemessung der Auflager in der Regel als über die Wandlänge gleichmäßig verteilt angenommen werden. Einspannungen an einem Auflager können durch Maueranker, eingebundene Pfeilervorlagen oder Decken sowie Dächer entstehen.

(5) Wenn horizontal auf Plattenbiegung belastetete Wände mit vertikal belasteten Wänden verbunden sind (siehe 8.1.4), oder wenn Stahlbetondecken auf diesen aufliegen, kann die Lagerung als kontinuierlich angenommen werden. Bei Vorhandensein einer Feuchtesperrschicht in der Wand ist diese als Einfeldträger zu betrachten. Sind Wände mit einer vertikal tragenden Wand oder anderen vergleichbaren Tragwerken über Anker an den vertikalen Rändern verbunden, kann ein teilweise Momentenübertragung an den vertikalen Seiten angenommen werden, wenn die Tragfähigkeit der Anker dafür nachgewiesen werden kann.

Die beiden Absätze (5) und (6) geben Hinweise darauf, wie konstruktive Randbedingungen bei einem genaueren Nachweis der Biegefestigkeit umzusetzen sind.

(6) Bei zweischaligen Wänden darf auch dann volle Durchlaufwirkung angenommen werden, wenn nur eine Schale kontinuierlich aufgelagert ist. Voraussetzung hierfür ist, dass in der Wand Drahtanker nach 6.3.3 vorhanden sind. Die von einer Wand auf ihre Auflager zu übertragende Last kann durch Maueranker als nur auf eine Schale wirkend angenommen werden, wenn eine entsprechende Verbindung der beiden Schalen (siehe 6.3.3) besonders an den vertikalen Rändern der Wand vorhanden ist. In allen anderen Fällen darf teilweise Durchlaufwirkung angenommen werden.

(7) Ist eine Wand an 3 oder 4 Seiten gelagert, ...Auslassung... erfolgt die Berechnung nach DIN EN 1996-3 Anhang NA.C.

Anhang NA.C zu DIN EN 1996-3 [E8] behandelt formal nur vierseitig gehaltene Ausfachungsflächen.

In Deutschland werden keine Momentenbeiwerte zur Ermittlung der Tragfähigkeit von Wänden verwendet. Daher werden diese Regelungen hier ausgelassen.

(8) Bei einer Feuchtesperrschicht darf für die Ermittlung des Momentenbeiwerts mit durchgehend voller Biegesteifigkeit gerechnet werden, wenn die vertikale Spannung auf der Feuchtesperrschicht gleich oder größer der Zugspannung infolge des Bemessungsmomentes ist.

(9) Wenn eine Wand nur entlang der oberen und unteren Ränder gehalten ist, darf das Moment nach den üblichen ingenieurmäßigen Regeln unter Berücksichtigung von Durchlaufwirkungen berechnet werden.

(10) Die Maße einer auf Plattenbiegung beanspruchten Wandfläche oder einer freistehenden Wand, deren Mauerwerk mit Mörteln M2 bis M20 hergestellt ist und die nach 6.3 bemessen ist, sollten so begrenzt werden, dass keine übermäßigen Verschiebungen infolge Durchbiegung, Kriechen, Schwinden, Temperatur und Rissbildungen entstehen.

ANMERKUNG ...Auslassung...

Anhang F gilt in Deutschland nicht, daher wird die Anmerkung ausgelassen.

(11) Die Berechnung von Wänden mit unregelmäßigen Umrissen oder mit großen Öffnungen darf unter Berücksichtigung der Anisotropie von Mauerwerk nach anerkannten Methoden zur Berechnung von Momenten in Platten, wie z. B. der Finite-Elemente-Methode oder der Bruchlinien-Analogie, erfolgen.

Wenn die Feuchtesperrschicht entsprechend NCI zu 3.8.1 ausgeführt ist, darf der Einfluss der Feuchtesperrschichten vernachlässigt werden.

6 GRENZZUSTAND DER TRAGFÄHIGKEIT

6.1 Unbewehrtes Mauerwerk unter vertikaler Belastung

6.1.1 Allgemeines

(1)P Für die Bemessung von unbewehrten Mauerwerkswänden unter vertikaler Belastung sind die Geometrie der Wand, die Ausmitte der Last und die Baustoffeigenschaften des Mauerwerks zu berücksichtigen.

Zudem sind auch auf die Wand einwirkende Lasten, wie z. B. Wind oder Erddruck, bei der Bemessung zu berücksichtigen.

(2) Zur Bestimmung des Tragwiderstandes einer Mauerwerkswand unter vertikaler Belastung dürfen folgende Annahmen getroffen werden:

- Ebenbleiben der Querschnitte;
- die Zugfestigkeit von Mauerwerk senkrecht zu den Lagerfugen ist null.

Die Kraftübertragung sollte nur über die Kontaktfläche zwischen Mauerwerk und Decke sowie ggf. über den Abmauerstein erfolgen (s. NCI zu 6.1.2.2 (NA.4) und NCI Anhang NA.C).

(NA.3) Bei teilweise aufliegenden Deckenplatten darf maximal der in Mauerwerk ausgeführte Teil abzüglich der Dämmung bei der Nachweisführung angesetzt werden.

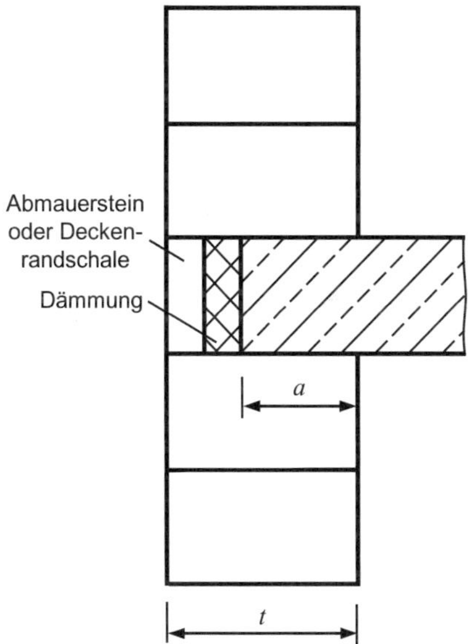

6.1.2 Nachweis unbewehrter Mauerwerkswände unter vorwiegend vertikaler Belastung

6.1.2.1 Allgemeines

(1)P Im Grenzzustand der Tragfähigkeit muss der Bemessungswert der angreifenden Last N_{Ed} einer vertikal belasteten Wand kleiner oder gleich dem Bemessungswert des Tragwiderstandes N_{Rd} sein, d. h.:

$$N_{Ed} \leq N_{Rd} \quad (6.1)$$

Vereinfachend kann beim Ansatz des Eigengewichtes der Wand am Wandkopf von einem konstanten Normalkraftverlauf ausgegangen werden.

(2) Der Bemessungswert des Tragwiderstandes N_{Rd} einer vertikal belasteten einschaligen Wand beträgt je Längeneinheit:

$$N_{Rd} = \Phi\, t\, f_d \quad (6.2)$$

Bei teilaufliegenden Decken ist Abs. 6.1.2.2 (NA.4) zu beachten. Gegebenenfalls ist in Gl. (6.2) anstelle der Wanddicke t die Auflagertiefe a zu verwenden.

Dabei ist

Φ der Abminderungsfaktor Φ_i am Kopf oder Fuß der Wand, bzw. Φ_m in Wandmitte zur Berücksichtigung der Schlankheit und Lastausmitte, der nach 6.1.2.2 zu bestimmen ist;

t die Wanddicke;

Die Abminderungsfaktoren, auch Traglastfaktoren oder Abminderungsbeiwerte genannt, beschreiben die normierten Tragfähigkeiten ($\Phi = N_{Rd} / (t \cdot f_d)$). Am Kopf und Fuß repräsentiert der Traglastfaktor die

f_d die Bemessungsdruckfestigkeit des Mauerwerkes nach 2.4.1 und 3.6.1.

Querschnittstragfähigkeit und in Wandhöhenmitte die Tragfähigkeit unter Berücksichtigung der Auswirkungen der Verformungen nach Theorie II. Ordnung infolge der Schlankheit.

(3) Wenn der Wandquerschnitt kleiner als 0,1 m² ist, sollte die Bemessungsfestigkeit des Mauerwerkes f_d mit nachstehendem Faktor multipliziert werden

$$(0{,}7 + 3\,A) \qquad (6.3)$$

Dabei ist

A die belastete Bruttoquerschnittsfläche in m².

Die Druckfestigkeit wird aufgrund fehlender Umlagerungsmöglichkeiten bei kleinen Wand- bzw. Pfeilerquerschnitten reduziert:

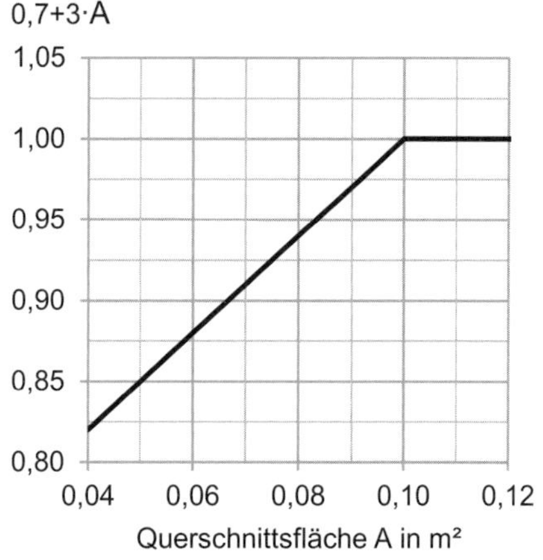

Gemäß Abs. 8.1.3 (1) muss die Nettoquerschnittsfläche unter Berücksichtigung von Schlitzen und Aussparungen mindestens 0,04 m² betragen.

Für Wandquerschnitte aus getrennten Steinen mit einem Lochanteil > 35 % und Wandquerschnitten, die durch Schlitze oder Aussparungen geschwächt sind, beträgt der Faktor 0,8.

Da sich die Regelung auf Absatz (3) bezieht, ist die Reduzierung nur für Wandquerschnitte kleiner als 0,1 m² anzusetzen.

(4) Bei zweischaligen Wänden mit Luftschicht sollte jede Wandschale getrennt für sich nachgewiesen werden. ...Auslassung...

(5) ...Auslassung...

(6) ...Auslassung...

Auslassungen, da in Deutschland die Außenschale grundsätzlich nicht zum Lastabtrag herangezogen werden darf (s. Abs. 5.5.1.3). Eine Ausnahme hiervon ist Verbandsmauerwerk aus Natursteinen gemäß NA.L.4.3.

(7) Wenn die Größe, Anzahl oder Lage der Schlitze und Aussparungen außerhalb der in 8.6 angegebenen Grenzen liegen, sollte deren Einfluss auf die Tragfähigkeit der Wand wie folgt berücksichtigt werden:

- vertikal verlaufende Schlitze oder Aussparungen sollten entweder als Wandbegrenzung behandelt werden oder – alternativ – sollte die Restwanddicke der Wand beim Schlitz oder der Aussparung für die Berechnung der gesamten Wand zugrunde gelegt werden;

Schlitze und Aussparungen, deren Maße die Grenzwerte nach Abs. 8.6 nicht überschreiten, dürfen rechnerisch vernachlässigt werden.

- bei horizontal oder geneigt verlaufenden Schlitzen sollte die Tragfähigkeit der Wand an der Stelle des Schlitzes unter Berücksichtigung der Lastausmitte relativ zur verbleibenden Wanddicke überprüft werden.

ANMERKUNG Allgemein kann davon ausgegangen werden, dass die vertikale Tragfähigkeit proportional zur Verringerung der Querschnittsfläche infolge eines vertikalen Schlitzes oder einer vertikalen Aussparung abnimmt, sofern die Verringerung der Querschnittsfläche nicht mehr als 25 % beträgt.

Bei Überschreitung der Tabellenwerte nach Absatz 8.6 und erforderlicher rechnerischer Berücksichtigung von Schlitzen und Aussparungen ist zu beachten, dass bei Mauersteinen mit großen Löchern oder Kammern der Wegfall eines Steges zu einer überproportionalen Tragfähigkeitsreduktion führen kann. Unter Beachtung des Lochbildes ist nur die ungestörte Querschnittsfläche in Rechnung zu stellen. Bei geschlitzten Steinen mit großen Löchern kann vereinfachend für die Wanddicke die Steintiefe abzüglich der Dicke des Außenlängssteges und der

(NA.8) Bei Langzeitwirkungen ist die Bemessungsdruckfestigkeit des Mauerwerks f_d nach 2.4.1 und 3.6.1 über den Dauerstandsfaktor ζ abzumindern.

Dabei ist

ζ ein Faktor zur Berücksichtigung von Langzeitwirkungen und weiterer Einflüsse; für eine dauernde Beanspruchung infolge von Eigengewicht, Schnee- und Verkehrslasten, gilt ζ = 0,85; für kurzzeitige Beanspruchungsarten darf ζ = 1,0 eingesetzt werden.

Tiefe des äußersten Kammerlochs angesetzt werden.

Es gilt somit: $f_d = \zeta \cdot \frac{f_k}{\gamma_M}$

Bei Verbandsmauerwerk ist gemäß Abs. 3.6.1.2 (5) zusätzlich der Faktor 0,8 zu berücksichtigen.

6.1.2.2 Abminderungsfaktor zur Berücksichtigung der Schlankheit und Lastausmitte

(1) Die Größe des Abminderungsfaktors Φ zur Berücksichtigung der Schlankheit und Ausmitte darf wie folgt auf der Grundlage eines rechteckigen Spannungsblockes ermittelt werden:

(i) Am Wandkopf und -fuß (Φ_i)

$$\Phi_i = 1 - 2\frac{e_i}{t} \quad (6.4)$$

Dabei ist

e_i die Lastexzentrizität am Kopf bzw. Fuß der Wand nach Gleichung (6.5):

$$e_i = \frac{M_{id}}{N_{id}} + e_{he} + e_{init} \geq 0{,}05\, t \quad (6.5)$$

M_{id} der Bemessungswert des Biegemomentes, resultierend aus der Exzentrizität der Deckenauflagerkraft nach 5.5.1 am Kopf bzw. Fuß der Wand, (siehe Bild 6.1);

N_{id} der Bemessungswert der am Kopf bzw. Fuß der Wand wirkenden Vertikalkraft;

e_{he} die Ausmitte am Kopf oder Fuß der Wand infolge horizontaler Lasten (z. B. Wind), sofern vorhanden;

e_{init} die ungewollte Ausmitte mit einem Vorzeichen, mit dem der absolute Wert für e_i erhöht wird (siehe 5.5.1.1);

Am Wandkopf und am Wandfuß darf die ungewollte Ausmitte e_{init} = 0 gesetzt werden

t die Dicke der Wand.

Gl. (6.4) liegt starr-plastisches Werkstoffverhalten ohne rechnerische Berücksichtigung der Biegefestigkeit zugrunde (Spannungsblock). Der Traglastfaktor beschreibt damit das Verhältnis von überdrückter Tiefe zur Querschnittstiefe ($\Phi_i = t_c/t \leq 0{,}90$):

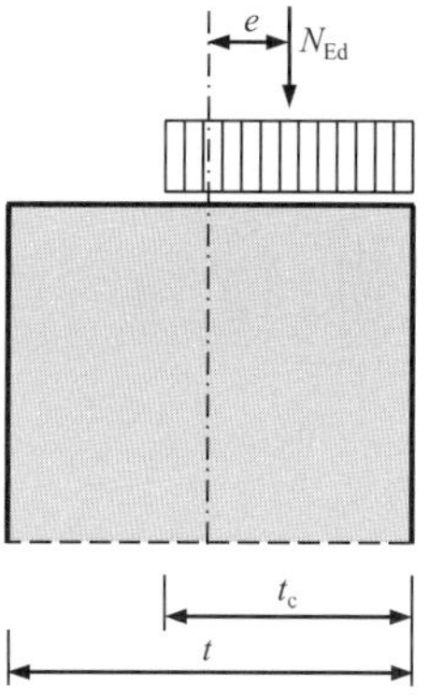

In Gl. (6.5) sind die Exzentrizitäten stets positiv anzusetzen.

Bei teilaufliegenden Decken ist Abs. 6.1.2.2 (NA.4) zu beachten. Gegebenenfalls ist in Gl. (6.4) und (6.5) anstelle der Wanddicke t die Auflagertiefe zu verwenden. Dabei beschreibt die Exzentrizität e_i den Abstand der Lastresultierenden zur Schwerachse der Auflagertiefe.

Am Wandkopf und -fuß sind gemäß NCI zu 5.5.1.1 keine ungewollten Ausmitten anzusetzen ($e_{init} = 0$), da etwaige Imperfektionen durch die Mindestexzentrizität von $0{,}05 \cdot t$ bei Gl. (6.5) erfasst werden.

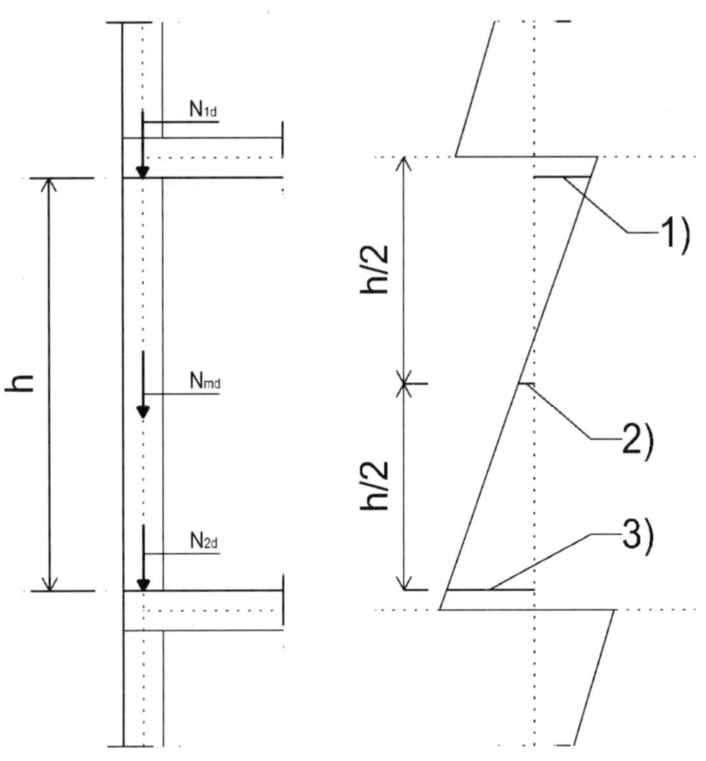

Legende

1) M_{ld} (an der Deckenunterkante)

2) M_{md} (in Wandmitte)

3) $M_{2\mathrm{d}}$ (Deckenoberkante)

Bild 6.1 — Momente infolge Ausmitten

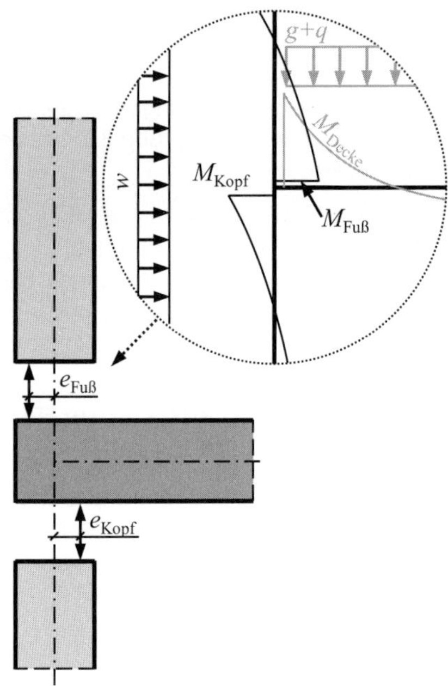

Bei unbewehrten Bauteilen wird die aufnehmbare Biegetragfähigkeit maßgeblich von der einwirkenden Normalkraft beeinflusst (Momenten-Normalkraft-Interaktion).

Zur Bestimmung der Lastexzentrizitäten sind stets die Momente und Normalkräfte innerhalb einer Einwirkungskombination anzusetzen.

Gemäß [4] bzw. [16] kann beim üblichen Hochbau mit definierten Randbedingungen die Anzahl der Einwirkungskombinationen auf wenige bemessungsrelevante Kombinationen reduziert werden. Dementsprechend genügt im Regelfall die Prüfung folgender Einwirkungskombinationen:

- max M_{Ed} + zug. N_{Ed}
  $1{,}35 \cdot G_{\mathrm{k}} \oplus 1{,}5 \cdot W_{\mathrm{k}}$ (Wind) $\oplus 1{,}5 \cdot \psi_0 \cdot Q_{\mathrm{k}}$
  (bspw. in Wandhöhenmitte infolge Windbeanspruchung)
- max N_{Ed} + zug. M_{Ed}
  $1{,}35 \cdot G_{\mathrm{k}} \oplus 1{,}5 \cdot Q_{\mathrm{k}} \oplus 1{,}5 \cdot \psi_0 \cdot W_{\mathrm{k}}$ (Wind)
  (bspw. am Wandfuß infolge Deckenverdrehung)
- min N_{Ed} + zug. M_{Ed}
  $1{,}0 \cdot G_{\mathrm{k}} \oplus 1{,}5 \cdot W_{\mathrm{k}}$ (Wind) oder
  $1{,}0 \cdot G_{\mathrm{k}} \oplus 1{,}5 \cdot E_{\mathrm{k}}$ (Erddruck)

(bspw. bei günstig wirkenden Normalkräften, wie bei Wänden im obersten Geschoss oder erddruckbeanspruchten Wänden)

Hinweis: Vereinfachend können bei dieser Einwirkungskombination windbeanspruchte Wände gemäß DIN EN 1996-3/NA [E19], 4.2.1.2 und erddruckbeanspruchte Wände nach Abs. 6.3.4 oder DIN EN 1996-3/NA [E19], Abs. 4.5 nachgewiesen werden.

Zudem ist Abs. 2.4.2 zu beachten.

(NA.3) Bei überwiegend in Wandlängsrichtung biegebeanspruchten Querschnitten, insbesondere bei Windscheiben, darf der Abminderungsfaktor Φ_i angenommen werden zu:

$$\Phi = \Phi_i = 1 - 2 \cdot \frac{e_w}{l} \quad \text{(NA.14)}$$

Dabei ist

Φ_i der Abminderungsfaktor an der maßgebenden Nachweisstelle am Wandkopf bzw. am Wandfuß. Bei kombinierter Beanspruchung nach (NA.iii) erfolgt der Nachweis in Wandhöhenmitte;

e_w die Exzentrizität der einwirkenden Normalkraft in Wandlängsrichtung

$$e_w = M_{Ewd} / N_{Ed} \quad \text{(NA.15)}$$

M_{Ewd} Bemessungswert des in Wandlängsrichtung einwirkenden Momentes;

N_{Ed} der Bemessungswert der einwirkenden Normalkraft;

l die Länge der Wandscheibe.

Beispielhafte Belastungssituation:

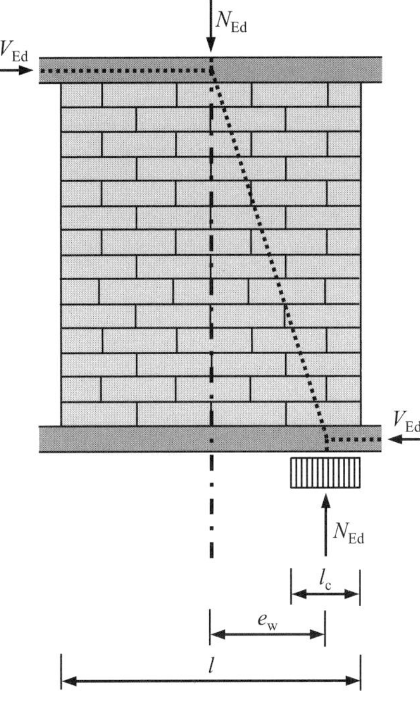

Exzentrizitäten sind in den Bemessungsgleichungen stets positiv anzusetzen.

ANMERKUNG 1 Bei kombinierter Beanspruchung ist (NA.iii) zu beachten.

ANMERKUNG 2 Sofern die Schnittkräfte an einem vom Kragarm abweichenden Modell ermittelt werden, darf die Nachweisführung nach Anhang NA.K.2 (1) erfolgen.

Kombinierte Beanspruchungen im Sinne von zweiachsiger bzw. schiefer Biegebeanspruchung sind gemäß Abs. 6.1.2.2 Gl. (NA.16) zu berücksichtigen.

(NA.4) Bei teilweise aufliegenden Deckenplatten darf vereinfachend die Berechnung der Ausmitten an einem System analog Bild 6.1 mit einer ideellen Wanddicke, die gleich der Deckenauflagertiefe a ist, erfolgen. Bei Nachweisführung in Wandmitte am Gesamtquerschnitt vergrößert sich die Ausmitte entsprechend um $(t-a)/2$. In diesem Fall darf bei der vereinfachten Nachweisführung am Wandkopf und am Wandfuß bei Deckenrandabmauerung mit Dämmstreifen nur der Bereich der Deckenauflagerung herangezogen werden.

Die in Gl. (6.7) zu berücksichtigende Ausmitte $(t-a)/2$ entspricht dem Versatz der Systemachsen der ideellen zur tatsächlichen Wanddicke.

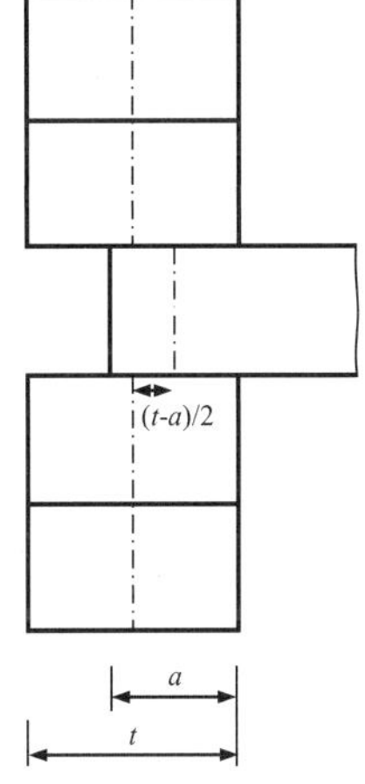

Letzter Satz von (NA.4) bedeutet, dass bei der Berechnung der Traglastfaktoren Φ_i und Exzentrizitäten e_i an Wandkopf und Wandfuß (Gl. (6.4), (6.5)) sowie bei der Ermittlung der Normalkrafttragfähigkeit N_{Rd} (Gl. (6.2)) anstelle der Wanddicke t die Auflagertiefe a einzusetzen ist.

Plastifizierungen im Auflagerbereich dürfen bei der Nachweisführung ebenso berücksichtigt werden wie Maßnahmen zur Zentrierung.

Die beim Einsatz von mittig unter dem Deckenauflager angeordneten Zentrierleisten (zentrisches Deckenauflager, siehe Fall a) in nachstehender Abbildung) entstehenden Teilflächenpressungen sind gemäß Abs. 6.1.3 nachzuweisen. Lastübertragende Zwischenschichten aus stark nachgiebigem Material (z. B. Elastomerstreifen) werden nicht empfohlen, da die entstehenden Querzugspannungen nur bei geringer Auslastung der Wand nachgewiesen werden können, wenn nicht geeignete konstruktive Maßnahmen (z. B. Ringanker oder Ringbalken) zur Lastaufnahme vorgesehen sind.

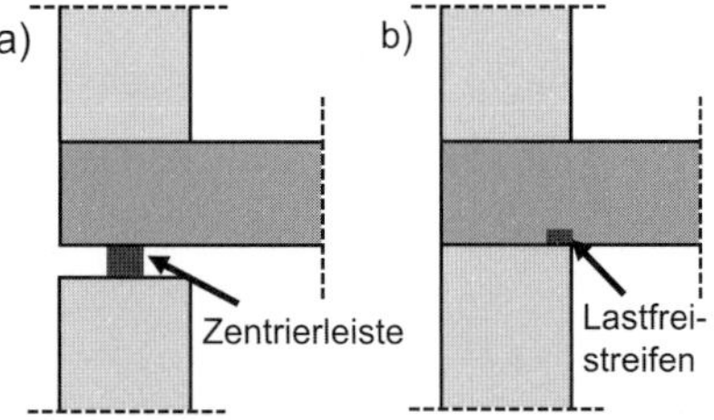

Zur Verringerung der Lastexzentrizität am Wandkopf (bzw. in Sonderfällen auch am Wandfuß) kann an der inneren Wandkante (bzw. am Wandfuß an der äußeren Wandkante auf der Decke) eine Weicheinlage (sogenannter Lastfreistreifen, z. B. Filzstreifen) als konstruktive Zentrierung eingelegt werden (siehe Fall b) in vorstehender Abbildung). Ein im Einzelfall möglicher Einfluss auf die örtliche Tragfähigkeit ist zu berücksichtigen.

(ii) In Wandmitte (Φ_m)

Durch Vereinfachung der in 6.1.1 angegebenen Grundlagen darf der Abminderungsfaktor in der Mitte der Wandhöhe Φ_m unter Verwendung von e_{mk} bestimmt werden.

Dabei ist

e_{mk} die Ausmitte der Last in halber Wandhöhe, berechnet nach den Gleichungen (6.6) und (6.7):

$$e_{mk} = e_m + e_k \geq 0{,}05\, t \tag{6.6}$$

$$e_m = \frac{M_{md}}{N_{md}} + e_{hm} + e_{init} \tag{6.7}$$

e_m die Ausmitte infolge der Lasten;

M_{md} der Bemessungswert des größten Momentes in halber Wandhöhe, resultierend aus den Momenten am Kopf und Fuß der Wand (siehe Bild 6.1), einschließlich der Biegemomente aus allen anderen ausmittig angreifenden Lasten (z. B. Wandschränke);

N_{md} der Bemessungswert der Vertikallast in halber Wandhöhe einschließlich aller anderen ausmittigen Lasten (z. B. Wandschränke);

e_{hm} die Ausmitte in halber Wandhöhe infolge horizontaler Lasten (z. B. Wind);

ANMERKUNG Die Einbeziehung von e_{hm} hängt von der zur Bemessung zu verwendenden Lastkombination ab. Die Vorzeichenabhängigkeit und deren Einfluss auf das Verhältnis M_{md}/N_{md} sind zu beachten.

Zur Bestimmung der Exzentrizitäten sind die Momente und Normalkräfte innerhalb einer Einwirkungskombination anzusetzen.

Bei teilaufliegenden Decken ist zur Bestimmung der Exzentrizitäten e_m in Wandhöhenmitte nach Gl. (6.7) zusätzlich die Ausmitte $(t-a)/2$ zu berücksichtigen (s. Abs. 6.1.2.2 (NA.4)).

Exzentrizitäten und Momente sind stets mit ihrem Betrag anzusetzen. Nur bei der Addition mehrerer Exzentrizitäten infolge unterschiedlicher Beanspruchungen (z. B. Nutzlast, Windsog oder -druck) sind die Vorzeichen zu beachten.

e_{init} die ungewollte Ausmitte mit einem Vorzeichen, mit dem der absolute Wert für e_m erhöht wird (siehe 5.5.1.1);

Gemäß Abs. 5.5.1.1 (4) gilt in Wandhöhenmitte $e_{init} = h_{ef}/450$.

h_{ef} die Knicklänge nach 5.5.1.2 für die entsprechende Halterung oder Aussteifungsart;

t_{ef} die wirksame Wanddicke nach 5.5.1.3;

Gemäß NCI zu 5.5.1.3 gilt in Deutschland stets $t_{ef} = t$.

e_k die Ausmitte infolge Kriechens nach (6.8):

$$e_k = 0{,}002\,\phi_\infty \frac{h_{ef}}{t_{ef}} \sqrt{t\,e_m} \quad (6.8)$$

ϕ_∞ der Endkriechwert (siehe Anmerkung nach 3.7.4 (2)).

ANMERKUNG Φ_m darf nach Anhang G unter Anwendung von e_{mk}, der wie oben berechnet wird, bestimmt werden.

(NA.iii) Kombinierte Beanspruchung

Bei einer kombinierten Beanspruchung aus Biegung um die starke Achse y und Biegung um die schwache Achse z ist der Nachweis der Doppelbiegung an der maßgebenden Stelle zu führen. Vereinfachend dürfen die Abminderungsfaktoren Φ multiplikativ kombiniert werden.

$$\Phi = \Phi_y \cdot \Phi_z \quad (NA.16)$$

Dabei ist

Φ_y der Abminderungsfaktor für Biegung um die starke Achse y;

Φ_z der Abminderungsfaktor für Biegung um die schwache Achse z.

Biegemomente um die starke Achse y dürfen vernachlässigt werden, wenn diese beim Nachweis nach Gleichung (NA.14) nicht maßgebend werden.

Die Traglastfunktion gemäß Gl. (NA.G.1) schätzt die Tragfähigkeit insbesondere bei großen Schlankheiten konservativ ab, weshalb gemäß [14] der Einfluss des Kriechens meistens vernachlässigt werden kann ($e_k = 0$).

Gemäß [D5] ist der Abminderungsfaktor Φ_m zur Berücksichtigung von Schlankheit und Ausmitte stets nach Anhang NA.G zu berechnen.

Nachweis am Kopf und Fuß:

$$\Phi = \Phi_y^I \cdot \Phi_z^I = \left(1 - 2 \cdot e_y/l\right) \cdot \left(1 - 2 \cdot e_z/t\right)$$

Nachweis in Wandhöhenmitte:

Im Regelfall müssen die Auswirkungen nach Theorie II. Ordnung nur in Richtung der schwachen z-Achse berücksichtigt werden:

$$\Phi = \Phi_y^I \cdot \Phi_z^{II} = \left(1 - 2 \cdot e_y/l\right) \cdot \Phi_z^{II}$$

Bei der Überlagerung der Abminderungsfaktoren ist die Exzentrizität infolge der Windbeanspruchung nur in der maßgebenden Richtung zu berücksichtigen.

Ausschließlich für den Sonderfall geringer Schlankheitsunterschiede (i. d. R. kurze Wände bzw. Pfeiler mit $\approx l/t \leq 4$ bei $h_{ef,y} \approx h_{ef,z}$) müssen zusätzlich die Auswirkungen nach Theorie II. Ordnung in Richtung der starken y-Achse berücksichtigt werden, sofern die bezogene Exzentrizität in Längsrichtung größer ist als die in Dickenrichtung. D. h. der Lastangriffspunkt der Normalkraft N_{Ed} liegt innerhalb der schraffierten Bereiche (s. [6], [7]):

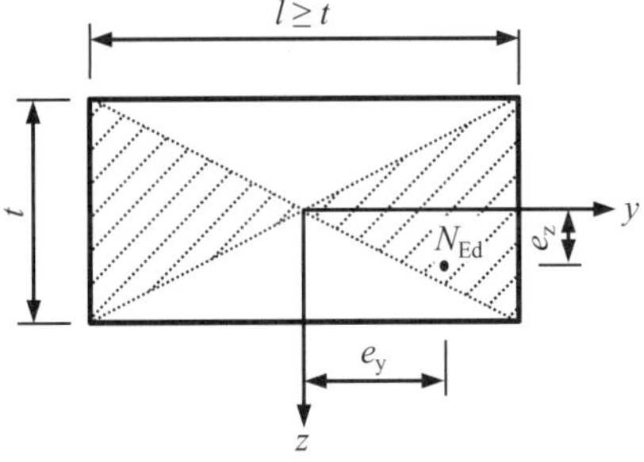

Die Auswirkungen nach Theorie II. Ordnung dürfen je Achsrichtung getrennt voneinander berücksichtigt werden (s. [6], [7]):

$$\Phi = \min \begin{Bmatrix} \Phi_y^I \cdot \Phi_z^{II} = \left(1 - 2 \cdot e_y/l\right) \cdot \Phi_z^{II} \\ \Phi_y^{II} \cdot \Phi_z^I = \Phi_y^{II} \cdot \left(1 - 2 \cdot e_z/t\right) \end{Bmatrix}$$

Dabei sind Φ_y^{II} und Φ_z^{II} nach Anhang NA.G Gl. (NA.G.1) zu berechnen, wobei für die Berechnung von Φ_y^{II} die

Exzentrizität, Querschnittslänge und Knicklänge in Richtung der starken Achse anzusetzen sind.

Hinweis: Exzentrizitäten sind dabei stets positiv anzusetzen.

(2) ...Auslassung...

Auslassung wegen nachfolgenden NDP.

Für Wände mit Schlankheiten von λ_c oder geringer darf die Ausmitte infolge Kriechens e_k gleich Null gesetzt werden. Der Grenzwert λ_c kann in Abhängigkeit von der Endkriechzahl des Mauerwerks Φ_∞ aus Tabelle NA.18 abgelesen werden. Die Endkriechzahlen entsprechen den jeweiligen Rechenwerten nach Tabelle NA.14.

Tabelle NA.18 — Grenzschlankheiten λ_c in Abhängigkeit von den Endkriechzahlen

Endkriechzahl Φ_∞ (Rechenwert)	Grenzschlankheit λ_c
0,5	20
1,0	15
1,5	12
2,0	10

Dabei ist die Schlankheit der Wand $\lambda = h_{ef}/t$.

Gemäß [14] kann bei Anwendung der konservativen Traglastfunktion nach Anhang NA.G die Ausmitte infolge Kriechens meistens vernachlässigt werden ($e_k = 0$).

Zur einfacheren Anwendung wurden die Tabellen NA.14 und NA.18 kombiniert:

Mauer-steinart	Mauer-mörtelart	End-kriech-zahl Φ_∞	Grenz-schlank-heit λ_c
Mauer-ziegel	NM / DM	1,0	15
	LM	2,0	10
Kalk-sand-steine	NM / DM	1,5	12
Beton-steine	NM	1,0	15
Leicht-beton-steine	NM / LM	2,0	10
Poren-beton-steine	DM	0,5	20

NM: Normalmauermörtel
DM: Dünnbettmörtel
LM: Leichtmauermörtel

6.1.3 Wände mit Teilflächenlasten

Die europäische Regelung gemäß Gl. (6.11) gilt ausschließlich für Vollsteine mit maximal 15 % Lochanteil (gemäß NA 1.5.4.12), da die im nachfolgenden NCI zu (2) aufgeführten Normen nur Vollsteine behandeln.

Für alle Steine (Voll- und Lochsteine) kann in Deutschland die Regelung gemäß Gl. (NA.17) angewendet werden.

Bei randnahen Einzellasten ($a_1 \leq 3 \cdot l_1$) ist steinunabhängig (Voll- und Lochsteine) stets die nationale Regelung gemäß Gl. (NA.17) anzuwenden.

(1)P Im Grenzzustand der Tragfähigkeit muss der Bemessungswert einer vertikalen Einzellast N_{Edc} kleiner oder gleich dem Bemessungswert des Tragwiderstandes einer Wand für diese Beanspruchung N_{Rdc} sein, d. h.:

$$N_{Edc} \leq N_{Rdc} \quad (6.9)$$

(2) Bei einer mit Mauersteinen ...Auslassung... nach Abschnitt 8 hergestellten und mit Teilflächenlasten beanspruchten Wand – jedoch nicht bei Mauerwerk mit Randstreifenvermörtelung – gilt für den Bemessungswert des Tragwiderstandes bei dieser Beanspruchung:

Auslassung der europäischen Steingruppierung, da die Steine durch den nachfolgenden NCI spezifiziert werden.

$$N_{Rdc} = \beta A_b f_d \quad (6.10)$$

Dabei ist

$$\beta = \left(1 + 0{,}3\,\frac{a_1}{h_c}\right)\left(1{,}5 - 1{,}1\,\frac{A_b}{A_{ef}}\right) \qquad (6.11)$$

β sollte nicht kleiner als 1,0 oder größer als $1{,}25 + \frac{a_1}{2\,h_c}$ oder 1,5 sein. Der kleinere Wert ist maßgebend.

Dabei ist

- β der Erhöhungsfaktor bei Teilflächenlasten;
- a_1 der Abstand vom Wandende zu dem am nächsten gelegenen Rand der belasteten Fläche (siehe Bild 6.2);
- h_c die Höhe der Wand bis zur Ebene der Lasteintragung;
- A_b die belastete Fläche;
- A_{ef} die wirksame Wandfläche, im Allgemeinen $l_{efm} \cdot t$;
- l_{efm} die wirksame Basis des Trapezes, unter dem sich die Last ausbreitet, ermittelt in halber Wand- oder Pfeilerhöhe (siehe Bild 6.2);
- t die Wanddicke unter Berücksichtigung von nicht voll vermörtelten Fugen mit einer Tiefe von mehr als 5 mm;
- $\frac{A_b}{A_{ef}}$ ist nicht größer als 0,45 einzusetzen.

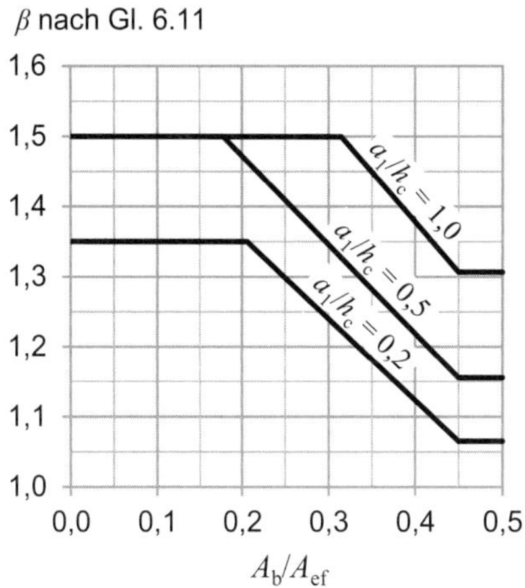

ANMERKUNG ...Auslassung...

Verweis auf Anhang H ausgelassen, da dieser in Deutschland nicht gültig ist.

Diese Regelung gilt nur für Vollsteine nach DIN EN 771-1 bis DIN EN 771-4 in Verbindung mit DIN 20000-401 bis DIN 20000-404.

Damit gilt die europäische Regelung gemäß Gl. (6.11) in Deutschland ausschließlich für Vollsteine mit maximal 15 % Lochanteil.

(3) ...Auslassung...

Auslassung, da in Deutschland Mauerwerk mit Randstreifenmauerwerk nicht zulässig ist und für Lochsteine (NA.8) zutrifft.

(4) Die Lastausmitte, gemessen von der Schwerachse der Wand, sollte nicht größer als $t/4$ sein (siehe Bild 6.2).

(5) In allen Fällen sollten unter den Auflagern in halber Wandhöhe die Anforderungen nach 6.1.2.1 erfüllt werden. Dies gilt einschließlich der Beanspruchungen durch andere überlagerte Vertikallasten und insbesondere für den Fall, dass Teilflächenlasten relativ dicht nebeneinander liegen, so dass sich ihre Lastausbreitungsflächen überschneiden.

Zudem sind die Auswirkungen der Schlankheit und Lastausmitte nach Abs. 6.1.2.2 (Knicksicherheitsnachweis) zu berücksichtigen.

Andere Vertikallasten resultieren bspw. aus darüberliegenden Geschossen.

Insbesondere bei sich überschneidenden Lastbereichen (Bild 6.2 rechts) werden diese Bereiche bemessungsrelevant. In diesem Fall wird empfohlen, den Lastausbreitungswinkel zu vergrößern, so dass sich die ausgebreiteten Lasten nicht mehr überschneiden.

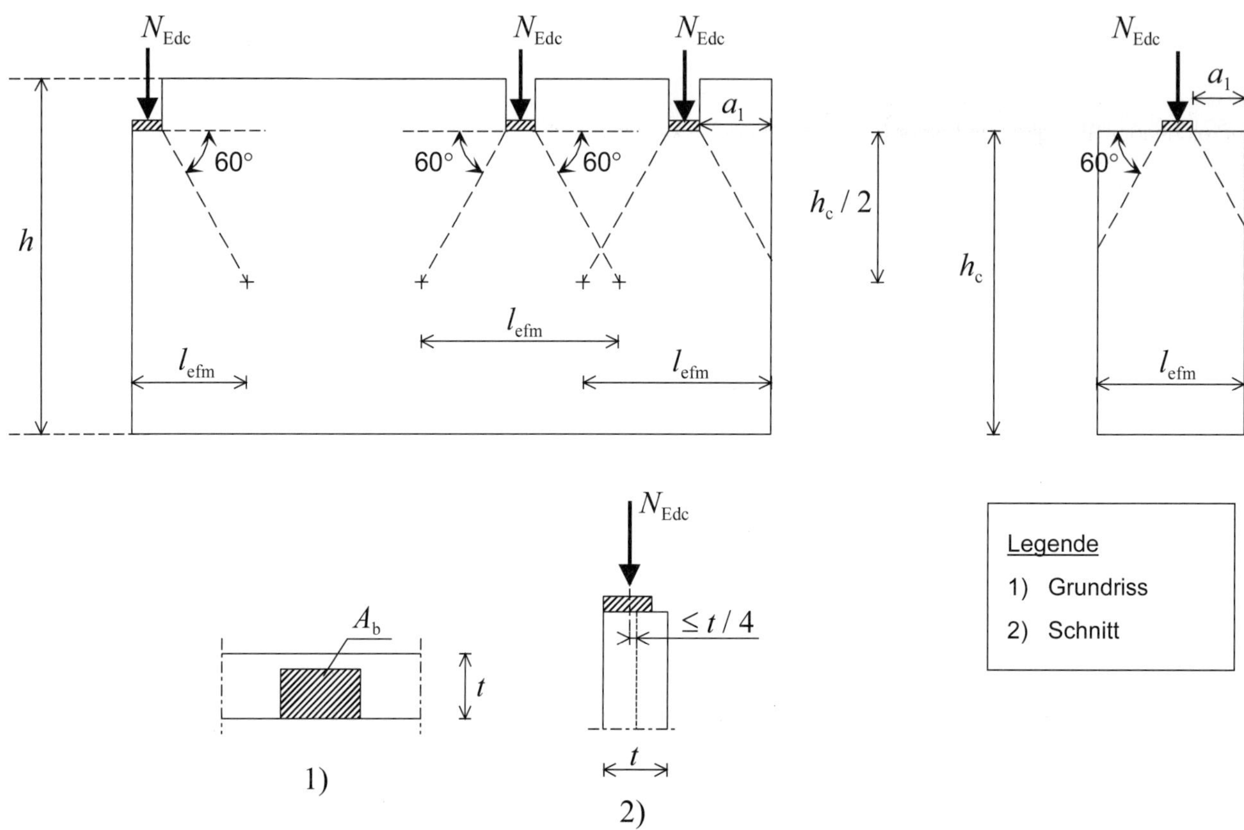

Bild 6.2 — Wände unter Teilflächenlasten

Bei unsymmetrischer Lastausbreitung (z. B. bei randnahen Einzellasten) ist die zur Sicherstellung des Gleichgewichts notwendige Horizontalkraft in der Regel durch das lastbringende Bauteil abzutragen.

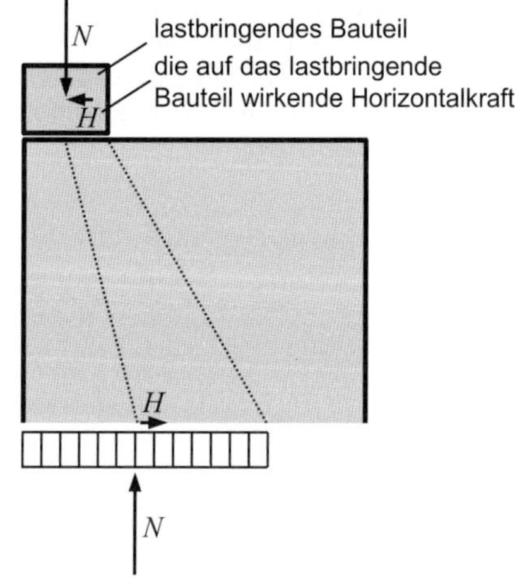

(6) Die Teilflächenlasten sollten auf Mauersteinen ...Auslassung... oder anderem Vollmaterial aufliegen, dessen Länge gleich der erforderlichen Auflagerlänge zuzüglich eines beidseitigen Überstandes sein sollte. Dieser ergibt sich unter der Annahme einer Lastverteilung von 60° bis zur Grundfläche des Vollmaterials. Bei einem Endauflager ist ein Überstand nur an einer Seite erforderlich.

Die Auflagerlänge muss gemäß Abs. 8.1.9 mindestens 90 mm betragen.

Auslassung der europäischen Steingruppierung, da die Steine durch den nachfolgenden NCI spezifiziert werden.

Diese Regelung gilt nur für Vollsteine nach DIN EN 771-1 bis DIN EN 771-4 in Verbindung mit DIN 20000-401 bis DIN 20000-404.

Wiederholend zum vorherigen NCI wird verdeutlicht, dass die europäische Regelung ausschließlich für Vollsteine mit einem Lochanteil bis zu 15 % (s. NA 1.5.4.12) gilt.

(7) Wenn die Einzellast über einen geeigneten Verteilungsbalken mit ausreichender Steifigkeit und einer Breite gleich der Dicke der Wand t, einer Höhe > 200 mm und einer Länge größer als dem Dreifachen der Auflagerlänge der Last eingetragen wird, sollte die Bemessungsdruckspannung unter der belasteten Fläche den Wert $1{,}5 f_d$ nicht überschreiten.

(NA.8) Für Mauersteine nach NCI 3.1.1, Absatz (NA.5) gilt bei einer randnahen Einzellast ($a_1 \leq 3 \cdot l_1$) folgende Regelung:

Ein erhöhter Wert von β kann mit der Gleichung (NA.17) berechnet werden, wenn die folgenden Bedingungen nach Bild NA.2 eingehalten sind:

- Belastungsfläche $A_b \leq 2 \cdot t^2$;
- Ausmitte e des Schwerpunktes der Teilfläche A_b: $e < t/6$.

Dabei ist

t die Wanddicke.

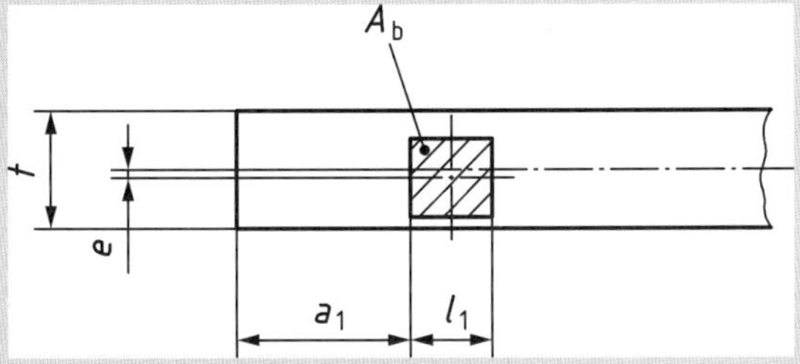

Bild NA.2 — Teilflächenpressung

$$\beta = 1 + 0{,}1 \cdot \frac{a_1}{l_1} \leq 1{,}50 \qquad \text{(NA.17)}$$

Dieser Nachweis ersetzt weder den Nachweis der gesamten Wand noch den Nachweis der Knicksicherheit.

(NA.9) Für Teilflächenbelastungen rechtwinklig zur Wandebene ist der Bemessungswert der Tragfähigkeit mit β = 1,3 zu bestimmen. Bei horizontalen Lasten F_{Ed} > 4,0 kN ist zusätzlich die Schubtragfähigkeit in den Lagerfugen der belasteten Steine mit der Gleichung (NA.24) nach NCI zu 6.2 nachzuweisen. Bei Loch- und Kammersteinen ist z. B. durch lastverteilende Zwischenlagen (elastomere Lager o. ä.) sicherzustellen, dass die Druckkraft auf mindestens 2 Stege eines Mauersteines übertragen wird.

(NA.10) Wenn eine Lastverteilung von 60° entsprechend DIN EN 1996-1-1:2013-02, 6.1.3 (6) nicht eingehalten ist, darf die Erhöhung der Teilflächenbelastung nach 6.1.3 nicht angesetzt werden.

Da mit NCI 3.1.1, Abs. (NA.5) die in Deutschland normativ geregelten Steine für tragendes Mauerwerk erfasst sind, darf die deutsche Regelung für Voll- und Lochsteine angewandt werden.

Darüber hinaus kann die Regelung auch bei nicht randnahen Einzellasten ($a_1 > 3 \cdot l_1$) angewandt werden, da größere Randabstände die Tragfähigkeit nicht nachteilig beeinflussen.

Bei mehreren nebeneinander wirkenden Einzellasten ist für a_1 jeweils die Hälfte des lichten Abstandes zwischen den Lasteinleitungen anzusetzen.

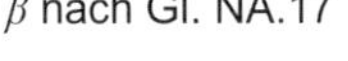

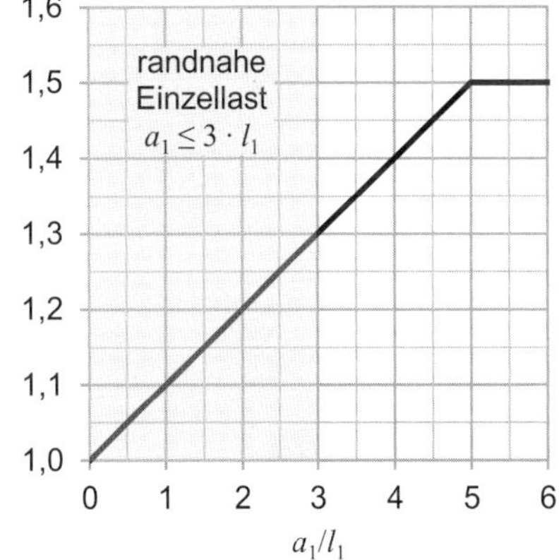

Zum rechnerischen Ansatz der Teilflächenpressung muss der Lastausbreitungswinkel mindestens 60° betragen. Bei Mauerwerk mit vermindertem Überbindemaß und unvermörtelten Stoßfugen können sich in Abhängigkeit von Steingeometrie und Überbindemaß größere Winkel ergeben.

6.2 Unbewehrtes Mauerwerk unter Schubbelastung

Das hier enthaltene Nachweiskonzept für Mauerwerk unter Schubbeanspruchung basiert im Wesentlichen auf DIN 1053-1 [R1] mit dem Unterschied, dass eine Umstellung der Gleichungen von Spannungs- auf Kraftebene durchgeführt wurde und weitere Versagensarten für Elementmauerwerk ergänzt wurden.

Der Nachweis der Querkrafttragfähigkeit unter Ansatz des Kragarmmodells für die Aussteifungsscheibe ist unwirtschaftlich und liegt teilweise sehr auf der sicheren Seite. Bei Bedarf sollten wirklichkeitsnähere Tragwerksmodelle verwendet werden.

Sollte dies nicht zum Erfolg des Nachweises führen, bietet Anhang NA.K eine Möglichkeit zur verfeinerten Nachweisführung unter Ansatz eines realistischeren statischen Modells. Dieses erlaubt die Berücksichtigung von rückdrehenden Momenten infolge der Auflast durch die Deckenscheiben, ist aber anspruchsvoller in der Anwendung.

Neben den zusätzlich möglichen Versagensarten bei speziellen Ausführungen von Elementmauerwerk ist in jedem Fall Reibungs- und Steinzugversagen nachzuweisen. Bei verringertem Überbindemaß $l_{ol}/h < 0{,}4$ (nur bei Elementmauerwerk zulässig) und hohen Auflasten ist zusätzlich noch der Nachweis des Schub-Druck-Versagens am Wandfuß auf Basis von (NA.13) zu Abs. 6.2 zu führen. Bei Elementmauerwerk mit Steinen im Hochkantformat ($h_u > l_u$) ist zusätzlich noch der Widerstand gegen Kippen der Einzelsteine nachzuweisen auf Basis von (NA.14).

(1)P ...Auslassung...

(2) ...Auslassung...

(3) ...Auslassung...

In Deutschland wird das Nachweiskonzept durch (NA.8) spezifiziert. Daher werden die Absätze (1) bis (3) hier ausgelassen

(4)P Die Verbindung zwischen Schubwänden und den Flanschen der kreuzenden Wände muss auf vertikale Schubbeanspruchung nachgewiesen werden.

(5) Die Länge des überdrückten Wandbereiches sollte für die dort wirkende vertikale Belastung und deren Auswirkung auf die Schublasten bemessen werden.

(NA.6) Der Tragwiderstand bei Querkraftbeanspruchung ist unter Berücksichtigung der vorhandenen Steingeometrie, des Überbindemaßes und der spezifischen Materialeigenschaften von Stein und Mörtel zu bestimmen.

(NA.7) Für den Nachweis ist zwischen einer Querkraftbeanspruchung in Wandebene (Scheibenschub) und senkrecht zur Wandebene (Plattenschub) zu unterscheiden.

(NA.8) Im Grenzzustand der Tragfähigkeit ist für die maßgebende Einwirkungskombination an der zugehörigen Nachweisstelle (Wandfuß oder Wandhöhenmitte) nachzuweisen:

$$V_{Ed} \leq V_{Rdlt} \quad \text{(NA.18)}$$

Dabei ist

V_{Ed} der Bemessungswert der einwirkenden Querkraft;

V_{Rdlt} der minimale Bemessungswert der Querkrafttragfähigkeit nach (NA.12) bis (NA.15).

Mit Einführung des Teilsicherheitskonzepts hat sich die Anzahl an zu untersuchenden Einwirkungskombinationen signifikant erhöht. Im Fall des Querkraftnachweises ist aber im Regelfall die Einwirkungskombination minimale Normalkraft (nur ständige Lasten) + zugehöriges Biegemoment, maximales Biegemoment + zugehörige Normalkraft (max M + zug. min N) oder (beim Nachweis des Schub-Druckversagens von Elementmauerwerk) maximale Normalkraft mit zugehörigem Moment maßgebend (s. auch die Erläuterung zu Abs. 6.1.2.2 (1)).

Die in Gl. (NA.18) benutzte Formulierung soll verdeutlichen, dass die Tragfähigkeit maßgebend wird, welche zum maßgebenden Wert f_{vlt} gehört.

Hier sind die Gleichungen (NA.19) bis (NA.25) in den Abschnitten (NA.12) bis (NA.15) gemeint.

(NA.9) Für die Bemessung gelten folgende Annahmen und Grundsätze:

- Ebenbleiben der Querschnitte;
- der Nachweis der Tragfähigkeit darf abweichend von (2) am Gesamtsystem geführt werden;
- der Reibungsbeiwert darf für alle Mörtelarten mit μ = 0,6 angenommen werden;
- die Mörtelklasse des in der untersten Lagerfuge (Kimmschicht) vorhandenen Mörtels ist zu berücksichtigen;
- Schlitze und Aussparungen, welche die Anforderungen nach Tabelle NA.20 und Tabelle NA.21 erfüllen, können bei der Bestimmung der Querschnittstragfähigkeit vernachlässigt werden;
- Querschnittbereiche, in denen die Fugen rechnerisch klaffen, dürfen beim Schubnachweis nicht in Rechnung gestellt werden.

(NA.10) Die Querkrafttragfähigkeit V_{Rdlt} hängt von der einwirkenden Normalkraft N_{Ed} ab. Mit Ausnahme des Nachweises gegen Schubdruckversagen nach Gleichung (NA.21) kann N_{Ed} = 1,0 N_{Gk} angenommen werden.

(NA.11) Bei Querkraftbeanspruchung in Wandebene (Scheibenschub) ist stets auch der Biegedrucknachweis nach DIN EN 1996-1-1:2013-02, 6.1.2.1, Gleichung (6.1) zu führen. Darüber hinaus ist auch NCI zu 6.1.2.2 (NA.iii) (kombinierte Beanspruchung) zu beachten.

Querkrafttragfähigkeit in Scheibenrichtung

(NA.12) Für Rechteckquerschnitte gilt:

$$V_{Rdlt} = l_{cal} \cdot f_{vd} \cdot \frac{t}{c} \quad \text{(NA.19)}$$

Dabei ist

f_{vd} der Bemessungswert der Schubfestigkeit f_{vk} nach 3.6.2 mit $f_{vd} = f_{vk} / \gamma_M$;

γ_M der Teilsicherheitsbeiwert für das Material nach Tabelle NA.1;

Beim Schubnachweis wird kein Dauerstandsfaktor angesetzt, da die Beanspruchung im Regelfall nur kurzzeitig wirkt (Wind, Erdbeben, Anprall).

l_{cal} die rechnerische Wandlänge. Für den Nachweis von Wandscheiben unter Windbeanspruchung gilt: l_{cal} = 1,125 l bzw. l_{cal} = 1,333 $l_{c,lin}$. Der kleinere der beiden Werte ist maßgebend. In allen anderen Fällen ist l_{cal} = l bzw. $l_{c,lin}$.

Mit der Verwendung von l_{cal} erfolgt eine Angleichung an den Stand des Querkraftnachweises nach DIN 1053-1 [R1] bei Windbeanspruchung. Durch die Umstellung auf das Teilsicherheitskonzept wird die maßgebende Einwirkungskombination für diesen Nachweis signifikant ungünstiger. Im Regelfall ist die nun die Einwirkungskombination max M + zug. (min) N (1,5·H_k ⊕ 1,0·N_{Gk}) bemessungsrelevant, Um die Querkrafttragfähigkeit vergleichbar mit DIN 1053-1 zu erhalten, darf in Deutschland eine „rechnerische" Wandlänge l_{cal} berücksichtigt werden. Diese kann größere Werte als die geometrische Länge der Wand bzw. die geometrische Länge des überdrückten Bereiches annehmen.

Die „Anpassung" des Querkraftnachweises darf nur im Fall von Aussteifungsscheiben unter Windbelastung angesetzt werden, deren Schnittgrößen mit Hilfe eines Kragarmmodells bestimmt werden. Bei einer Schnittgrößenermittlung mit Hilfe dreidimensionaler FE-Modelle oder bei ständig wirkenden horizontalen Lasten (z. B. Erddruck) ist diese Modifikation nicht zulässig.

c Schubspannungsverteilungsfaktor

c = 1,0 für $h/l \leq 1$

c = 1,5 für $h/l \geq 2$

Zwischenwerte dürfen linear interpoliert werden;

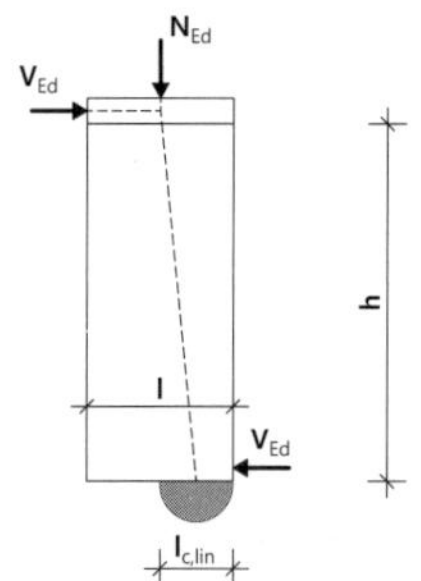

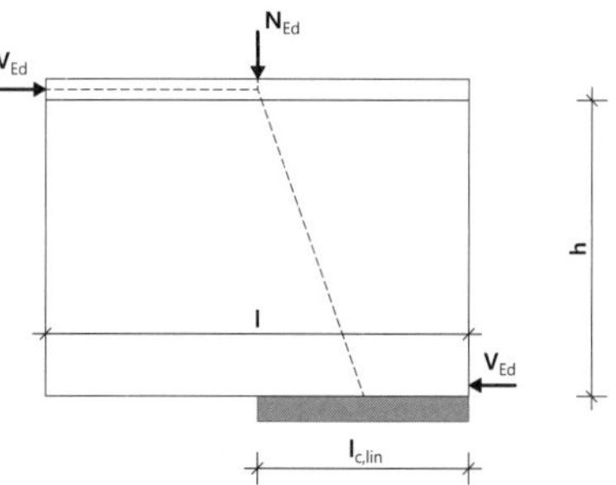

Basierend auf den Grundlagen der Elastizitätstheorie ist bei einer Scheibe von einer konstanten Schubspannungsverteilung auszugehen. Beim Balken ist die Schubspannungsverteilung dagegen parabelförmig mit einem Scheitelwert von 1,5 · τ_m.

h die lichte Höhe der Wand;

l die Länge der Wandscheibe;

Es ist zu beachten, dass h hier die lichte Höhe der einzelnen Wand eines Geschosses bezeichnet. Diese Definition unterscheidet sich von früheren Regelwerken, in welchen h als die Gesamthöhe der Scheibe über die Gebäudehöhe definiert war.

$l_{c,lin}$ die für die Berechnung anzusetzende, überdrückte Länge der Wandscheibe. Es gilt hier:

$$l_{c,lin} = \frac{3}{2} \cdot \left(1 - 2 \cdot \frac{e_w}{l}\right) \cdot l \leq l \qquad \text{(NA.20)}$$

t die Dicke der nachzuweisenden Wand;

e_w die Exzentrizität der einwirkenden Normalkraft in Wandlängsrichtung mit $e_w = M_{Ed}/N_{Ed}$

M_{Ed} der Bemessungswert des in Scheibenrichtung wirkenden Momentes;

N_{Ed} der Bemessungswert der einwirkenden Normalkraft.

Im Gegensatz zum Nachweis des vertikalen Tragwiderstandes wird die überdrückte Länge $l_{c,lin}$ unter Ansatz einer linear-elastischen Spannungs-Dehnungs-Beziehung ohne Berücksichtigung der Biegezugfestigkeit berechnet. Dies ist in der i. d. R. mit der maßgebenden minimalen Auflast begründet, welche nicht zu nennenswerten Plastifizierungen in der Druckzone führt.

Der Bemessungswert der einwirkenden Normalkraft N_{Ed} ist hier im Regelfall min N_{Ed} (nur ständige Lasten mit Teilsicherheitsbeiwert $\gamma_G = 1{,}0$).

ANMERKUNG Sofern die Schnittkräfte an einem vom Kragarm abweichenden Modell ermittelt werden, darf die Nachweisführung nach Anhang NA.K.3 (1) erfolgen.

(NA.13) Bei Elementmauerwerk mit Dünnbettmörtel und planmäßigen Überbindemaßen $l_{ol}/h_u < 0{,}4$ sowie hoher Normalkraftbeanspruchung ist die Querkrafttragfähigkeit am Wandfuß infolge Schubdruckversagens nach Gleichung (NA.21) zusätzlich zum Nachweis nach NCI zu 6.2, Gleichung (NA.19) begrenzt.

$$V_{Rdlt} = \frac{1}{\gamma_M \cdot c}\left(f_k \cdot t \cdot l_c - \gamma_M \cdot N_{Ed}\right) \cdot \frac{l_{ol}}{h_u} \qquad \text{(NA.21)}$$

Dieser Nachweis muss nur für Mauerwerk mit vermindertem Überbindemaß ($l_{ol}/h_u < 0{,}4$) geführt werden. In allen anderen Fällen wird der Biegedrucknachweis unter maximaler Auflast bemessungsrelevant und führt zu kleineren rechnerischen Querkrafttragfähigkeiten.

Dabei ist

γ_M der Teilsicherheitsbeiwert für das Material nach Tabelle NA.1;

c der Schubspannungsverteilungsfaktor

$c = 1{,}0$ für $h/l \leq 1$

$c = 1{,}5$ für $h/l \geq 2$;

Zwischenwerte dürfen linear interpoliert werden;

f_k die charakteristische Mauerwerksdruckfestigkeit nach NDP zu 3.6.1.2 (1);

l_c die anzusetzende, überdrückte Länge der Wandscheibe. Es gilt hier:

$$l_c = \left(1 - 2 \cdot \frac{e_w}{l}\right) \cdot l \qquad \text{(NA.22)}$$

e_w die Exzentrizität in Wandlängsrichtung

$e_w = M_{Ewd}/N_{Ed}$

M_{Ewd} Bemessungswert des in Wandlängsrichtung einwirkenden Momentes und

N_{Ed} der Bemessungswert der einwirkenden Normalkraft, im Regelfall ist die maximale Einwirkung maßgebend;

h die lichte Höhe der Wand;

l die Länge der Wandscheibe;

t die Dicke der Wand;

h_u die Höhe des Elementes;

l_{ol} das Überbindemaß.

Gl. (NA.22) berücksichtigt, dass sich unter maximaler Normalkraft max N_{Ed} eine hohe Ausnutzung der Druckzone ergibt, welche durch den Ansatz des Spannungsblocks wirklichkeitsnah beschrieben werden kann. Daher wird hier der Spannungsblock bei der Bestimmung der überdrückten Länge verwendet, was sich im Wegfall des Faktors 3/2 im Vergleich zu Gl. (NA.20) äußert.

ANMERKUNG Sofern die Schnittkräfte an einem vom Kragarm abweichenden Modell ermittelt werden, darf die Nachweisführung nach Anhang NA.K.3 (2) erfolgen.

Dabei ist darauf zu achten, dass der Nachweis des Gleichgewichtes am Gesamtsystem zu erfüllen ist, d. h. rückdrehende Momente infolge der Deckenauflast auch nachgewiesen werden müssen.

(NA.14) Bei Elementmauerwerk mit unvermörtelten Stoßfugen und Verwendung von Steinen mit einem Seitenverhältnis von $h_u > l_u$ ist die Querkrafttragfähigkeit infolge Fugenversagens am Einzelstein nach Gleichung (NA.23) zusätzlich zum Nachweis nach Gleichung (NA.19) und – sofern erforderlich – nach Gleichung (NA.21) begrenzt. Der Nachweis des Fugenversagens durch Klaffen der Lagerfugen ist in halber Wandhöhe zu führen.

$$V_{\text{Rdlt}} = \frac{2}{3} \cdot \frac{1}{\gamma_M} \cdot \left(\frac{l_u}{h_u} + \frac{l_u}{h} \right) \cdot N_{\text{Ed}} \qquad \text{(NA.23)}$$

Dabei ist

N_{Ed} der Bemessungswert der einwirkenden Normalkraft, im Regelfall ist die minimale Einwirkung maßgebend;

h_u die Höhe des Elementes;

l_u die Länge des Elementes;

h die lichte Höhe der Wand;

γ_M der Teilsicherheitsbeiwert für das Material nach Tabelle NA.1.

Querkrafttragfähigkeit in Plattenrichtung

(NA.15) Die Querkrafttragfähigkeit von Rechteckquerschnitten senkrecht zur Wandebene infolge Reibungsversagens ist stets nach folgender Beziehung nachzuweisen.

$$V_{\text{Rdlt}} = f_{\text{vd}} \cdot t_{\text{cal}} \cdot \frac{l}{c} \qquad \text{(NA.24)}$$

Dabei ist

f_{vd} der Bemessungswert der Schubfestigkeit von Mauerwerk mit $f_{\text{vd}} = f_{\text{vk}}/\gamma_M$ und f_{vk} nach NDP zu 3.6.2;

t_{cal} die rechnerische Wanddicke. Es gilt für die Fuge am Wandfuß $t_{\text{cal}} = t$, bzw. $t_{\text{cal}} = 1{,}25\ t_{\text{c,lin}}$. Der kleinere der beiden Werte ist maßgebend. In allen anderen Fällen ist $t_{\text{cal}} = t$, bzw. $t_{\text{c,lin}}$;

Es können sich rechnerische Wanddicken t_{cal} ergeben, welche größer als die geometrische Wanddicke bzw. die Dicke des überdrückten Wandbereichs sind. Dieses Vorgehen wurde in Deutschland gewählt, um auch mit dem Nachweisverfahren nach Eurocode 6 in etwa die nachgewiesenen Tragfähigkeiten der bewährten Vorgängernorm DIN 1053-1 [R1] zu erreichen.

$t_{\text{c,lin}}$ die für die Berechnung anzusetzende überdrückte Dicke der Wand. Es gilt hier:

$$t_{\text{c,lin}} = \frac{3}{2} \cdot \left(1 - 2 \cdot \frac{e}{t} \right) \cdot t \le t \qquad \text{(NA.25)}$$

t die Wanddicke;

e die Exzentrizität der einwirkenden Normalkraft;

s. auch Erläuterungen zu Abs. 6.2 (NA.12) und Gl. (NA.19)

l die Länge der Wand; bei gleichzeitig vorhandenem Scheibenschub gilt $l = l_{\text{c,lin}}$ nach Gleichung (NA.20);

c der Schubspannungsverteilungsfaktor, hier $c = 1{,}5$.

Grund ist, dass sich aufgrund der Umstellung auf das Teilsicherheitskonzept geringere Tragfähigkeiten ergeben würden, da beim Nachweis ungünstigere Einwirkungskombinationen für horizontale Lasten zu berücksichtigen sind als nach DIN 1053-1 ($\gamma_Q = 1{,}5$ für horizontale, veränderliche Einwirkung mit $\gamma_G = 1{,}0$ für günstig wirkende ständige Einwirkungen).

6.3 Unbewehrte, durch Horizontallasten auf Plattenbiegung beanspruchte Mauerwerkswände

Der Nachweis nichttragender Mauerwerkswände unter Windlast erfolgt in Deutschland üblicherweise über eine maximal zulässige Ausfachungsfläche gemäß DIN EN 1996-3/NA [E19], Anhang NA.C.

Tragende Wände mit Windlasten senkrecht zur Oberfläche werden in der Regel nach 6.1 bzw. bei geringen Auflasten (z. B. Mindestauflast bei Wänden im obersten Geschoss) nach DIN EN 1996-3/NA [E19], Abs. 4.2.1.2 (NA.4) bemessen.

Der Nachweis erddruckbeanspruchter Wände wird gewöhnlich nach Abs. 6.3.4 oder DIN EN 1996-3/NA [E19], Abs. 4.5 geführt.

6.3.1 Allgemeines

In der Regel wird das Verfahren nach Abs. 6.3.1 in Deutschland nicht angewandt, siehe Anmerkungen zuvor.

(1)P Im Grenzzustand der Tragfähigkeit muss der Bemessungswert des auf die Wand wirkenden Biegemomentes, M_{Ed} ...Auslassung..., kleiner oder gleich dem Bemessungswert des Tragwiderstandes, M_{Rd}, sein:

Auslassung, da Anhang E in Deutschland nicht gilt.

$$M_{Ed} \leq M_{Rd} \tag{6.15}$$

(2) Der Orthotropiekoeffizient μ von Mauerwerk sollte bei der Bemessung berücksichtigt werden.

(3) Der Bemessungswert des aufnehmbaren Momentes M_{Rd} einer Wand je Höhen- oder Längeneinheit ist:

$$M_{Rd} = f_{xd}\, Z \tag{6.16}$$

M_{Rd} ist das Rissmoment bei linear-elastischem Werkstoffverhalten.

Dabei ist

f_{xd} der Bemessungswert der Biegefestigkeit der entsprechenden Biegerichtung nach 3.6.4, 6.3.1 (4) ...Auslassung...;

Z das elastische Widerstandsmoment je Höhen- oder Längeneinheit der Wand.

Auslassung, da in Deutschland bewehrtes Mauerwerk faktisch ausgeschlossen ist (s. Abs. 1).

(4) Ist eine vertikale Last vorhanden, darf ihr günstiger Einfluss wie folgt in Rechnung gestellt werden:

(i) Durch Verwendung einer erhöhten Biegefestigkeit $f_{xd1,app}$ nach Gleichung (6.17) und des in (2) zu verwendenden Orthotropiekoeffizienten, der gleichermaßen zu modifizieren ist.

$$f_{xd1,app} = f_{xd1} + \sigma_d \tag{6.17}$$

Dabei ist

f_{xd1} der Bemessungswert der Biegefestigkeit von Mauerwerk mit der Bruchebene parallel zu den Lagerfugen, siehe 3.6.4;

Gemäß NDP zu Abs. 3.6.4 ist der rechnerische Ansatz der Biegezugfestigkeit senkrecht zur Lagerfuge ausschließlich für Wände aus Planelementen, die nur zeitweise rechtwinklig zur Oberfläche beansprucht werden, zulässig (z. B. Wind auf Ausfachungsmauerwerk). Beim Versagen der Wand darf es nicht zu einem größeren Einsturz oder zum Stabilitätsverlust des ganzen Tragwerkes kommen. Für diesen Fall beträgt die charakteristische Biegezugfestigkeit f_{xk1} = 0,2 N/mm² (vgl. Abs. 3.6.4).

σ_d der Bemessungswert der Druckspannung der Wand, der jedoch nicht größer als 0,15 N_{Rd} in Wandmitte nach 6.1.2.1 (2) sein darf

σ_d ist der Mittelwert der Spannungen im überdrückten Bereich.

oder

(ii) durch die Berechnung der Tragfähigkeit unter Verwendung der Gleichung (6.2) in der Φ durch Φ_{fl} mit Berücksichtigung der Biegefestigkeit f_{xd1} zu ersetzen ist.

ANMERKUNG Dieser Teil der Norm enthält keine Methode zur Berechnung von Φ_{fl}, bei der die Biegefestigkeit berücksichtigt wird.

Traglastfaktoren für die kombinierte Beanspruchung aus Biegung und Normalkraft sind in [6] u. [11] enthalten.

(5) Bei der Ermittlung des Widerstandsmomentes eines Pfeilers in einer Wand sollte die überstehende Flanschlänge – gerechnet vom Ende des Pfeilers – mit dem kleinsten der folgenden Werte in Ansatz gebracht werden:

- h/10 bei oben und unten gehaltenen Wänden;
- h/5 bei frei stehenden Wänden;
- die Hälfte des lichten Pfeilerabstandes.

Dabei ist

h die lichte Höhe der Wand.

(6) ...Auslassung...

Auslassung, da gemäß Abs. 5.5.1.3 die Außenschale nicht zum Lastabtrag herangezogen werden darf.

(7) Ist eine Wand durch Aussparungen und Schlitze geschwächt, deren Maße die Grenzwerte nach 8.6 überschreiten, sollte diese Querschnittsschwächung bei der Bestimmung der Tragfähigkeit der Wand durch Verwendung der an den Aussparungen oder Schlitzen verminderten Dicke der Wand in Rechnung gestellt werden.

6.3.2 Wände unter Bogentragwirkung

In der Regel wird das Verfahren nach Abs. 6.3.2 in Deutschland nicht angewandt, siehe Anmerkungen zu Abschnitt 6.3.

(1)P Im Grenzzustand der Tragfähigkeit müssen die aus der horizontalen Bemessungslast entstehenden Bogenkräfte in einer Wand kleiner oder gleich den bei der Bogenbeanspruchung aufnehmbaren Bemessungskräften sein. Die vom Auflager aufnehmbaren Bemessungskräfte müssen größer als die einwirkenden Kräfte aus der horizontalen Bemessungslast sein.

(2) Wird eine Wand kraftschlüssig zwischen Auflager gemauert, die den auftretenden Bogenschub aufnehmen können, darf die Wand unter der Annahme bemessen werden, dass sich innerhalb der Wanddicke ein waagerechter oder lotrechter Bogen ausbildet.

(3) Der Berechnung darf ein Dreigelenkbogen zugrunde gelegt werden. Die Auflagerbreiten an den Enden und am mittleren Gelenk sollten als das 0,1-Fache der Wanddicke, wie in Bild 6.3 dargestellt, angenommen werden. Sind Aussparungen oder Schlitze in der Nähe der Stützlinie des Bogens vorhanden, sollte deren Einfluss auf die Festigkeit des Mauerwerkes in Rechnung gestellt werden.

Es wird von einem Spannungsblock mit einer Tiefe von $t_c = 0{,}1 \cdot t$ ausgegangen.

Aussparungen und Schlitze müssen nur berücksichtigt werden, wenn diese im Bereich der Bogenstützlinie liegen.

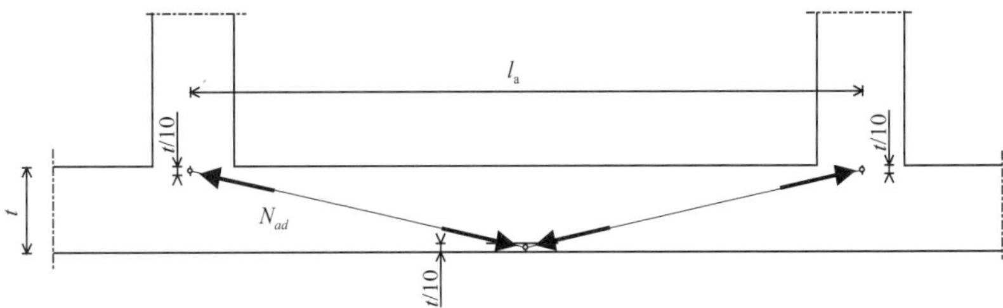

Bild 6.3 — Angenommener Bogen zur Aufnahme von Horizontallasten

Bei einer gleichmäßigen Strecken- oder Flächenlast stellt sich eine gekrümmte Bogenstützlinie ein. Dementsprechend ist Bild 6.3 eine vereinfachte Darstellung als Dreigelenkbogen.

(4) Der Bogenschub sollte unter Berücksichtigung der einwirkenden horizontalen Belastung, der Druckfestigkeit des Mauerwerks, der Art der Verbindung zwischen Wand und Auflager und des elastischen und zeitabhängigen Kriechens der Wand ermittelt werden. Der Bogenschub darf durch eine vertikale Last aufgenommen werden.

Insbesondere in den Eckbereichen von Wänden muss die in Bogenrichtung wirkende Bogenschubkraft aufgenommen werden können. Zudem sind die aus der Belastung resultierenden Lagerkräfte von den angrenzenden Bauteilen abzutragen.

(5) Der Bogenstich ergibt sich aus Gleichung (6.18):

$$r = 0{,}9\,t - d_a \qquad (6.18)$$

Dabei ist

t die Dicke der Wand, wobei eine Reduzierung der Wanddicke infolge geschlitzter Fugen in Rechnung zu stellen ist;

d_a die Durchbiegung des Bogens unter der horizontalen Bemessungslast, die bei Wänden mit einem Längen-Dicken-Verhältnis $\leq$ 25 zu null gesetzt werden darf.

(6) Der maximale Bemessungswert des Bogenschubs je m Wandlänge N_{ad} darf nach Gleichung (6.18) angenommen werden zu:

$$N_{ad} = 1{,}5\,f_d\,\frac{t}{10} \qquad (6.19)$$

und, sofern die Durchbiegung gering ist, ergibt sich die horizontale Bemessungsfestigkeit zu:

$$q_{lat,d} = f_d \left(\frac{t}{l_a}\right)^2 \qquad (6.20)$$

Dabei ist

N_{ad} der Bemessungswert des Bogenschubes;

$q_{lat,d}$ der Bemessungswert des Tragwiderstandes infolge horizontaler Belastung je Flächeneinheit der Wand;

t die Dicke der Wand;

f_d der Bemessungswert der Druckfestigkeit von Mauerwerk in Wirkungsrichtung des Bogenschubes nach 3.6.1;

l_a die Länge oder Höhe der Wand zwischen den Auflagern, die den Bogenschub aufnehmen können.

Dies setzt voraus, dass:

- Feuchtesperrschichten oder andere Schichten mit geringem Reibungswiderstand in der Wand die auftretenden Horizontalkräfte übertragen können;
- die Bemessungsspannung infolge Vertikallast nicht kleiner als 0,1 N/mm² ist;
- die Schlankheit in der betrachteten Richtung nicht größer als 20 ist.

6.3.3 Mauerwerkswände unter Windlast

(1) Mauerwerkswände unter Windlast sollten nach 5.5.5, 6.3.1 und 6.3.2 bemessen werden.

6.3.4 Mauerwerkswände unter Erd- und Wasserdruck

(1) Mauerwerkswände unter horizontalem Erddruck mit oder ohne vertikalen Lasten sollten nach 5.5.5, 6.1.2, 6.3.1 und 6.3.2 bemessen werden.

ANMERKUNG 1 Die Biegefestigkeit von Mauerwerk f_{xk1} sollte bei der Bemessung von Wänden, die durch waagerechten Erddruck beansprucht werden, nicht verwendet werden.

Erläuterungen

In DIN EN 1996-3/NA [E19], Abs. 4.2.1.2 (NA.4) ist ein vertikales Bogenmodell enthalten, welches die Tragfähigkeit mittels einer erforderlichen Mindestauflast sicherstellt.

Ein allgemeingültiges Bogenmodell ist in [8] enthalten, wobei empfohlen wird, auf der Widerstandsseite zusätzlich einen Teilsicherheitsbeiwert von 1,1 zu berücksichtigen. Der Nachweis kann wie folgt geführt werden:

$$M_{Ed} = \frac{q_{lat,d} \cdot l_a^2}{8} \leq M_{Rd} = \frac{N_d}{1{,}1} \cdot \left(t - e_{init} - \frac{N_d}{b \cdot f_d}\right)$$

Die Tragfähigkeit unter wirklichkeitsnaher Berücksichtigung der verformungsbasierten Membranwirkung in vertikaler Richtung kann nach [29] u. [31] erfasst werden.

Die Erläuterungen zu 3.6.1.2 sind zu beachten.

Bei großen horizontalen Lasten (z. B. Erddruck) ist neben der Biegetragfähigkeit auch die Schubtragfähigkeit nachzuweisen (s. Abs. 6.3.4 (NA.4)).

Die Wirksamkeit der Feuchtesperrschicht wird damit sichergestellt.

Die Auswirkungen nach Theorie II. Ordnung sollen vernachlässigbar klein sein.

Der Nachweis nichttragender Mauerwerkswände unter Windlast erfolgt in Deutschland üblicherweise über eine maximal zulässige Ausfachungsfläche gemäß DIN EN 1996-3/NA [E19], Anhang NA.C.

Tragende Wände mit Windlasten senkrecht zur Oberfläche werden in der Regel nach Abs. 6.1 nachgewiesen.

Üblicherweise erfolgt der Nachweis erddruckbeanspruchter Wände gemäß den nachfolgenden Absätzen ((NA.2) bis (NA.5)) oder DIN EN 1996-3/NA [E19], Abs. 4.5.

Mit Ausnahme des anzusetzenden Erddruckbeiwertes entsprechen die

ANMERKUNG 2 Ein vereinfachtes Verfahren zur Bemessung von erddruckbeanspruchten Kellerwänden ist in DIN EN 1996-3 enthalten.

(NA.2) Es ist nachzuweisen, dass der untere Bemessungswert der Wandnormalkraft $n_{1,\mathrm{d,inf}}$ je Einheit der Wandlänge in halber Anschütthöhe

$$n_{1,\mathrm{d,inf}} \geq n_{1,\mathrm{lim,d}} = \frac{k_i \cdot \gamma_e \cdot h \cdot h_e^2}{7{,}8 \cdot t} \quad \text{(NA.26)}$$

ist und damit die Ausbildung der Bogenwirkung stattfinden kann. Gleichung (NA.26) setzt rechnerisch klaffende Fugen voraus.

Dabei ist

k_i der maßgebende Erddruckbeiwert;

γ_e die Wichte der Anschüttung;

h die lichte Höhe der Kellerwand;

h_e die Anschütthöhe;

t die Dicke der Wand;

$n_{1,\mathrm{lim,d}}$ der Grenzwert der Wandnormalkraft je Einheit der Wandlänge in halber Anschütthöhe als Voraussetzung für die Gültigkeit des Bogenmodells.

Gleichung (NA.26) gilt unter folgenden Bedingungen:

a) lichte Höhe der Kellerwand $h \leq 2{,}6$ m, Wanddicke $t \geq 240$ mm.

b) die Kellerdecke wirkt als Scheibe und kann die aus dem Erddruck entstehenden Kräfte aufnehmen.

c) im Einflussbereich des Erddrucks auf die Kellerwände beträgt die Verkehrslast auf der Geländeoberfläche nicht mehr als $q_k = 5$ kN/m², die Geländeoberfläche steigt nicht an, und die Anschütthöhe h_e ist nicht größer als 1,15 h.

In Gleichung (NA.26) ist eine Auflast von 5 kN/m² auf der Geländeoberfläche als charakteristischer Wert berücksichtigt.

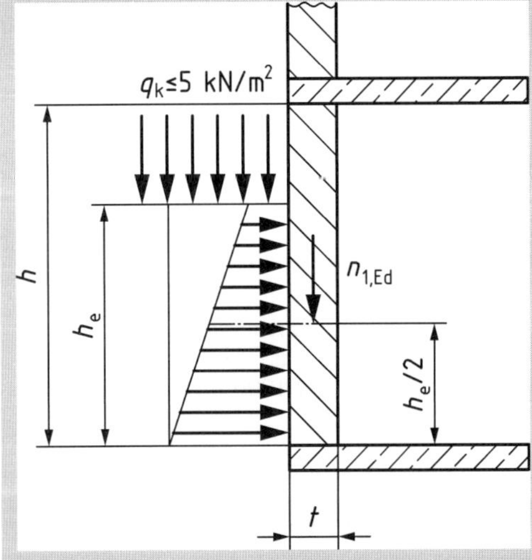

Bild NA.3 — Lastannahmen für Kellerwände

Randbedingungen des genaueren Nachweises nach (NA.2) denen der vereinfachten Berechnung nach DIN EN 1996-3/NA [E19], Abs. 4.5. Es ist jedoch anzumerken, dass bei der vereinfachten Berechnung ein gesonderter Nachweis der Querkrafttragfähigkeit entfallen kann.

Es wird ausschließlich Erddruck und kein Wasserdruck berücksichtigt.

Die einwirkende Normalkraft $n_{1,\mathrm{d,inf}}$ ist unter Berücksichtigung der 1,0-fachen Eigenlasten in halber Anschütthöhe ($h_e/2$) zu ermitteln. Unter Beachtung der Lastausbreitung können die neben Öffnungen oberhalb der betrachteten Wand wirkenden Lasten (z. B. Wand neben Terrassentür) im Nachweisschnitt berücksichtigt werden.

Für die Bestimmung von $n_{1,\mathrm{d,inf}}$ dürfen nur vertikale Auflasten berücksichtigt werden, welche zum Zeitpunkt der Verfüllung bereits vorhanden sind.

Gl. (NA.26) liegt eine vertikale Bogentragwirkung zugrunde (s. Abs. 6.3.2).

Sofern die einwirkende Normalkraft zu gering ist, können konstruktive Maßnahmen (z. B. vertikale oder/und horizontale Stahlbetonbalken) zur Sicherstellung der Tragfähigkeit ergriffen werden (s. z. B. [22]).

Die Randbedingungen gelten auch für Gl. (NA.27).

Die maximal zulässige Anschütthöhe von $h_e = 1{,}15 \cdot h$ ermöglicht die Berücksichtigung eines ebenerdigen Zugangs zur innen liegenden Oberkante des Fertigfußbodens (z. B. Terrasse oder Eingangsbereich).

Ergänzend zu den aufgeführten Randbedingungen sind die Bestimmungen für die Ausführung von Kellerwänden gemäß DIN EN 1996-2/NA [E18], Anhang NA.E zu beachten.

(NA.3) Der obere Bemessungswert der Wandnormalkraft $n_{1,\mathrm{Ed,sup}}$ je Einheit der Wandlänge in halber Anschütthöhe muss die Bedingung erfüllen:

$$n_{1,\mathrm{Ed,sup}} \leq n_{1,\mathrm{Rd}} = 0{,}33 \cdot f_\mathrm{d} \cdot t \qquad \text{(NA.27)}$$

Dabei ist

$n_{1,\mathrm{Rd}}$ der Bemessungswert des Tragwiderstandes des Querschnittes je Einheit der Wandlänge in halber Anschütthöhe;

f_d der Bemessungswert der Druckfestigkeit;

t die Dicke der Wand.

Gleichung (NA.26) und Gleichung (NA.27) setzen rechnerisch klaffende Fugen voraus.

(NA.4) Der Querkraftnachweis ist nach NCI zu 6.2 zu führen.

Innerhalb der Randbedingungen darf die Tragfähigkeit bei maximaler Normalkraftbeanspruchung ohne genauere Berechnung mit Gl. (NA.27) abgeschätzt werden.

Zur Bestimmung der Querkrafttragfähigkeit wird die überdrückte Tiefe $t_{\mathrm{c,lin}}$ benötigt, welche mit 3/2 · $n_{1,\mathrm{d,inf}} / f_\mathrm{d}$ abgeschätzt werden kann. Dies ist für schlanke Wände zutreffend, da sich die Wand infolge der horizontalen Durchbiegung am Kopf und Fuß auf die innere Wandkante stellt und hohe Randspannungen hervorruft. Mit zunehmender Wanddicke nehmen die Verformungen ab, wodurch sich die Randspannungen reduzieren und sich die überdrückte Tiefe vergrößert. Dabei liegt die obige Abschätzung für $t_{\mathrm{c,lin}}$ zwar auf der sicheren Seite, resultiert aber in zum Teil sehr unwirtschaftlichen Ergebnissen.

Deshalb wird empfohlen, den Nachweis erddruckbeanspruchter Wände nach DIN EN 1996-3/NA [E19], Abs. 4.5 oder gemäß [8] bzw. [13] zu führen (auch in [27] enthalten). Mit diesen Verfahren wird neben der Biegetragfähigkeit gleichzeitig auch eine ausreichende Querkrafttragfähigkeit sichergestellt. Der bereits im Entwurf der Überarbeitung von EN 1996-3 enthaltene Vorschlag lautet:

$$n_{1,\mathrm{d,inf}} \geq 0{,}26 \cdot k_\mathrm{i}^{1,5} \cdot \frac{\gamma_\mathrm{e} \cdot h \cdot h_\mathrm{e}^2}{t}$$

Dabei sind die in (NA.2) angegebenen Anwendungsgrenzen einzuhalten, mit Ausnahme der lichten Wandhöhe, die bis zu 3,0 m groß sein darf.

(NA.5) Ist die dem Erddruck ausgesetzte Kellerwand durch Querwände oder statisch nachgewiesene Bauteile im Abstand b ausgesteift, so dass eine zweiachsige Lastabtragung in der Wand stattfinden kann, darf der untere Grenzwert $n_{1,\mathrm{lim\,d}}$ wie folgt abgemindert werden:

$$b \leq h: \quad n_{1,\mathrm{Ed,inf}} \geq \frac{1}{2} n_{1,\mathrm{limd}} \qquad \text{(NA.28)}$$

$$b \leq 2h: \quad n_{1,\mathrm{Ed,inf}} \geq n_{1,\mathrm{limd}} \qquad \text{(NA.29)}$$

Dabei ist

h die lichte Höhe der Kellerwand.

Zwischenwerte sind linear zu interpolieren.

Die Gleichungen (NA.28) und (NA.29) setzen rechnerisch klaffende Fugen voraus.

Mit Gl. (NA.28) und (NA.29) wird ein möglicher zweiachsiger Lastabtrag (vertikal + ggf. horizontal) berücksichtigt:

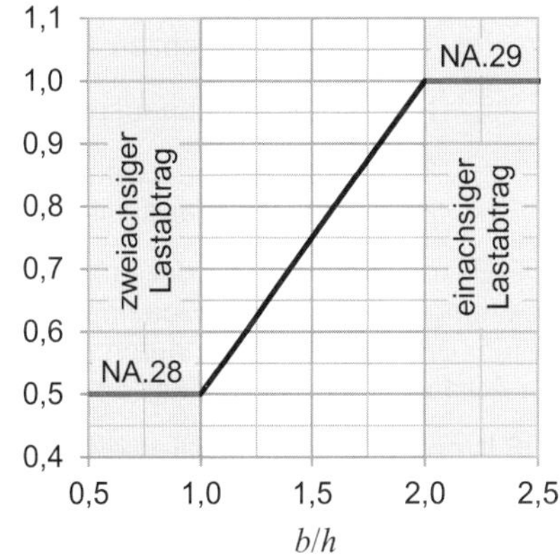

Die Anwendung der Gleichungen (NA.28) und (NA.29) ist nur bei Elementmauerwerk mit einem planmäßigen Überbindemaß ≥ 0,4 h_u zulässig.

Eine Reduzierung der erforderlichen Auflast $n_{1,\mathrm{Ed,sup}}$ infolge eines möglichen horizontalen Lastabtrags ist bei Elementmauerwerk mit vermindertem Überbindemaß (l_ol < 0,4 · h_u) aufgrund der dadurch vorhandenen geringen Tragfähigkeit parallel zur Lagerfuge nicht zulässig.

6.3.5 Mauerwerkswände unter horizontaler Belastung infolge außergewöhnlicher Einwirkungen

(1) Wände, die durch Horizontalkräfte infolge außergewöhnlicher Einwirkungen (ausgenommen sind Erdbeben) beansprucht werden (z. B. durch Gasexplosionen), dürfen nach 5.5.5, 6.1.2, 6.3.1 und 6.3.2 bemessen werden.

6.4 Unbewehrte Mauerwerkswände unter kombinierter vertikaler und horizontaler Belastung

6.4.1 Allgemeines

(1) Unbewehrte Wände aus Mauerwerk, die sowohl durch vertikale als auch horizontale Lasten beansprucht werden, sind nach einem der unter 6.4.2, 6.4.3 oder 6.4.4 angegebenen Verfahren zu bemessen.

In der Regel erfolgt die Bemessung nach Abs. 6.4.2 bzw. 6.1.

6.4.2 Verfahren unter Anwendung des Φ-Faktors

(1) Die kombinierte vertikale und horizontale Beanspruchung kann durch Verwendung der maßgebenden Ausmitte infolge horizontaler Lasten e_{he} oder e_{hm} nach 6.1.2.2 (1) (i) oder (ii) berücksichtigt werden. Sie ist nach Gleichungen (6.5) und (6.7) zu ermitteln und bei der Berechnung des Abminderungsfaktors Φ in Gleichung (6.2) zu verwenden.

Dies ist die übliche Vorgehensweise zur Bemessung gemäß Abs. 6.1.

6.4.3 Verfahren unter Anwendung einer erhöhten Biegefestigkeit

(1) 6.3.1 gestattet, bei einer ständig vorhandenen vertikalen Belastung den Bemessungswert der Biegefestigkeit f_{xd1} auf eine erhöhte Biegefestigkeit $f_{xd1,app}$ zu erhöhen und diesen Wert für die Bemessung in diesem Abschnitt zu verwenden. Die Erhöhung der Biegefestigkeit im Falle einer kombinierten Belastung darf nur dann angewendet werden, wenn das Versagen des betrachteten Gebäudeteils keine wesentliche Bedeutung für die Stabilität des gesamten Tragwerks hat.

In Deutschland findet das Verfahren in der Regel keine Anwendung.

Bis zu einer definierten Obergrenze wird die günstig wirkende Reibung infolge vorhandener Normalkräfte berücksichtigt.

6.4.4 Verfahren unter Verwendung äquivalenter Momentenverteilungszahlen

(1) Äquivalente Biegemomente dürfen zur kombinierten Berechnung der vertikalen und horizontalen Belastung aus einer Kombination von 6.4.2 und 6.4.3 ermittelt werden.

ANMERKUNG ...Auslassung...

Aus deutscher Sicht liegen keine abgesicherten Erkenntnisse vor, weshalb dieses Verfahren nicht anzuwenden ist.

Auslassung, da Anhang I in Deutschland nicht gilt.

6.5 Maueranker

(1)P Bei der Berechnung der Tragfähigkeit von Mauerankern muss Folgendes berücksichtigt werden:

- Der Verformungsunterschied zwischen den verbundenen Bauteilen, wie z. B. bei Verblendschicht und Hintermauerung infolge Temperaturdifferenzen, Feuchteänderungen und Einwirkungen;
- horizontale Windbeanspruchung;
- Kräfte infolge des Zusammenwirkens der beiden Schalen einer zweischaligen Wand mit Luftschicht.

Gemäß Tab. NA.1 Zeile F dürfen in Deutschland nur Maueranker mit allgemeiner bauaufsichtlicher Zulassung (abZ) und allgemeiner bauaufsichtlicher Bauartgenehmigung (aBG) verbaut werden.

(2)P Bei der Bestimmung der Tragfähigkeit der Anker müssen Formabweichungen und jegliche Beeinträchtigungen des Materials einschließlich der Gefahr des Sprödbruches durch mehrfache Verformung während und nach der Ausführung berücksichtigt werden.

(3)P Wenn Wände, speziell zweischalige Wände mit Luftschicht, durch Windlasten beansprucht werden, müssen die Maueranker, die die beiden Schalen miteinander verbinden, in der Lage sein, die Windlasten von der belasteten Schale auf die andere Schale, die Hintermauerung oder die Stütze zu übertragen.

(4) Die Mindestanzahl der Maueranker je Flächeneinheit n_t sollte nach Gleichung (6.21) bestimmt werden:

$$n_t \geq \frac{W_{Ed}}{F_d} \qquad (6.21)$$

In der Regel wird die erforderliche Ankeranzahl nach Abs. 8.5.2.2, Tab. NA.18 bestimmt.

Sie sollte jedoch nicht geringer als nach 8.5.2.2 sein.

Dabei ist

W_{Ed} der Bemessungswert der horizontalen Last je Flächeneinheit, die zu übertragen ist;

F_d der Bemessungswert der Druck- oder Zugtragfähigkeit eines Mauerankers unter dem maßgebenden Bemessungsfall.

ANMERKUNG 1 EN 845-1 fordert, dass der Hersteller die Tragfähigkeit der Anker deklariert. Dieser Wert ist durch γ_M zu dividieren.

ANMERKUNG 2 Die Auswahl der Maueranker sollte so vorgenommen werden, dass geringfügige Bewegungen zwischen den Schalen ohne Schäden stattfinden können.

(5) Im Falle einer zweischaligen Wand mit Vorsatzschale sollte W_{Ed} so berechnet werden, dass die Maueranker die gesamte horizontale Windlast, die an die Vorsatzschale angreift, auf die dahinter liegende Stützkonstruktion übertragen.

Die auf die Vorsatzschale wirkende Windlast W_{Ed} muss mittels der Maueranker in die tragende Wand oder Unterkonstruktion weitergeleitet werden.

6.6 Bewehrte Mauerwerksbauteile unter Biegung, Biegung und Längskraft oder Längskraft

...Auslassung...

Auslassungen, da bewehrtes (6.6 u. 6.7), vorgespanntes (6.8) und eingefasstes Mauerwerk (6.9) in Deutschland nicht zur Anwendung kommen (s. Abs. 1).

6.7 Mauerwerksbauteile unter Schubbelastung

...Auslassung...

6.8 Vorgespanntes Mauerwerk

...Auslassung...

6.9 Eingefasstes Mauerwerk

...Auslassung...

7 GRENZZUSTAND DER GEBRAUCHSTAUGLICHKEIT

7.1 Allgemeines

(1)P Ein Tragwerk aus Mauerwerk ist so zu bemessen und zu planen, dass der Grenzzustand der Gebrauchstauglichkeit nicht überschritten wird.

(2) Verformungen, die ungünstige Auswirkungen auf Teile, Oberflächen (inklusive aufgebrachter Baustoffe) oder technische Ausstattungen haben können oder die Wasserdichtigkeit beeinträchtigen können, sind nachzuweisen.

(3) Die Gebrauchstauglichkeit von Mauerwerksbauteilen darf nicht durch das Tragverhalten anderer Tragwerksteile, wie von Decken oder Wänden infolge von Durchbiegungen, in unzulässiger Weise beeinträchtigt werden.

7.2 Unbewehrte Mauerwerkswände

(1)P Um Überbeanspruchungen oder Schäden zu vermeiden, sind beim Zusammenwirken von Bauteilen deren unterschiedliche Eigenschaften zu berücksichtigen.

(2) Bei unbewehrtem Mauerwerk ist der Grenzzustand der Gebrauchstauglichkeit für Risse und Verformungen nicht zusätzlich nachzuweisen, wenn der Grenzzustand der Tragfähigkeit erfüllt ist.

(NA.6) bis (NA.10) ergänzen diesen Absatz hinsichtlich ggf. erforderlicher konstruktiver Maßnahmen oder notwendiger Nachweise im Grenzzustand der Gebrauchstauglichkeit.

ANMERKUNG Es ist zu beachten, dass Risse entstehen können, auch wenn der Grenzzustand der Tragfähigkeit erfüllt ist, z. B. bei Dächern.

Dies betrifft insbesondere die Wandaußenseite im Bereich von Decken mit geringen Lasten, z. B. Dachdecken.

(3) Schäden als Folge von Spannungen aus Zwängungen sollten durch entsprechende Festlegungen und die bauliche Durchbildung nach den Konstruktionsregeln vermieden werden (siehe Abschnitt 8).

(4)P Die Verformungen von Mauerwerkswänden, die durch Wind auf Plattenbiegung oder durch außergewöhnliche Personenlasten bzw. durch außergewöhnlichen Anprall seitlich beansprucht werden, dürfen die Gebrauchstauglichkeit nicht beeinträchtigen.

(5) Eine horizontal auf Plattenbiegung beanspruchte Wand, die den Grenzzustand der Tragfähigkeit erfüllt, darf nach 7.1 (1)P als nachgewiesen betrachtet werden, wenn deren Maße begrenzt sind.

ANMERKUNG ...Auslassung...

Auslassung, da Anhang F in Deutschland nicht gilt.

(NA.6) Die Gebrauchstauglichkeit gilt als erfüllt, wenn der Nachweis im Grenzzustand der Tragfähigkeit geführt wurde und wenn die Absätze (NA.7) bis (NA.10) unter Annahme eines linear-elastischen Werkstoffgesetzes eingehalten sind. Wurde der entsprechende Nachweis im Grenzzustand der Tragfähigkeit mit den vereinfachten Berechnungsmethoden nach DIN EN 1996-3 geführt, darf die Gebrauchstauglichkeit ohne weiteren Nachweis als erfüllt angesehen werden.

(NA.6) ergänzt Absatz (2) hinsichtlich notwendiger Nachweise im Grenzzustand der Gebrauchstauglichkeit.

(NA.7) Bei Beanspruchung aus vertikalen Lasten mit und ohne horizontale Einwirkungen senkrecht zur Wandebene darf die planmäßige Ausmitte in der charakteristischen Bemessungssituation (ohne Berücksichtigung der ungewollten Ausmitte, der Kriechausmitte und der Stabauslenkung nach Theorie II. Ordnung) bezogen auf den Schwerpunkt des Gesamtquerschnitts rechnerisch nicht größer als 1/3 der Wanddicke t sein.

Der Querschnitt darf rechnerisch bis zur Hälfte aufreißen (2. Kernweite). Sofern die Ausmitte größer als $t/3$ ist, kann es gemäß (NA.8) zur Rissbildung kommen.

(NA.8) Ist die rechnerische Ausmitte der resultierenden Last in der charakteristischen Bemessungssituation aus Decken und darüber befindlichen Geschossen infolge der Knotenmomente am Wandkopf bzw. -fuß größer als 1/3 der Wanddicke t, so darf diese zu 1/3 t angenommen werden. In diesem Fall ist möglichen Rissbildungen in Mauerwerk und Putz infolge der entstehenden Deckenverdrehung durch geeignete Maßnahmen – z. B. Fugenausbildung, konstruktive Zentrierung durch weichen Randstreifen, Kantennut, Kellenschnitt, o. ä. mit entsprechender Ausbildung der Außenhaut – entgegenzuwirken.

(NA.8) ergänzt Absatz (2) hinsichtlich konstruktiver Maßnahmen im Grenzzustand der Gebrauchstauglichkeit.

(NA.9) Bei horizontaler Scheibenbeanspruchung in Längsrichtung von Wänden mit Abmessungen $l_w/h_w < 0{,}5$ darf am Wandfuß die planmäßige Ausmitte in der häufigen Bemessungssituation (ohne Berücksichtigung der ungewollten Ausmitte und der Kriechausmitte) bezogen auf den Schwerpunkt des Gesamtquerschnitts rechnerisch nicht größer als 1/3 der Wandlänge l_w sein.

(NA.10) Sofern in Gleichung (NA.19) der Rechenwert der Haftscherfestigkeit in Ansatz gebracht wird, ist bei Windscheiben mit einer Ausmitte $e > l_w/6$ zusätzlich nachzuweisen, dass die rechnerische Randdehnung aus der Scheibenbeanspruchung auf der Seite der Klaffung $\varepsilon_R = \varepsilon_D \cdot a/l'_w$ für charakteristische Bemessungssituationen nach DIN EN 1990:2010-12, 6.5.3 (2) a) den Wert $\varepsilon_R = 10^{-4}$ nicht überschreitet (siehe Bild NA.4). Der Elastizitätsmodul für Mauerwerk darf hierfür zu $E = 1\,000 f_k$ angenommen werden.

Soll im Rahmen des Querkraftnachweises in Scheibenrichtung die Haftscherfestigkeit angesetzt werden, ist die Randdehnung nach Bild NA.4 zu beschränken. Dabei ist die Randdehnung ε_R in der charakteristischen Bemessungssituation mit linear-elastischem Werkstoffverhalten ohne Biegezugfestigkeit zu bestimmen.

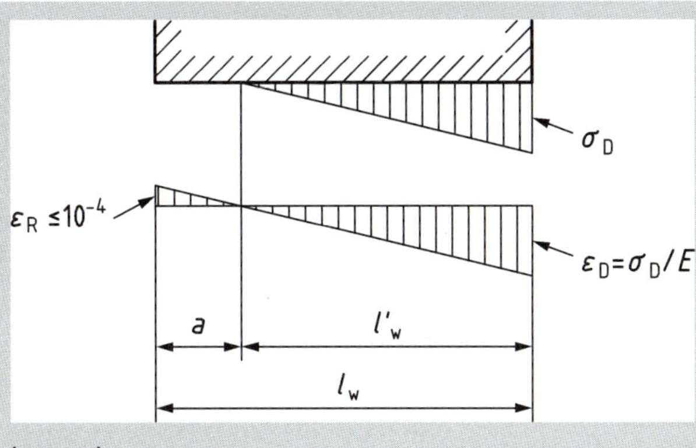

Legende

l_w Länge der Wandscheibe
l'_w überdrückte Länge
σ_D Kantenpressung auf Basis eines linear-elastischen Stoffgesetzes
ε_D rechnerische Randstauchung
ε_R rechnerische Randdehnung
E Kurzzeit-Elastizitätsmodul als Sekantenmodul

Bild NA.4 — Begrenzung der Randdehnung bei Windscheiben

Mit der Einhaltung der Randdehnung wird sichergestellt, dass unter alternierender Windbeanspruchung die Haftscherfestigkeit f_{vk0} erhalten bleibt.

Nachweis (nur für $e/l_w > 1/6$ unter der charakteristischen Einwirkungskombination notwendig):

$$\varepsilon_R = \frac{\sigma_D}{1.000 \cdot f_k} \cdot \left(\frac{l_w}{l_{c,lin}} - 1 \right) \leq 10^{-4}$$

mit $\sigma_D = \frac{2 \cdot N_{Ed}}{t \cdot l_{c,lin}}$

(i. d. R. gilt: $N_{Ed} = 1{,}0\ N_{gk}$)

$$l_{c,lin} = l'_w = \frac{3}{2} \cdot \left(1 - 2 \cdot \frac{e}{l_w} \right) \cdot l_w \leq l_w$$

7.3 Bewehrte Mauerwerksbauteile

...Auslassung...

7.4 Vorgespannte Mauerwerksbauteile

...Auslassung...

7.5 Eingefasste Mauerwerksbauteile

...Auslassung...

Auslassungen, da bewehrtes, vorgespanntes und eingefasstes Mauerwerk in Deutschland nicht zur Anwendung kommen (s. Abs. 1).

8 BAULICHE DURCHBILDUNG

8.1 Ausbildung von Mauerwerk

8.1.1 Mauerwerksbaustoffe

In diesem Abschnitt werden die für die Standsicherheit von Mauerwerkswänden relevanten Regeln zur Ausführung von Mauerwerksbauten aufgeführt. Weitere Vorgaben zur Ausführung befinden sich in DIN EN 1996-2 [E7].

(1)P Mauersteine müssen für die Mauerwerksart, deren örtliche Lage und hinsichtlich der an das Mauerwerk gestellten Anforderungen an die Dauerhaftigkeit geeignet sein. Mörtel, Füllbeton und Bewehrung müssen auf die Steinart und die Anforderungen an die Dauerhaftigkeit abgestimmt sein.

(2) ...Auslassung...

Die Auslassung betrifft Vorgaben zur Mörteldruckfesigkeit bei bewehrtem Mauerwerk.

(NA.3) Bei Außenwänden aus nicht frostwiderstandsfähigen Steinen ist ein Außenputz, der die Anforderungen nach DIN EN 998-1 und DIN EN 13914-1 in Verbindung mit DIN 18550-1 erfüllt, anzubringen oder ein anderer Witterungsschutz vorzusehen.

8.1.2 Mindestwanddicken

(1)P Die Mindestwanddicke muss so groß sein, wie dies für eine standsichere Wand erforderlich ist.

(2) Die Mindestwanddicke t_{min} einer tragenden Wand sollte den Ergebnissen der statischen Berechnungen nach dieser Norm entsprechen.

Für tragende Innen- und Außenwände gilt t_{min} = 115 mm, sofern aus Gründen der Standsicherheit, der Bauphysik oder des Brandschutzes nicht größere Dicken erforderlich sind.

(NA.3) Wenn die gewählte Wanddicke offensichtlich ausreicht, darf auf den rechnerischen Nachweis verzichtet werden.

Vorgaben zu erforderlichen Wanddicken resultieren aus statisch-konstruktiven und bauphysikalischen Anforderungen. Ebenfalls ergeben sich aus den Nachweisen des Brandschutzes entsprechende Mindestwanddicken.

8.1.3 Mindestwandfläche

(1)P Eine tragende Wand muss mindestens eine Nettoquerschnittsfläche von 0,04 m² unter Berücksichtigung von Schlitzen und Aussparungen besitzen.

Bei Querschnittsflächen kleiner als 0,04 m² kann nicht sichergestellt

8.1.4 Mauerwerksverband

8.1.4.1 Künstliche Steine

(1)P Mauersteine müssen im Verband mit Mörtel nach bewährten Regeln vermauert werden.

(2)P Mauersteine in einer unbewehrten Mauerwerkswand müssen schichtweise überbinden, so dass sich die Wand wie ein einziges Bauelement verhält.

(3) ...Auslassung...

An Ecken oder Wandeinbindungen sollte das Überbindemaß der Mauersteine nicht kleiner als die Steinbreite sein. Andernfalls sollten gekürzte Mauersteine verwendet werden, um das erforderliche Überbindemaß in der übrigen Wand zu erreichen.

ANMERKUNG Die Länge von Wänden und Pfeilern sowie die Größe von Öffnungen und Pfeilervorlagen sollten möglichst den Maßen der Mauersteine entsprechen, um übermäßiges Kürzen von Mauersteinen zu vermeiden.

Das Überbindemaß l_{ol} muss $\geq 0{,}4\ h_u$, mindestens jedoch 45 mm betragen. Das Überbindemaß l_{ol} darf bei Elementmauerwerk bis auf $0{,}2\ h_u$ (mindestens jedoch 125 mm) reduziert werden, wenn es in der statischen Berechnung berücksichtigt und in den Ausführungsunterlagen (z. B. Versetzplan bzw. Positionsplan) ausgewiesen ist.

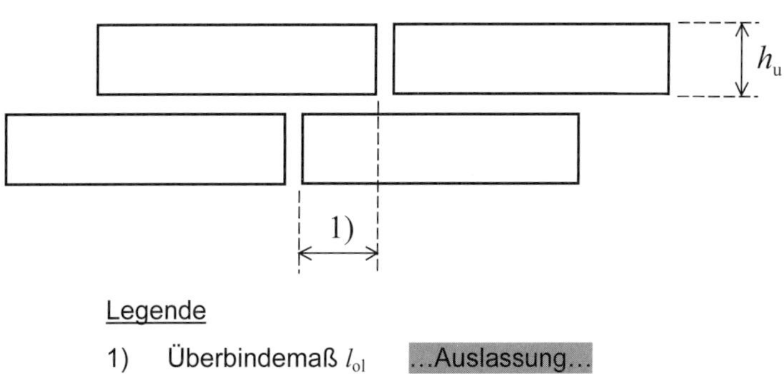

Legende

1) Überbindemaß l_{ol} ...Auslassung...

Bild 8.1 — Überbindemaß von Mauersteinen

(4) ...Auslassung...

(5) Wenn nichttragende und tragende Wände aneinander stoßen, sollten unterschiedliche Verformungen infolge Kriechen und Schwinden beachtet werden. Nicht im Verband gestoßene Wände sollten durch geeignete Verbindungsmittel, die unterschiedliche Verformungen ermöglichen, verbunden werden.

(6) Bei der starren Verbindung verschiedener Materialien sollte das unterschiedliche Verformungsverhalten der Materialien beachtet werden.

(NA.7) Das in der statischen Berechnung und den Ausführungsunterlagen angegebene erforderliche Überbindemaß ist einzuhalten und durch die Bauleitung zu kontrollieren.

(NA.8) Die Steine bzw. Elemente einer Schicht müssen die gleiche Höhe haben. An Wandenden und unter Einbauteilen (z. B. Stürze) ist eine zusätzliche Lagerfuge in jeder zweiten Schicht zum Längen- und Höhenausgleich (nach Bild NA.5) zulässig, sofern die Aufstandsfläche der Steine mindestens 115 mm lang ist und Steine und Mörtel mindestens gleiche Festigkeit wie im übrigen Mauerwerk haben. In Verbandsmauerwerk mit Längsfugen darf die Steinhöhe nicht größer als die Steinbreite sein. Abweichend davon muss die Aufstandsbreite von Steinen der Höhe 175 mm und 240 mm mindestens

---

werden, dass die Tragfähigkeit unter Berücksichtigung aller Einflüsse, insbesondere des fehlenden Umlagerungsvermögens bei lokalen Fehlstellen, stets mit ausreichender Sicherheit gegeben ist.

Auslassung wegen spezifizierenden NCIs zu Abs. 8.1.4.1 (3).

Das Überbindemaß ist für die gleichmäßige Verteilung der Spannungen und Dehnungen im Wandquerschnitt von entscheidender Bedeutung. Bei den rechnerischen Nachweisen der Schubtragfähigkeit, der Biege- und Zugtragfähigkeit, der mehrseitigen Knickhalterung, der Teilfächenbelastung und der Ermittlung der mitwirkenden Breite bei zusammengesetzten Querschnitten wirkt sich das Überbindemaß direkt aus.

Die Grundanforderung in der Norm besagt, dass das Überbindemaß mindestens die 0,4-fache Steinhöhe bzw. 4,5 cm betragen muss – Sonderregeln gelten für Natursteinmauerwerk. Für Elementmauerwerk sind auch verminderte Überbindemaße zulässig (0,2-fache Elementhöhe bzw. 12,5 cm). Die hierbei zu beachtenden Anforderungen und rechnerischen Nachweise sind entsprechend angegeben.

Auslassung, da bewehrtes Mauerwerk in Deutschland nicht üblich ist.

Eine geeignete Konstruktionsmethode ist die Stumpfstoßtechnik.

Wenn das Überbindemaß bei Elementmauerwerk planerisch unter den Standardwert der 0,4-fachen Elementhöhe festgelegt wurde, ist dieses in den Ausführungsunterlagen – i. d. R. Versetzplänen – anzugeben. Anderenfalls ist wie bei normalformatigem Mauerwerk grundsätzlich der Standardwert (0,4-fache Steinhöhe bzw. 4,5 cm) anzunehmen.

115 mm betragen. Für das Überbindemaß gilt Absatz (3). Die Absätze (1) und (3) gelten sinngemäß auch für Pfeiler und kurze Wände.

Maße in Millimeter

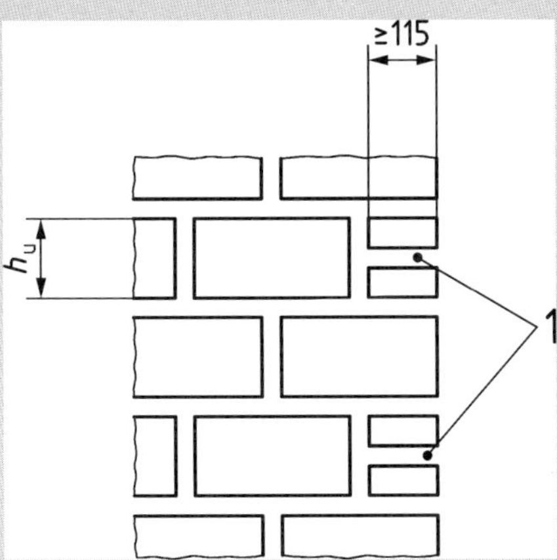

Legende

1 zusätzliche Lagerfuge an Wandenden und unter Stürzen

Bild NA.5 — Zusätzliche Lagerfugen

8.1.4.2 Maßgerechte Natursteine

(1) Natursteine aus Sediment- und metamorphem Gestein sollten generell entsprechend ihrer Schichtungsebene horizontal bzw. annähernd horizontal verlegt werden.

(2) Bei Verblendsteinmauerwerk aus Naturstein sollte das Überbindemaß mindestens dem 0,25-Fachen des kleinsten Steinmaßes oder mindestens 40 mm betragen, sofern nicht andere Maßnahmen eine ausreichende Festigkeit sichern.

(3) Bei Verbandsmauerwerk sollte der Verband so angelegt sein, dass die Binder eine Länge von mindestens dem 0,6- bis 0,7fachen der Wanddicke aufweisen und nicht weiter als 1 m in vertikaler und horizontaler Richtung auseinander liegen. Diese Mauersteine sollten mindestens eine Höhe vom 0,3fachen ihrer Länge besitzen.

Diese Regelungen gelten für Mauerwerk aus Natursteinen, deren Lager- und Stoßfugen so bearbeitet werden, dass sie wie Mauerwerk aus künstlichen Steinen behandelt werden können.

In Anhang NA.L sind die allgemeinen Regeln für Natursteinmauerwerk aufgeführt.

Absatz (2) wird in Abschnitt NA.L.4.3 mit weiteren Anforderungen belegt.

8.1.5 Mörtelfugen

(1) ...Auslassung...

Auslassung wegen Spezifizierung durch NCI (NA.4).

(2) Lagerfugen sollten stets horizontal ausgebildet werden, sofern vom Planer nichts anderes vorgegeben ist.

(3) Wenn Steine mit Mörteltaschen verwendet werden, muss beachtet werden, dass Mörtel auf der ganzen Steinhöhe und mindestens auf 40 % der Steinbreite vorhanden ist. ...Auslassung...

(NA.4) In der Regel sollten bei Verwendung von Normalmauermörtel oder Leichtmauermörtel die Lagerfugen 12 mm und die Stoßfugen (bei vermörtelten Stoßfugen) 10 mm dick sein. Bei Vermauerung der Steine mit Dünnbettmörtel muss die Dicke der Lagerfugen und der Stoßfugen (bei vermörtelten Stoßfugen) 1 mm bis 3 mm betragen.

Die Mörtelfuge dient zum Ausgleich der Unebenheiten der Steinflächen und damit der Vermeidung von örtlichen Spannungsspitzen. Die Dicke muss entsprechend ausreichend sein. Ebenfalls beeinflusst die Fugendicke die Aushärtungsbedingungen und die Festigkeitsentwicklung des Mörtels. Die in dieser Norm angegebenen Mauerwerksfestigkeiten (z. B. Druckfestigkeit, Haftscherfestigkeit)

(NA.5) Bei der Vermauerung sind die Lagerfugen stets vollflächig zu vermauern und die Längsfugen satt zu verfüllen bzw. ist bei Dünnbettmörtel der Mörtel vollflächig aufzutragen.

(NA.6) Vermauern mit Stoßfugenvermörtelung:

- Stoßfugen sind in Abhängigkeit von der Steinform und vom Steinformat zu verfüllen bzw. bei Dünnbettmörtel der Mörtel vollflächig aufzutragen. Beispiele für Vermauerungsarten und Fugenausbildung sind in Bild NA.6 und Bild NA.7 angegeben.
- Als vermörtelt gilt eine Stoßfuge, wenn mindestens die halbe Steinbreite auf der gesamten Steinhöhe vermörtelt ist.
- Sofern Anforderungen an die Schlagregensicherheit bestehen und diese nicht durch die Außenverkleidung oder durch einen Putz erfüllt werden, sind die Stoßfugen zu vermörteln.
- Wenn Steine mit Mörteltaschen vermauert werden, müssen die Steine entweder knirsch verlegt und die Mörteltaschen verfüllt (siehe Bild NA.6) oder durch Auftragen von Mörtel auf die Steinflanken vermauert werden (siehe Bild NA.7). Steine gelten dann als knirsch verlegt, wenn sie ohne Mörtel so dicht aneinander verlegt werden, wie dies wegen der herstellungsbedingten Unebenheiten der Stoßfugenflächen möglich ist. Der Abstand der Steine sollte im Allgemeinen nicht größer als 5 mm sein. Bei Stoßfugenbreiten > 5 mm müssen die Fugen beim Mauern beidseitig an der Wandoberfläche mit Mörtel verschlossen werden.
- Die Stoßfugenvermörtelung von Mauerwerk aus Nut- und Federsteinen oder aus Elementen ist mit geeigneten Werkzeugen auszuführen.

Maße in Millimeter

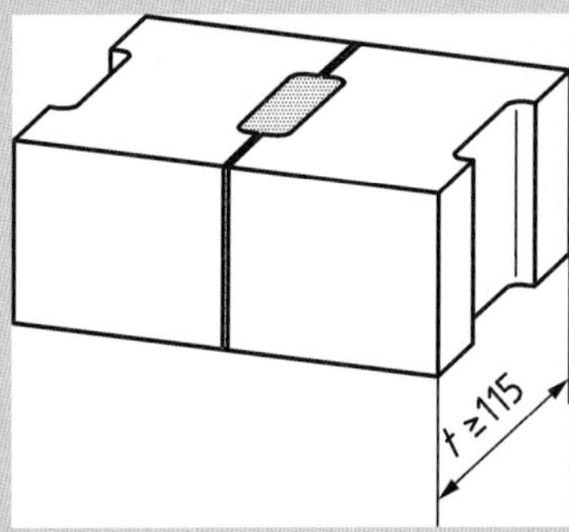

Bild NA.6 — Vermauerung von Steinen mit Mörteltaschen, knirsch verlegt (Prinzipskizze)

Maße in Millimeter

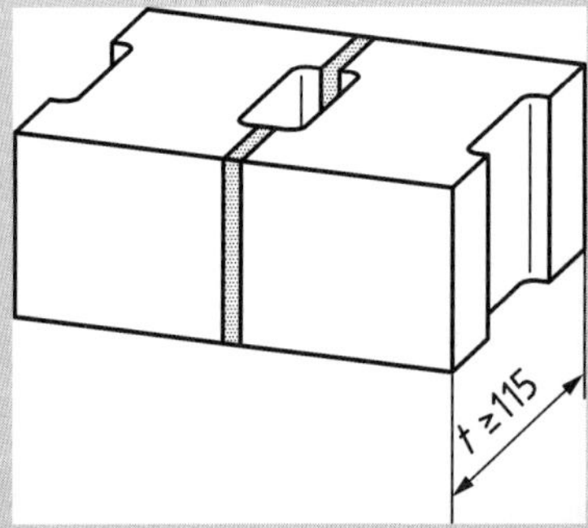

Bild NA.7 — Vermauerung von Steinen mit Mörteltaschen durch Auftragen von Mörtel auf die Steinflanken (Prinzipskizze)

basieren auf den hier aufgeführten Vorgaben zu den Fugendicken. Mauerwerk mit Randstreifenvermörtelung ist in Deutschland nicht üblich und wird mit dieser Formulierung ausgeschlossen (s. Tab. NA.1, Fußnote c).

(NA.7) Vermauern ohne Stoßfugenvermörtelung:

- Soll bei Verwendung von Normal-, Leicht- oder Dünnbettmörtel auf die Vermörtelung der Stoßfugen verzichtet werden, müssen hierzu die Steine hinsichtlich ihrer Form und Maße geeignet sein. Die Steine sind stumpf oder mit Verzahnung durch ein Nut- und Federsystem ohne Stoßfugenvermörtelung knirsch zu verlegen bzw. ineinander verzahnt zu versetzen (siehe Bild NA.8).
- Steine gelten dann als knirsch verlegt, wenn sie ohne Mörtel so dicht aneinander verlegt werden, wie dies wegen der herstellungsbedingten Unebenheiten der Stoßfugenflächen möglich ist.
- Bei Stoßfugenbreiten > 5 mm müssen die Fugen beim Mauern beidseitig an der Wandoberfläche mit einem geeigneten Mörtel verschlossen werden.

Die Vorgabe, dass über 5 mm offene Stoßfugen mit Mörtel zu verschließen sind, zielt auf die Sicherstellung eines homogenen Untergrundes für den späteren Putz ab. Obergrenzen für den Abstand der Steine sind hier zwar nicht explizit angegeben, es wird jedoch empfohlen, Stoßfugenbreiten von 10 mm ohne vollflächiger Vermörtelung zu vermeiden.

Maße in Millimeter

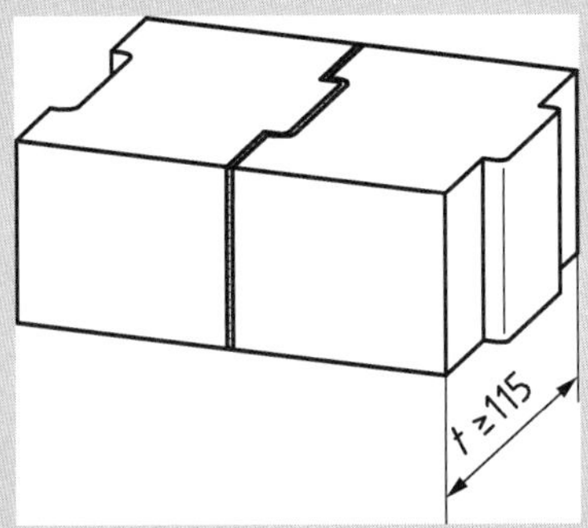

Bild NA.8 — Vermauerung von Steinen ohne Stoßfugenvermörtelung (Prinzipskizze)

8.1.6 Auflager unter Teilflächenlasten

(1) Teilflächenlasten sollten auf eine Wand über eine Mindestlänge von 90 mm oder mit der nach 6.1.3 errechneten Länge abgesetzt werden. Der größere der beiden Werte ist maßgebend.

8.2 Ausbildung der Bewehrung

...Auslassung...

Die Abschnitte 8.2, 8.3 und 8.4 sind entsprechend dem Anwendungsbereich dieser Norm nicht relevant (s. Abs. 1).

8.3 Details zur Vorspannung

...Auslassung...

8.4 Eingefasstes Mauerwerk

...Auslassung...

8.5 Wandanschlüsse

8.5.1 Anschluss von Wänden an Decken und Dächern

8.5.1.1 Allgemeines

(1)P Wände, die von Decken und Dächern gehalten werden sollen, müssen so mit den Decken und Dächern verbunden werden, dass die horizontalen Bemessungslasten in die aussteifenden Bauteile übertragen werden können.

(2) Die Übertragung von horizontalen Lasten in die aussteifenden Bauteile sollte über die Decken- und Dachkonstruktion, wie z. B. über bewehrte Ortbeton- oder vorgefertigte Betondecken bzw. beplankte Holzbalken, erfolgen, sofern die Decken- oder Dachkonstruktion als Scheibe wirkt. Alternativ darf ein Ringbalken angeordnet werden, der in der Lage ist, die wirkenden Schubkräfte und Biegemomente zu übertragen. Die zwischen den Wänden und den verbindenden Bauteilen zu übertragenden Kräften sollten entweder durch den Reibungswiderstand in der Lagerfläche der tragenden Bauteile oder durch Anker mit entsprechender Endbefestigung übertragen werden.

(3)P Decken und Dächer müssen auf Wänden mit einer ausreichenden Auflagertiefe aufliegen, um die notwendige Tragfähigkeit und den erforderlichen Schubwiderstand sicherzustellen. Dabei sollten Herstellungs- und Ausführungstoleranzen berücksichtigt werden.

(4) Die Mindestauflagertiefe von Decken und Dächern auf Wänden sollte entsprechend der Berechnung gewählt werden.

(NA.5) Nichttragende Wände müssen auf ihre Fläche wirkende Lasten auf tragende Bauteile, z. B. Wand- oder Deckenscheiben, abtragen.

(NA.6) Bei der Dachdecke ist möglicher Rissbildung im Mauerwerk und Putz durch geeignete Maßnahmen, z. B. Fugenausbildung, konstruktive Zentrierung durch weichen Randstreifen, Kantennut, Kellenschnitt, o. ä. mit entsprechender Ausbildung der Außenhaut, entgegenzuwirken.

Bei der Anordnung von weichen Randstreifen, sog. Lastfreistreifen, am Wandkopf unter Decken ist im Einzelfall ein möglicher Einfluss auf die örtliche Tragfähigkeit zu berücksichtigen.

(NA.7) Die Auflagertiefe der Decken muss mindestens $t/3$ + 40 mm der Wanddicke t und darf nicht weniger als 100 mm betragen.

Hinsichtlich der Auflagertiefe a der Decken auf den Außenwänden hat sich bei monolithischen Wänden in der Vergangenheit eine bezogene Auflagertiefe a/t = 2/3 bewährt, mit der auch Anforderungen an den Brandschutz nach DIN EN 1996-1-2 erfüllt werden. Zur Optimierung der Tragfähigkeit von Außenwänden im Geschosswohnungsbau wird empfohlen, sofern erforderlich, die bezogene Deckenauflagetiefe auf a/t = 0,80 bzw. 0,85 zu vergrößern.

8.5.1.2 Anschluss durch Anker

(1)P Anker müssen in der Lage sein, die horizontalen Lasten zwischen der Wand und dem aussteifenden Bauteil zu übertragen.

(2) Wenn die Auflasten auf der Wand eine vernachlässigbare Größe haben, wie z. B. bei einer Giebelwand-Dachverbindung, muss besonders darauf geachtet werden, dass die Verbindung zwischen den Ankern und der Wand wirksam ist.

Ohne Normalspannungen aus Auflasten wirkt allein die Haftreibung.

(3) Der Abstand der Anker zwischen Wänden und Decken oder Dächern sollte nicht größer als 2 m, bei Gebäuden mit mehr als 4 Stockwerken jedoch nicht größer als 1,25 m sein.

8.5.1.3 Anschluss durch Reibung

(1)P Wenn Betondecken, Dächer oder Ringbalken unmittelbar auf einer Wand aufliegen, muss der Reibungswiderstand in der Lage sein, die Horizontallasten zu übertragen.

8.5.1.4 Ringanker und Ringbalken

Ringbalken sind Bauteile, die in der Lage sein müssen, horizontale Biegebeanspruchungen aufzunehmen. Ringanker sind Bauteile, die in der Lage sein müssen, Zugkräfte aufzunehmen.

Ringanker müssen in allen Außen- und Innenwänden, die als vertikale Scheiben der Horizontallastabtragung dienen, angeordnet werden, wenn mindestens eines der folgenden Kriterien zutrifft:

a) Bauwerke mit mehr als zwei Vollgeschossen oder einer Länge von mehr als 18 m.
b) Bei Wänden mit vielen oder besonders großen Öffnungen (insbesondere, wenn die Summe der Öffnungsbreiten 60 % der Wandlänge oder bei Fensterbreiten von mehr als 2/3 der Geschosshöhe 40 % der Wandlänge übersteigt).
c) Wenn es die Baugrundverhältnisse erfordern.

Ringanker sind in jeder Deckenebene ober unmittelbar darunter oder darüber anzuordnen.

Werden Decken ohne Scheibenwirkung verwendet oder ist die Decke nicht schubfest mit dem Mauerwerk verbunden (beispielsweise durch Gleitschichten unter den Deckenauflagern), so ist die horizontale Aussteifung der Wände durch Ringbalken oder statisch gleichwertige Maßnahmen sicherzustellen.

(1) Wenn die Übertragung der horizontalen Lasten auf die aussteifenden Elemente durch Ringbalken oder Ringanker erfolgt, sollten diese in jeder Deckenebene oder direkt darunter angeordnet werden. Die Ringanker können aus Stahlbeton, bewehrtem Mauerwerk, Stahl oder Holz bestehen und sollten in der Lage sein, eine Zugkraft mit einem Bemessungswert von 45 kN zu übertragen.

Bewehrtes Mauerwerk ist in Deutschland nicht üblich und wird im Rahmen dieses Anwendungsdokuments nicht behandelt (s. Abs. 1).

(2) Wenn die Ringanker nicht durchgehen, sollten zusätzliche Maßnahmen zur Sicherstellung einer durchgängigen Wirkung ergriffen werden.

Eine Unterbrechung der Durchlaufwirkung von Ringankern sollte grundsätzlich vermieden werden.

(3) Ringanker aus Stahlbeton sollten mindestens zwei Bewehrungsstäbe mit wenigstens 150 mm² Querschnitt enthalten. Die Stöße sollten nach DIN EN 1992-1-1 und wenn möglich versetzt ausgebildet werden. Parallel verlaufende Bewehrung kann mit dem vollen Querschnitt berücksichtigt werden, vorausgesetzt, sie befindet sich in Decken oder Fensterstürzen mit einer Entfernung von nicht mehr als 0,5 m von der Wandmitte bzw. Deckenmitte.

(4) Wenn Decken ohne ausreichende Scheibentragwirkung genutzt oder Gleitschichten unter den Deckenauflagern eingebracht werden, sollte die horizontale Steifigkeit der Wand durch Ringbalken oder statisch äquivalente Bauteile sichergestellt werden.

(NA.5) Die Ringbalken und ihre Anschlüsse an die aussteifenden Wände sind für eine horizontale Last von 1/100 der vertikalen Last der Wände und gegebenenfalls für Windlasten zu bemessen. Bei der Bemessung von Ringbalken unter Gleitschichten sind außerdem Zugkräfte zu berücksichtigen, die den verbleibenden Reibungskräften entsprechen.

8.5.2 Anschlüsse zwischen Wänden

8.5.2.1 Wandkreuzungen

(1)P Aneinander anschließende Wände müssen so miteinander verbunden werden, dass die vorhandenen Vertikal- und Horizontallasten untereinander übertragen werden können.

(2) Die Verbindung am Wandanschluss sollte entweder durch

- den Mauerwerksverband (siehe 8.1.4)

  oder

- über Anker oder Bewehrung in jeder Wand erfolgen.

(3) Wandanschlüsse sollten gleichzeitig aufgemauert werden.

8.5.2.2 Zweischalige Wände mit Luftschicht und zweischalige Wände mit Vorsatzschale

Regeln zu zweischaligem Mauerwerk gemäß Definition 1.5.10.8 sind in Anhang NA.D von DIN EN 1996-2/NA [E18] zu finden.

(1)P Die beiden Schalen von zweischaligen Wänden mit Luftschicht müssen fest miteinander verbunden werden, so dass sie zusammenwirken.

Einwirkende horizontale Winddruck- und -sogkräfte müssen von der Außen- auf die Innenschale übertragen werden. Ein Zusammenwirken der beiden Schalen im Bezug auf die Vertikallastabtragung darf nicht angesetzt werden (s. NCI zu 5.5.1.3).

(2) Die Anzahl der Maueranker zur Verbindung der beiden Schalen einer zweischaligen Wand mit Luftschicht oder einer Vorsatzschale mit dem Hintermauerwerk sollte mindestens so groß sein wie nach 6.5 berechnet. Die Anzahl sollte nicht weniger als n_{tmin} je m² betragen. Der größere der beiden Werte ist maßgebend.

ANMERKUNG 1 Die Anforderungen zur Anwendung von Maueranker sind in DIN EN 1996-2 definiert.

ANMERKUNG 2 Wenn Verbindungselemente, wie z. B. vorgefertigte Lagerfugenbewehrung, eingesetzt werden, um zwei Schalen einer Wand miteinander zu verbinden, sollte jedes Kopplungselement wie eine Wandverbindung behandelt werden.

Die Mauerwerksschalen sind durch Anker nach allgemeiner bauaufsichtlicher Zulassung aus nichtrostendem Stahl oder durch Anker nach DIN EN 845-1 aus nichtrostendem Stahl, deren Verwendung in einer allgemeinen bauaufsichtlichen Zulassung geregelt ist, zu verbinden. Für Drahtanker, die in Form und Maßen Bild NA.9 entsprechen, gilt:

– vertikaler Abstand höchstens 500 mm;

– horizontaler Abstand höchstens 750 mm;

– lichter Abstand der Mauerwerksschalen höchstens 150 mm;

– Durchmesser: 4 mm;

– Normalmauermörtel mindestens der Klasse M 5;

– Mindestanzahl: siehe Tabelle NA.19;

sofern in der Zulassung für die Drahtanker nichts anderes festgelegt ist.

An allen freien Rändern (von Öffnungen, an Gebäudeecken, entlang von Dehnungsfugen und an den oberen Enden der Außenschalen) sind zusätzlich zu Tabelle NA.19 drei Drahtanker je Meter Randlänge anzuordnen.

Die Ausführungsbestimmungen nach DIN EN 1996-2:2010-12, 3.5.1, sind besonders zu beachten.

Die Drahtanker sind unter Beachtung ihrer statischen Wirksamkeit so auszuführen, dass sie keine Feuchte von der Außen- zur Innenschale leiten können (z. B. Aufschieben einer Kunststoffscheibe, siehe Bild NA.9).

Bei nichtflächiger Verankerung der Außenschale, z. B. linienförmig oder nur in Höhe der Decken, ist ihre Standsicherheit gesondert nachzuweisen.

Bei gekrümmten Mauerwerksschalen sind Art, Anordnung und Anzahl der Anker unter Berücksichtigung der Verformung festzulegen.

Tabelle NA.19 — Mindestanzahl n_{tmin} von Drahtankern je m² Wandfläche (Windzonen nach DIN EN 1991-1-4/NA)

Gebäudehöhe	Windzonen 1 bis 3 Windzone 4 Binnenland	Windzone 4 Küste der Nord- und Ostsee und Inseln der Ostsee	Windzone 4 Inseln der Nordsee
$h \leq 10$ m	7[a]	7	8
10 m < $h \leq 18$ m	7[b]	8	9
18 m < $h \leq 25$ m	7	8[c]	---

[a] in Windzone 1 und Windzone 2 Binnenland: 5 Anker/m²

[b] in Windzone 1: 5 Anker/m²

[c] Ist eine Gebäudegrundrisslänge kleiner als h/4: 9 Anker/m²

Maße in Millimeter

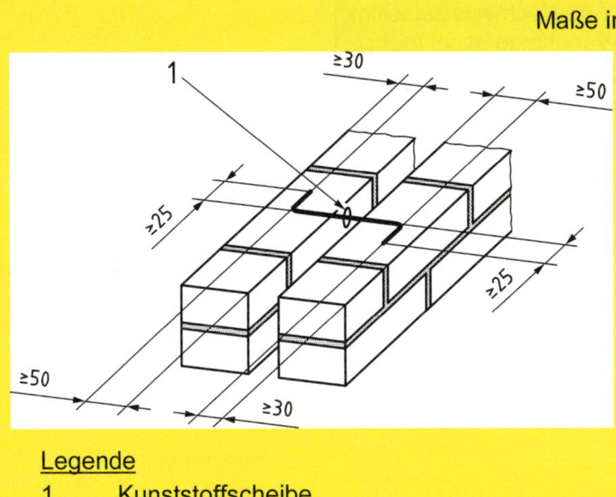

Legende

1 Kunststoffscheibe

Bild NA.9 — Drahtanker für zweischalige Außenwände

(NA.3) Bei zweischaligen Außenwänden darf die Vorsatzschale statisch nicht angesetzt werden. Weitere Hinweise zur Ausführung sind in DIN EN 1996-2/NA:2012-01, Anhang NA.D, enthalten.

8.5.2.3 Zweischalige Wände ohne Luftschicht

Regeln zu zweischaligem Mauerwerk gemäß Definition 1.5.10.8 sind in Anhang NA.D von DIN EN 1996-2/NA [E18] zu finden.

Bei zweischaligen Außenwänden darf die Vorsatzschale statisch nicht angesetzt werden. Weitere Hinweise zur Ausführung sind in DIN EN 1996-2/NA:2012-01, Anhang NA.D, enthalten.

(1)P Die beiden Schalen einer zweischaligen Wand ohne Luftschicht müssen fest miteinander verbunden werden.

(2) Die Maueranker, die die beiden Schalen einer zweischaligen Wand ohne Luftschicht miteinander verbinden, sind nach 6.5 (4) zu berechnen und sollten eine hinreichende Querschnittsfläche mit nicht weniger als j Anker je m^2 Wandfläche aufweisen und gleichmäßig verteilt sein.

ANMERKUNG 1 Einige Arten von vorgefertigten Lagerfugenbewehrungen können auch zur Verbindung der beiden Schalen einer zweischaligen Wand ohne Luftschicht eingesetzt werden (siehe EN 845-3).

Zweischalige Wände aus Mauerwerk ohne Luftschicht sind wie zweischalige Wände mit Luftschicht zu verankern. Es gelten alle weiteren Anwendungsbedingungen und Hinweise wie für zweischalige Wände mit Luftschicht nach 8.5.2.2 (2). Der Wert j entspricht n_{tmin}.

8.6 Schlitze und Aussparungen in Wänden

8.6.1 Allgemeines

(1)P Schlitze und Aussparungen dürfen die Standsicherheit einer Wand nicht beeinträchtigen.

(2) Schlitze und Aussparungen sollten nicht durch Stürze oder andere tragende Bauteile einer Wand gehen. Sie sollten bei bewehrtem Mauerwerk außerdem nicht ohne besondere Zustimmung des Planers erlaubt werden.

(3) Bei zweischaligen Wänden mit Luftschicht sollte die Anordnung von Schlitzen und Aussparungen für jede Wandschale getrennt betrachtet werden.

8.6.2 Vertikale Schlitze und Aussparungen

Werden die in den Tabellen NA.19 und NA.20 angegebenen Grenzwerte nicht eingehalten, so kann der rechnerische Nachweis der Wandbauteile unter Berücksichtigung der tatsächlichen Restquerschnitte erfolgen.

(1) Die Abminderung für Druck-, Schub- und Biegetragfähigkeit infolge vertikaler Schlitze und Aussparungen darf vernachlässigt werden, wenn diese Schlitze und Aussparungen nicht tiefer als $t_{\text{ch,v}}$ sind. Dabei sollte als Schlitz- und Aussparungstiefe die Tiefe einschließlich der Löcher gelten, die bei der Herstellung der Schlitze und Aussparungen erreicht wird. Werden die Grenzwerte überschritten, sollte die Tragfähigkeit auf Druck, Schub und Biegung mit dem infolge der Schlitze und Aussparungen reduzierten Mauerwerksquerschnitt rechnerisch überprüft werden.

Vertikale Schlitze und Aussparungen sind auch dann ohne Nachweis zulässig, wenn die Querschnittsschwächung, bezogen auf 1 m Wandlänge, nicht mehr als 6 % beträgt und die Wand nicht drei- oder vierseitig gehalten gerechnet ist. Hierbei müssen eine Restwanddicke nach Tabelle NA.20, Spalte 5, und ein Mindestabstand nach Spalte 6 eingehalten werden.

Tabelle NA.20 enthält entsprechende Grenzwerte für $t_{ch,v}$.

Tabelle NA.20 — Ohne Nachweis zulässige Größe $t_{ch,v}$ vertikaler Schlitze und Aussparungen im Mauerwerk

1	2	3	4	5	6	7
	Nachträglich hergestellte Schlitze und Aussparungen [c]		Mit der Errichtung des Mauerwerks hergestellte Schlitze und Aussparungen im gemauerten Verband			
Wanddicke mm	maximale Tiefe [a] $t_{ch,v}$ mm	maximale Breite (Einzelschlitz) [b] mm	Verbleibende Mindest-wanddicke mm	maximale Breite [b] mm	Mindestabstand der Schlitze und Aussparungen	
					von Öffnungen	untereinander
115 bis 149	10	100	–	–	≥ Zweifache Schlitzbreite bzw. ≥ 240 mm	≥ Schlitzbreite
150 bis 174	20	100	–	–		
175 bis 199	30	100	115	260		
200 bis 239	30	125	115	300		
240 bis 299	30	150	115	385		
300 bis 364	30	200	175	385		
≥ 365	30	200	240	385		

[a] Schlitze, die bis maximal 1 m über den Fußboden reichen, dürfen bei Wanddicken ≥ 240 mm bis 80 mm Tiefe und 120 mm Breite ausgeführt werden.

[b] Die Gesamtbreite von Schlitzen nach Spalte 3 und Spalte 5 darf je 2 m Wandlänge die Maße in Spalte 5 nicht überschreiten. Bei geringeren Wandlängen als 2 m sind die Werte in Spalte 5 proportional zur Wandlänge zu verringern.

[c] Abstand der Schlitze und Aussparungen von Öffnungen ≥ 115 mm.

8.6.3 Horizontale und schräge Schlitze

(1) Jeder horizontale und schräge Schlitz sollte in einem Bereich kleiner als ein Achtel der lichten Geschosshöhe ober- oder unterhalb der Decke angeordnet werden. Die gesamte Schlitztiefe sollte kleiner als $t_{ch,h}$ sein, vorausgesetzt, die Exzentrizität in diesem Bereich ist kleiner als $t/3$. Dabei gilt als Schlitztiefe die Tiefe einschließlich der Lochung, die bei der Herstellung der Schlitze erreicht wird. Werden die Grenzwerte überschritten, sollte die Tragfähigkeit auf Druck, Schub und Biegung, unter Berücksichtigung des reduzierten Querschnittes, rechnerisch überprüft werden.

Das aktuelle DGfM-Merkblatt „Schlitze und Aussparungen" [D1] enthält ergänzende Informationen.

Horizontale und schräge Schlitze sind für eine gesamte Schlitztiefe von maximal dem Wert $t_{ch,h}$ ohne gesonderten Nachweis der Tragfähigkeit des reduzierten Mauerwerksquerschnitts auf Druck, Schub und Biegung zulässig, sofern eine Begrenzung der zusätzlichen Ausmitte in diesem Bereich vorgenommen wird. Klaffende Fugen infolge planmäßiger Ausmitte der einwirkenden charakteristischen Lasten (ohne Berücksichtigung der Kriechausmitte und der Stabauslenkung nach Theorie II. Ordnung) dürfen rechnerisch höchstens bis zum Schwerpunkt des Gesamtquerschnittes entstehen.

Dies entspricht einer Lastausmitte $e \leq t/3$.

Generell sind horizontale und schräge Schlitze in den Installationszonen nach DIN 18015-3 anzuordnen. Horizontale und schräge Schlitze in Langlochziegeln sind jedoch nicht zulässig.

Tabelle NA.21 enthält entsprechende Grenzwerte für $t_{ch,h}$. Sofern die Schlitztiefen die in Tabelle NA.21 angegebenen Werte überschreiten, ist die Tragfähigkeit auf Druck, Schub und Biegung mit dem infolge der horizontalen und schrägen Schlitze reduzierten Mauerwerksquerschnitt rechnerisch zu überprüfen.

Tabelle NA.21 — Ohne Nachweis zulässige Größe $t_{ch,h}$ horizontaler und schräger Schlitze im Mauerwerk

Wanddicke mm	Maximale Schlitztiefe $t_{ch,h}$ [a] mm	
	Unbeschränkte Länge	Länge ≤ 1250 mm [b]
115-149	–	–
150-174	–	0 [c]
175–239	0 [c]	25
240–299	15 [c]	25
300-364	20 [c]	30
über 365	20 [c]	30

[a] Horizontale und schräge Schlitze sind nur zulässig in einem Bereich ≤ 0,4 m ober- oder unterhalb der Rohdecke sowie jeweils an einer Wandseite. Sie sind nicht zulässig bei Langlochziegeln.

[b] Mindestabstand in Längsrichtung von Öffnungen ≥ 490 mm, vom nächsten Horizontalschlitz zweifache Schlitzlänge.

[c] Die Tiefe darf um 10 mm erhöht werden, wenn Werkzeuge verwendet werden, mit denen die Tiefe genau eingehalten werden kann. Bei Verwendung solcher Werkzeuge dürfen auch in Wänden ≥ 240 mm gegenüberliegende Schlitze mit jeweils 10 mm Tiefe ausgeführt werden.

8.7 Feuchtesperrschichten

(1)P Feuchtesperrschichten müssen in der Lage sein, horizontale und vertikale Bemessungslasten zu übertragen, ohne dass sie selbst beschädigt werden oder andere Schäden verursachen. Sie müssen ausreichenden Reibungswiderstand besitzen, um eine unbeabsichtigte Verschiebung des darüber liegenden Mauerwerks zu verhindern.

Dies kann bei Verwendung von besandeten Bitumendachbahnen (z. B. R500 nach DIN EN 14967 in Verbindung mit DIN SPEC 20000-202) oder mineralischen Dichtungsschlämmen nach DIN 18533-3 ohne weiteren Nachweis vorausgesetzt werden.

ANMERKUNG Es wird empfohlen, keine Feuchtesperrschicht zwischen dem Fertigteil und dem ergänzenden Bauteil eines Flachsturzes einzubauen. Wird dies dennoch als notwendig erachtet, so muss die Feuchtesperrschicht in der Lage sein, den an der Grenzfläche auftretenden horizontalen Schubkräften und der vertikalen Druckbelastung standzuhalten. (Siehe 6.6.5 (4) und 6.6.5 (5)).

8.8 Temperatur- und Langzeitverformung

(1)P Temperatur- und Langzeitverformungen müssen dann berücksichtigt werden, wenn sie negative Auswirkungen auf das Mauerwerk haben.

ANMERKUNG Informationen zur Berücksichtigung von Verformungen im Mauerwerk enthält DIN EN 1996-2.

9 AUSFÜHRUNG

9.1 Allgemeines

(1)P Alle Arbeiten müssen in Übereinstimmung mit den festgelegten Details innerhalb zulässiger Abweichungen ausgeführt werden.

Siehe hierzu DIN EN 1996-2/NA [E18], Abs. 2.3.5 und 3.4.

(2)P Alle Arbeiten müssen von entsprechend ausgebildetem und erfahrenem Personal ausgeführt werden.

Für Deutschland wird dies z. B. durch die Ausbildung zum Maurer gewährleistet.

(3)P Wenn den Anforderungen nach DIN EN 1996-2 entsprochen wird, kann die Einhaltung von (1)P und (2)P vorausgesetzt werden.

Dies ist der Verweis auf die Ausführungsregeln in Teil 2 dieser Norm.

(NA.4) Bei stark saugfähigen Steinen und/oder ungünstigen Umgebungsbedingungen ist ein vorzeitiger und zu hoher Wasserentzug aus dem Mörtel durch Vornässen der Steine oder andere geeignete Maßnahmen einzuschränken, wie z. B.:

a) durch Verwendung von Mörtel mit verbessertem Wasserrückhaltevermögen;

b) durch Nachbehandlung des Mauerwerks.

(NA.5) Elementmauerwerk ist als Einsteinmauerwerk auszuführen.

(NA.6) Elemente sind maschinell mit einer geeigneten Versetzhilfe zu verlegen.

(NA.7) Zum Ablängen von Elementen sind geeignete Trenn- oder Spaltvorrichtungen zu verwenden.

(NA.8) Bei Plansteinen und Planelementen erfolgt das Anlegen der unteren Ausgleichsschicht in Normalmauermörtel M 10 nach DIN EN 998-2 in Verbindung mit DIN 20000-412 bzw. DIN 18580.

(NA.9) Zusammensetzung und Konsistenz des Mörtels müssen vollfugiges Vermauern ermöglichen. Dies gilt besonders für Mörtel M 10 und M 20.

(NA.10) Werkmörteln dürfen auf der Baustelle keine Zuschläge und Zusätze (Zusatzstoffe und Zusatzmittel) zugegeben werden.

9.2 Bemessung und Konstruktion von Bauwerksteilen

(1) Die Standsicherheit des Bauwerks bzw. einzelner Wände sollte während der Bauzeit gewährleistet sein. Gegebenenfalls sollten auf der Baustelle spezielle Vorkehrungen getroffen werden.

9.3 Belastung von Mauerwerk

(1)P Um Schäden zu vermeiden, darf Mauerwerk erst belastet werden, wenn es ausreichend fest ist.

(2) Stützmauern sollten erst hinterfüllt werden, wenn sie die durch das Verfüllen bedingten Belastungen (aus Verdichtung und Erschütterungen) aufnehmen können.

Siehe hierzu DIN EN 1996-2/NA [E18], Anhang NA.E Bestimmungen für die Ausführung von Kellermauerwerk.

(3) Auf Wände, die während des Bauzustandes vorübergehend nicht abgestützt werden, jedoch Wind- und Baulasten ausgesetzt sind, ist besonders zu achten. Sie sollten, falls erforderlich, zeitweise abgestützt werden, um ihre Standsicherheit sicherzustellen.

Dies gilt für noch nicht ausgesteifte Wände.

Weitere Belastungen wie Regen und Frost siehe DIN EN 1996-2 [E7], Abs. 3.6

Anhang A (informativ)
Berücksichtigung von Teilsicherheitsfaktoren in Bezug auf die Ausführung

(1) ...Auslassung...

Anhang A gilt nicht.

NCI Anhang NA.B (informativ)
Berechnung der Ausmitte eines Stabilisierungskerns

Anhang B ist durch den folgenden Anhang NA.B zu ersetzen.

Wenn die vertikalen Aussteifungselemente nicht die Bedingungen nach 5.4 (2) erfüllen, sollte die gesamte Ausmitte von einem Stabilisierungskern infolge von Verformungen in den maßgebenden Richtungen mit Hilfe eines geeigneten Modells berechnet werden.

NCI Anhang NA.C (informativ)
Ein vereinfachtes Verfahren zur Berechnung der Lastausmitte bei Wänden

Anhang C ist durch den folgenden Anhang NA.C zu ersetzen.

(1) Die Berechnung der Lastausmitte am Wand-Decken-Knoten sollte mit Hilfe einer geeigneten Modellbildung nach den anerkannten Regeln der Technik erfolgen. Der Einfluss der Deckenverdrehung auf die Ausmitte der Lasteintragung in die Wände ist dabei zu berücksichtigen. Bei der Berechnung der Lastausmitte bei Wänden darf vereinfachend der Wand-Decken-Knoten als nicht gerissen angesehen und elastisches Verhalten der Baustoffe angenommen werden. Es darf eine Rahmenberechnung oder eine Berechnung des einzelnen Knotens vorgenommen werden.

Diese Fassung ersetzt den originalen Anhang C von DIN EN 1996-1-1 [E5].

(2) Die Berechnung des Knotens kann entsprechend Bild NA.C.1 vereinfacht werden. Bei weniger als vier Stäben an einem Knoten werden die nicht vorhandenen weggelassen. Die vom Knoten entfernten Stabenden sollten als eingespannt angesehen werden, es sei denn, sie sind nicht in der Lage, Momente aufzunehmen, so dass sie als gelenkig gelagert angesehen werden dürfen. Das Stabendmoment M_1 am Knoten 1 darf nach Gleichung (NA.C.1) berechnet werden. Das Stabendmoment M_2 am Knoten 2 wird in gleicher Weise nur mit dem Ausdruck $E_2 I_2/h_2$ im Zähler anstelle von $E_1 I_1/h_1$ berechnet.

$$M_1 = \frac{\frac{n_1 E_1 I_1}{h_1}}{\frac{n_1 E_1 I_1}{h_1} + \frac{n_2 E_2 I_2}{h_2} + \frac{n_3 E_3 I_3}{l_3} + \frac{n_4 E_4 I_4}{l_4}} \left[\frac{q_3 l_3^2}{4(n_3 - 1)} - \frac{q_4 l_4^2}{4(n_4 - 1)} \right]$$

Dabei ist

n_i der Steifigkeitsfaktor des Stabes; er ist 4 bei an beiden Enden eingespannten Stäben und 3 in den anderen Fällen;

E_i der Elastizitätsmodul des Stabes i, mit i = 1, 2, 3 oder 4;

ANMERKUNG 1 Für Mauerwerk ist der Elastizitätsmodul mit $E = K_E \cdot f_k$ zu bestimmen. Der Wert K_E kann getrennt nach der jeweiligen Mauersteinart aus Tabelle NA.13 entnommen werden.

In der hier angegebenen Formel wird über den ersten Term (Bruch) die Aufteilung der Knotenmomente auf die anschließenden Stäbe, also die Wände unter- und oberhalb des Knotens und die anschließenden Decken, modelliert. Der Klammerausdruck als zweiter Term stellt das Volleinspannmoment am betrachteten Knoten dar. In der hier dargestellten Formulierung ist dieser Ausdruck nur für gleichverteilte und über die gesamte Deckenlänge vorliegende Belastungen zutreffend. Im Falle anderer Lastbilder, z. B. Staffelgeschosse oder Einzellasten, ist eine Verwendung des ersten Faktors nach wie vor möglich. Der Klammerausdruck muss dann aber durch das entsprechende Volleinspannmoment ersetzt werden.

Gl. (NA.C.1) basiert auf einer Rahmenberechnung nach Elastizitätstheorie unter Ansatz biegesteifer Knoten.

I_i das Trägheitsmoment des Stabes i, mit i = 1, 2, 3 oder 4 (bei zweischaligem Mauerwerk mit Luftschicht, bei dem nur eine Wandschale belastet ist, sollte als I_i nur das der belasteten Wandschale angenommen werden);

Bei nur teilweise aufliegenden Decken ist (5) bzw. Abs. 6.1.2.2 (NA.4) zu beachten.

h_1 die lichte Höhe des Stabes 1;

h_2 die lichte Höhe des Stabes 2;

l_3 die lichte Spannweite des Stabes 3;

l_4 die lichte Spannweite des Stabes 4;

Für Höhen und Spannweiten sind Systemmaße zu verwenden.

q_3 die gleichmäßig verteilte Bemessungslast des Stabes 3 bei Anwendung der Teilsicherheitsbeiwerte nach DIN EN 1990 für ungünstige Einwirkung;

q_4 die gleichmäßig verteilte Bemessungslast des Stabes 4 bei Anwendung der Teilsicherheitsbeiwerte nach DIN EN 1990 für ungünstige Einwirkung.

Zum Ansatz der Nutzlasten, siehe Erläuterungen zu Abs. 2.4.2.

ANMERKUNG 2 Bei zweiachsig gespannten Decken (Spannweitenverhältnissen bis 1 : 2) darf als Spannweite zur Ermittlung der Lastexzentrizität 2/3 der kürzeren Seite eingesetzt werden.

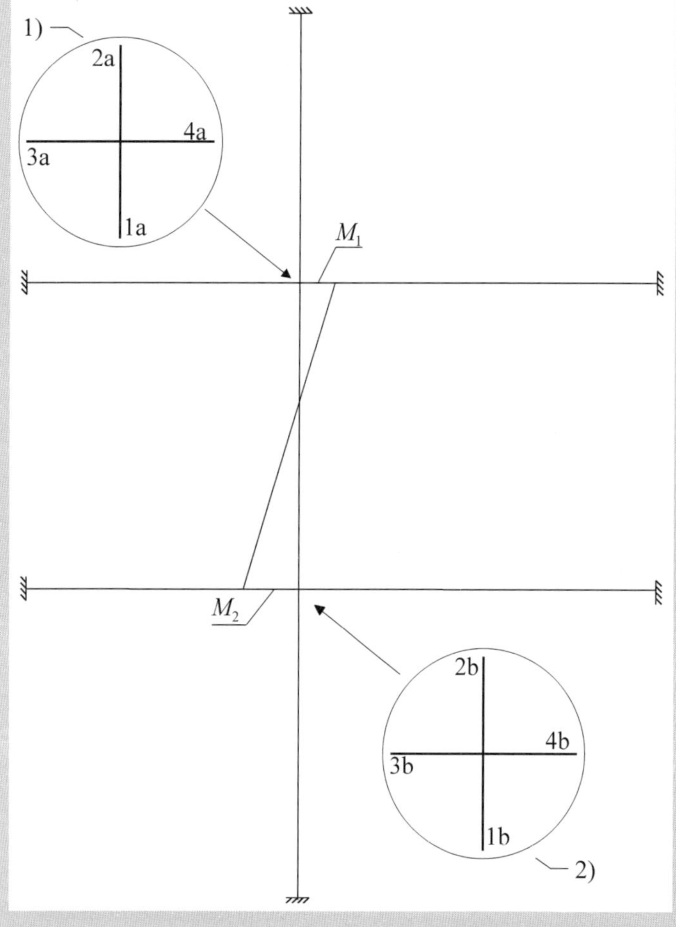

Legende
1) Rahmen a
2) Rahmen b

ANMERKUNG Das Biegemoment M_1 wird am Rahmen a und das Biegemoment M_2 am Rahmen b ermittelt

Bild NA.C.1 — Vereinfachtes Rahmenmodell

Durch Verwendung von Gl. (NA.C.1) an Wandkopf und Wandfuß lässt sich die Berechnung der Knotenmomente im Vergleich zu einer vollständigen Rahmenberechnung stark vereinfachen. Der Momentenverlauf über die Wandhöhe ergibt sich dann aus den Kopf- und Fußmomenten unter Berücksichtigung etwaiger über die Stablänge angreifender Belastungen (z. B. Windlasten).

Die ursprüngliche Bildnummerierung „NA.C.10“ aus DIN EN 1996-1-1/NA [E16] wurde korrigiert.

(3) Die Ergebnisse der Berechnung liegen im Allgemeinen auf der sicheren Seite, da die wirkliche Einspannung des Decken/Wandknotens, d. h. das Verhältnis des tatsächlich durch den Knoten übertragenen Momentes zu dem, welches bei voller Einspannung übertragen werden würde, nicht erreicht werden kann. Bei der Bemessung ist es zulässig, die nach Absatz (1) errechnete Ausmitte mit dem Faktor η zu reduzieren. Der Wert η kann mit $(1 - k_m/4)$ angenommen werden.

Der Faktor k_m berücksichtigt die Nichtlinearität am Wand-Decken-Knoten, insbesondere die infolge von Rissbildung reduzierte Steifigkeit.

Dabei ist

$$k_m = \frac{n_3 \frac{E_3 I_3}{l_3} + n_4 \frac{E_4 I_4}{l_4}}{n_1 \frac{E_1 I_1}{h_1} + n_2 \frac{E_2 I_2}{h_2}} \leq 2 \qquad \text{(NA.C.2)}$$

Es gelten in der Gleichung die gleichen Bezeichnungen wie unter (NA.C.1).

(4) Ist die rechnerische Ausmitte der resultierenden Last aus Decken und darüber befindlichen Geschossen infolge der Knotenmomente am Kopf bzw. Fuß der Wand größer als die 0,333-fache Wanddicke t, so darf die resultierende Last über einen am Rand des Querschnittes angeordneten Spannungsblock mit der Ordinate f_d abgetragen werden (siehe Bild NA.C.2).

Diese Regel wird allgemein als Rücksetzregel bezeichnet, da größere Exzentrizitäten (die rechnerisch auch außerhalb der Wand liegen können) aus Verträglichkeitsgründen bis auf den Wert e/t = 0,333 zurückgesetzt werden dürfen. Dadurch können die Plastizitätsreserven des Mauerwerks in Ansatz gebracht werden. Die für die weitere Bemessung zu verwendende Lastexzentrizität ergibt sich wie folgt:

$e = (t - t_c)/2$

mit $t_c = N_{Ed}/(f_d \cdot l)$

ANMERKUNG 3 Bei der Berechnung der Ausmitte nach vorstehendem Absatz können Rissbildungen an der der Last gegenüber liegenden Seite der Wand infolge der dabei entstehenden Deckenverdrehung auftreten.

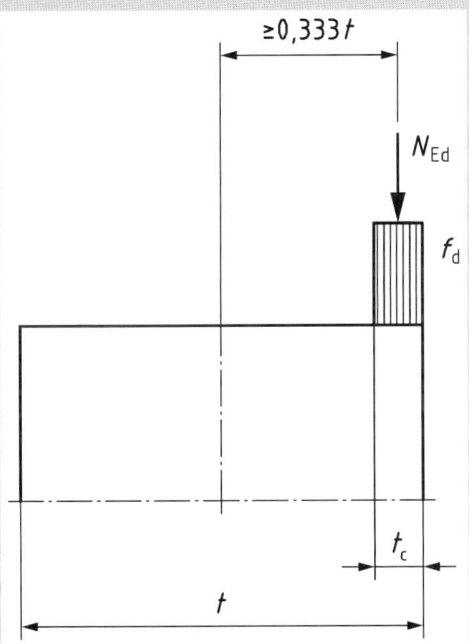

Legende

t_c überdrückte Tiefe ≤ 0,333 t
t Dicke der Wand
N_{Ed} Bemessungswert der eingehenden Vertikallast
f_d Bemessungswert der Druckfestigkeit des Mauerwerks

Bild NA.C.2 — Ausmitte der Bemessungslast bei Aufnahme durch den Spannungsblock

Die ursprüngliche Bildnummerierung „NA.C.11" aus DIN EN 1996-1-1/NA [E16] wurde korrigiert.

(5) Wenn bei teilweise aufliegender Deckenplatte nach NCI zu 6.1.2.2, Absatz (NA.4) angewendet wird, darf vereinfachend für die Wanddicke die Deckenauflagertiefe a angesetzt werden.

Die Flächenträgheitsmomente I_1 und I_2 der Wände dürfen für die Berechnung der Knotenmomente nach Gl. (NA.C.1) und (NA.C.2) demnach mit der Auflagertiefe a anstelle der Wanddicke t berechnet werden.

Anhang D (informativ)
Ermittlung von ρ_3 und ρ_4

Anhang D wird unverändert als informativer Anhang übernommen.

(1) Dieser Anhang enthält zwei Diagramme, D.1 und D.2, zur Ermittlung von ρ_3 und ρ_4

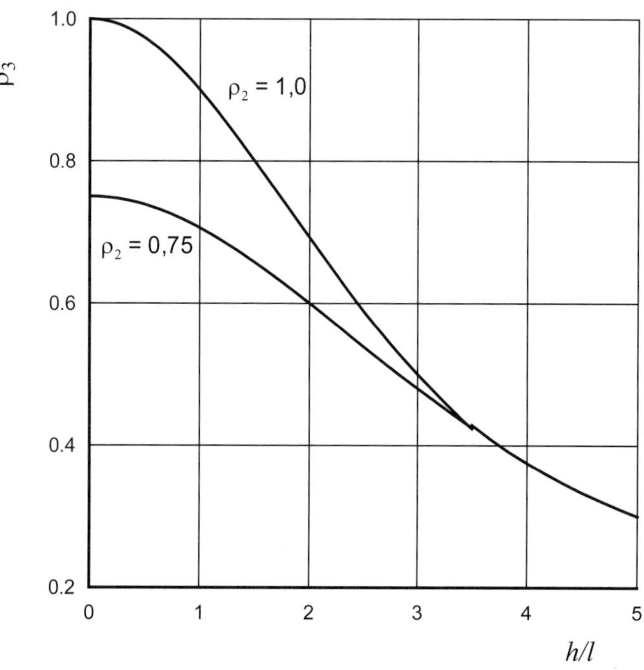

Bild D.1 — ρ_3-Werte ermittelt mit Gleichungen (5.6) und (5.7)

Anstelle von h/l ist in Deutschland h/b' zu verwenden.

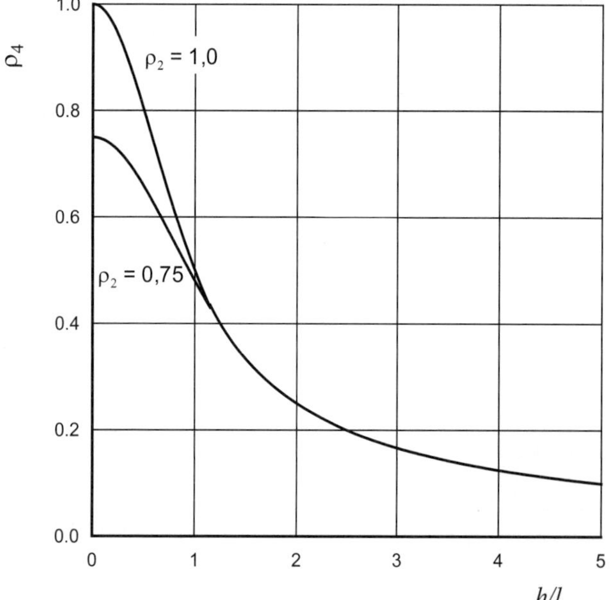

Bild D.2 — ρ_4-Werte ermittelt mit Gleichungen (5.8) und (5.9)

Anstelle von h/l ist in Deutschland h/b zu verwenden.

NCI Anhang NA.E (normativ)
Biegemomentkoeffizienten α_2 für einschalige horizontal belastete Wandscheiben mit Wanddicken ≤ 250 mm

Vereinfachend kann der Nachweis vertikal nicht beanspruchter Wände mit gleichmäßig verteilter horizontaler Bemessungslast nach DIN EN 1996-3/NA:2019-12, Anhang NA.C geführt werden.

Anhang F (informativ)
Beschränkung des Verhältnisses Länge bzw. Höhe zu Dicke für Wände im Grenzzustand der Gebrauchstauglichkeit

(1) ...Auslassung...

Anhang F gilt nicht.

NCI Anhang NA.G (normativ)
Abminderungsfaktor zur Berücksichtigung von Schlankheit und Ausmitte

Anhang G ist durch den normativen Anhang NA.G zu ersetzen.

(1) Der Abminderungsfaktor Φ_m in Wandmitte zur Berücksichtigung der Schlankheit einer Wand und der Ausmitte der Last darf vereinfachend zu den in DIN EN 1996-1-1:2013-02, 6.1.2.2, enthaltenen Grundsätzen unabhängig vom Elastizitätsmodul E und der charakteristischen Druckfestigkeit f_k von unbewehrtem Mauerwerk, wie folgt berechnet werden:

$$\Phi_m = 1{,}14 \cdot (1 - 2 \cdot e_{mk} / t_{ef}) - 0{,}024 \cdot h_{ef} / t_{ef} \leq 1 - 2 \cdot e_{mk} / t_{ef} \quad \text{(NA.G.1)}$$

Dabei ist e_{mk}, h_{ef}, t, t_{ef} nach DIN EN 1996-1-1:2013-02, 6.1.2.2.

Die Traglastfunktion gemäß Gl. (NA.G.1) schätzt die Tragfähigkeit insbesondere bei großen Schlankheiten konservativ ab, weshalb gemäß [14] der Einfluss des Kriechens meistens vernachlässigt werden kann (e_k = 0).

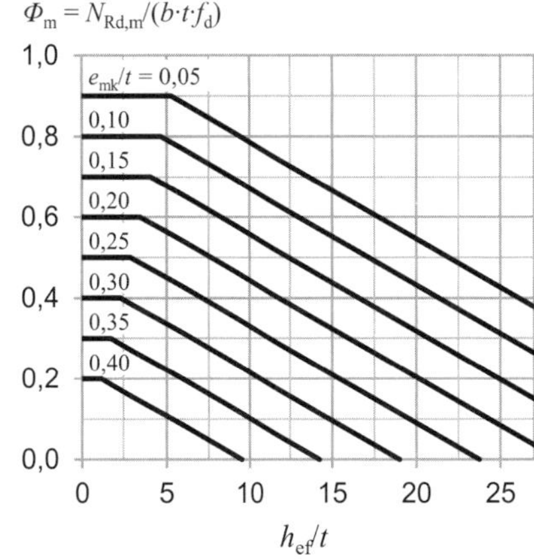

Gemäß Abs. 5.5.1.4 (2) darf die Wandschlankheit nicht größer als 27 sein.

Genauere Verfahren zur wirklichkeitsnahen Bestimmung der Tragfähigkeit unter Berücksichtigung der Schlankheit sind bspw. in [2], [6] u. [11] enthalten.

Gemäß NCI zu Abs. 5.5.1.3 gilt in Deutschland stets $t_{ef} = t$.

Anhang H (informativ) Vergrößerungsfaktor nach 6.1.3

Bild H.1 ...Auslassung...

Anhang H gilt nicht.

Anhang I (informativ) Behandlung von Querlasten auf drei- oder vierseitig gelagerte Wände bei kombinierter Scheiben- und Plattenbeanspruchung

(1) ...Auslassung...

Anhang I gilt nicht.

Anhang J (informativ) Bewehrte Mauerwerksbauteile unter Schubbeanspruchung: Vergrößerungsfaktor f_{vd}

(1) ...Auslassung...

Anhang J gilt nicht.

NCI Anhang NA.K (informativ) Ergänzung zum Nachweis von Wandscheiben

NA.K.1 Allgemeines

(1) In Mauerwerksgebäuden mit Massivdecken können die positiven Effekte aus der Einspannwirkung sowie rückstellende Kräfte bei der Schnittgrößenermittlung der Wandscheiben berücksichtigt werden. Dazu sind geeignete Modelle zu verwenden.

(2) Die Zusatzbeanspruchung ist bei der Bemessung der Stahlbetondecken zu berücksichtigen.

NA.K.2 Biegedrucktragfähigkeit in Scheibenrichtung

(1) Bei Scheibenbeanspruchung darf der Abminderungsfaktor Φ_i angenommen werden zu

$$\Phi = \Phi_i = 1 - 2 \cdot \frac{V_{Ed}}{N_{Ed}} \cdot \lambda_v \qquad \text{(NA.K.1)}$$

Dabei ist

Φ_i der Abminderungsfaktor an der maßgebenden Nachweisstelle am Wandkopf bzw. am Wandfuß;

V_{Ed} der Bemessungswert der einwirkenden Querkraft;

N_{Ed} der Bemessungswert der einwirkenden Normalkraft;

λ_v die Schubschlankheit mit $\lambda_v = \psi \cdot h/l$;

Werden rückdrehende Momente in Scheibenrichtung infolge einer Einspannung in die Deckenplatten angesetzt, ist der Nachweis der Weiterleitung dieser Momente zu führen, um das Gleichgewicht am Gesamtsystem sicherzustellen. Es muss folglich nachgewiesen werden, dass die Biegetragfähigkeit der Decken ausreichend und die Weiterleitung der Momente in andere Wände gewährleistet ist.

Das in diesem Anhang beschriebene Verfahren führt nur zu höheren Tragfähigkeiten im Vergleich zu NCI zu Abs. 6.2, wenn $\Psi < 1$ ist, d. h. der Momentennullpunkt infolge Wind- und Aussteifungslasten innerhalb der Geschosshöhe liegt (s. Bild NA.K.1).

Ein Praxisbeispiel zur Berechnung nach Anhang NA.K unter Berücksichtigung günstig wirkender (rückdrehender) Momente ist in [20] enthalten.

ψ der Kennwert zur Beschreibung der Momentenverteilung über die Wandscheibenhöhe

$$\psi = \frac{1}{\left(1 - \frac{e_o}{e_u}\right)} > 0 \text{ für } |e_u| > |e_o| \quad \text{(NA.K.2)}$$

$$\psi = \frac{1}{\left(1 - \frac{e_u}{e_o}\right)} > 0 \text{ für } |e_u| \leq |e_o| \quad \text{(NA.K.3)}$$

Prinzipielle Möglichkeiten zur Bestimmung von ψ sind in Bild NA.K.1 gegeben;

l die Länge der Wandscheibe;

h die lichte Höhe der Wand;

e_o die Ausmitte der Normalkraft am Wandkopf;

e_u die Ausmitte der Normalkraft am Wandfuß.

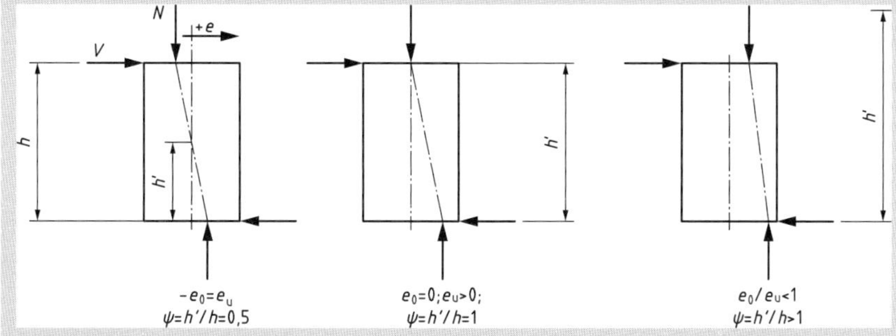

ANMERKUNG Die Lastausmitten sind dabei vorzeichenrichtig (positiv in Richtung und Orientierung der angreifenden Horizontallast V am Wandkopf) ausgehend von der Wandlängenmitte in Gleichung (NA.K.2) und (NA.K.3) einzusetzen.

Bild NA.K.1 — Beispiele für Lastausmitten am Wandkopf und am Wandfuß einer Wandscheibe

Die ursprüngliche Bildnummerierung „NA.K.12“ aus DIN EN 1996-1-1/NA [E16] wurde korrigiert.

NA.K.3 Querkrafttragfähigkeit in Scheibenrichtung

(1) Für Rechteckquerschnitte gilt:

$$V_{\mathrm{Rdlt}} = l_{\mathrm{cal}} \cdot f_{\mathrm{vd}} \cdot \frac{t}{c} \quad \text{(NA.K.4)}$$

Dies ist eine allgemeine Form für den Querkraftnachweis. Grundsätzlich ergeben sich bei Vernachlässigung der Erhöhungsfaktoren zur Bestimmung der rechnerischen Wandlänge l_{cal} nach Abs. 6.2 (NA.12) identische Querkrafttragfähigkeiten.

Dabei ist

f_{vd} der Bemessungswert der Schubfestigkeit f_{vk} nach 3.6.2 mit $f_{\mathrm{vd}} = f_{\mathrm{vk}}/\gamma_M$;

γ_M Teilsicherheitsbeiwert für das Material nach Tabelle NA.1;

c Schubspannungsverteilungsfaktor
c = 1,0 für $\lambda_v \leq 1$
c = 1,5 für $\lambda_v \geq 2$
Zwischenwerte dürfen linear interpoliert werden;

l_{cal} die für die Berechnung anzusetzende, überdrückte Länge der Wandscheibe. Es gilt hier:

$$l_{\mathrm{cal}} = \frac{3}{2} \cdot \left(1 - 2 \cdot \frac{V_{\mathrm{Ed}}}{N_{\mathrm{Ed}}} \cdot \lambda_v\right) \cdot l \leq l \quad \text{(NA.K.5)}$$

t die Dicke der nachzuweisenden Wand;

l die Länge der Wandscheibe;

V_{Ed} der Bemessungswert der einwirkenden Querkraft;

N_{Ed} der Bemessungswert der einwirkenden Normalkraft;

λ_v die Schubschlankheit mit $\lambda_v = \psi \cdot h/l$;

ANMERKUNG Die Anwendung der rechnerischen Wandlänge nach NCI zu 6.2, Absatz (NA.12) mit $l_{cal} = 1{,}125\ l$ bzw. $l_{cal} = 1{,}333\ l_{c,lin}$. von Wandscheiben unter Windbelastung ist bei Anwendung von Modellen, die vom einfachen Kragarm abweichen, nicht zulässig.

(2) Bei Elementmauerwerk mit Dünnbettmörtel und Überbindemaßen $l_{ol}/h_u < 0{,}4$ sowie hoher Normalkraftbeanspruchung ist die Querkrafttragfähigkeit am Wandfuß infolge Schubdruckversagens nach Gleichung (NA.K.6) zusätzlich begrenzt.

$$V_{Rdlt} = \frac{1}{\gamma_M \cdot c}\left(f_k \cdot t \cdot l_c - \gamma_M \cdot N_{Ed}\right) \cdot \frac{l_{ol}}{h_u} \qquad \text{(NA.K.6)}$$

Dabei ist

γ_M der Teilsicherheitsbeiwert für das Material nach Tabelle NA.1;

c der Schubspannungsverteilungsfaktor
$c = 1{,}0$ für $\lambda_v \leq 1$
$c = 1{,}5$ für $\lambda_v \geq 2$
Zwischenwerte dürfen linear interpoliert werden;

λ_v die Schubschlankheit mit $\lambda_v = \psi \cdot h/l$;

h die lichte Höhe der Wand;

l die Länge der Wandscheibe;

f_k die charakteristische Mauerwerksdruckfestigkeit nach NDP zu 3.6.1.2 (1);

t die Dicke der Wand;

l_c die anzusetzende, überdrückte Länge der Wandscheibe. Es gilt hier:

$$l_c = \left(1 - 2 \cdot \frac{V_{Ed}}{N_{Ed}} \cdot \lambda_v\right) \cdot l \qquad \text{(NA.K.7)}$$

N_{Ed} der Bemessungswert der einwirkenden Normalkraft, im Regelfall ist die maximale Einwirkung maßgebend;

V_{Ed} der Bemessungswert der einwirkenden Querkraft;

h_u die Höhe des Elementes;

l_{ol} das Überbindemaß;

(3) Bei Elementmauerwerk mit unvermörtelten Stoßfugen und Verwendung von Steinen mit einem Seitenverhältnis von $h_u > l_u$ ist die Querkrafttragfähigkeit infolge Fugenversagens am Einzelstein zusätzlich begrenzt. Der Nachweis des Fugenversagens durch Klaffen der Lagerfugen ist in halber Wandhöhe zu führen.

$$V_{Rdlt} = \frac{2}{3} \cdot \frac{1}{\gamma_M} \cdot \left(\frac{l_u}{h_u} + \frac{l_u}{h}\right) \cdot N_{Ed} \qquad \text{(NA.K.8)}$$

Dabei ist

N_{Ed} der Bemessungswert der einwirkenden Normalkraft, im Regelfall ist die minimale Einwirkung maßgebend;

h_u die Höhe des Elementes;

l_u die Länge des Elementes;

h die lichte Höhe der Wand.

NCI Anhang NA.L (normativ)
Konstruktion, Ausführung und Bemessung von Mauerwerk aus Natursteinen

NA.L.1 Allgemeines

(1) Dieser Anhang enthält zusätzliche, nicht im Widerspruch zum Eurocode 6 stehende Festlegungen. Er gilt für die Bemessung, Konstruktion und Ausführung von Mauerwerk aus Natursteinen.

(2) Dieser Anhang gilt nicht für die Bemessung von Trockenmauerwerk.

Die Regelungen zur Konstruktion, Ausführung und Bemessung von Mauerwerk aus Natursteinen wurden sinngemäß aus DIN 1053-1 [R1] übernommen. DIN EN 1996 sowie der Nationale Anhang beziehen sich hierbei auf den Neubau oder Ersatz einzelner Bauteile.

NA.L.2 Allgemeine Grundsätze

(1) Natursteine für Mauerwerk dürfen nur aus gesundem Gestein gewonnen werden. Ungeschützt der Witterung ausgesetztes Mauerwerk muss ausreichend widerstandsfähig gegen diese Einflüsse sein.

(2) Natursteine aus Sediment- und metamorphem Gestein sollten generell entsprechend ihrer Schichtungsebene horizontal bzw. annähernd horizontal verlegt werden.

(3) In den Maueransichtsflächen darf die Steinlänge das Fünffache der Steinhöhe nicht über- und die Steinhöhe nicht unterschreiten.

NA.L.3 Ausführung von Natursteinmauerwerk

(1) Natursteinmauerwerk muss im ganzen Querschnitt handwerksgerecht sein, d. h., dass

a) an der Vorder- und Rückfläche nirgends mehr als drei Fugen zusammenstoßen,

b) keine Stoßfuge durch mehr als zwei Schichten durchgeht,

c) auf zwei Läufer mindestens ein Binder kommt oder Binder- und Läuferschichten miteinander abwechseln,

d) die Länge der Binder mindestens das 1,5-fache der Steinhöhe und die Einbindetiefe in die Hintermauerung das 0,4-fache der Binderlänge, mindestens aber 12 cm betragen,

e) die Breite der Läufer mit Ausnahme bei Verblendmauerwerk mindestens der Steinhöhe entspricht, jedoch mindestens 100 mm beträgt,

f) die Überbindung der Stoßfugen bei orthogonalen Mauerwerksverbänden mindestens 0,4 h_u, bei Schichtenmauerwerk mindestens 100 mm, bei Quadermauerwerk mindestens 150 mm beträgt und

g) in der untersten Schicht und an den Ecken die größten Steine (gegebenenfalls in Höhe von zwei Schichten) eingebaut werden.

(2) Unvermeidliche Zwischenräume im Inneren des Mauerwerks sind mit allseits von Mörtel umhüllten Steinstücken auszufüllen. Entsprechendes gilt auch für breitere Fugen in den Maueransichtsflächen von Zyklopenmauerwerk, Bruchsteinmauerwerk und Schichtenmauerwerk.

(3) Sind die Maueransichtsflächen der Witterung ausgesetzt, so muss die Verfugung lückenlos sein. Bei nachträglicher Verfugung muss die Fugentiefe mindestens der Fugendicke entsprechen, jedoch mindestens 20 mm betragen.

(4) Für die Bemessung von Mauerwerk ist die Art der Bearbeitung der Steine in den Maueransichtsflächen nicht maßgebend.

(5) Die Festigkeit des Mauermörtels soll die Festigkeit des Mauersteins nicht überschreiten.

NA.L.4 Mauerwerksarten

NA.L.4.1 Tragendes Mauerwerk

Tragendes Mauerwerk ist so herzustellen, dass es neben den Eigenlasten auch weitere Lasten aufnehmen kann. Es kann auch zur Gebäudeaussteifung herangezogen werden. Mauersteine für tragendes Mauerwerk müssen maßhaltige Natursteine nach DIN EN 771-6, Kategorie I sein.

NA.L.4.2 Schwergewichtsmauerwerk

Schwergewichtsmauerwerk ist mit der jeweils erforderlichen Dicke so herzustellen, dass einwirkende Lasten aufnehmbar sind. Schwergewichtsmauerwerk kann für freistehende Wände oder Stützwände verwendet werden.

NA.L.4.3 Verblendmauerwerk

(1) DIN EN 1996-1-1:2013-02, 8.1.4.2 (2) empfiehlt bei Verblendsteinmauerwerk aus Naturstein das Überbindemaß von mindestens dem 0,25-fachen des kleinsten Steinmaßes oder mindestens 40 mm einzuhalten, sofern nicht andere Maßnahmen eine ausreichende Festigkeit sichern. Diese Empfehlung ist für Mauerwerk aus Natursteinen nicht ausreichend.

Verblendmauerwerk darf unter den folgenden Bedingungen zum tragenden Querschnitt gerechnet werden:

a) Das Verblendmauerwerk muss gleichzeitig mit der Hintermauerung im Verband gemauert werden.

b) Die Steine von mindestens 30 % der Verblendmauerwerksfläche müssen in die Hintermauerung einbinden. Es kann auch jede dritte Schicht nur aus Bindersteinen ausgeführt werden.

c) Die Bindersteine müssen mindestens 240 mm lang sein und mindestens 100 mm in die Hintermauerung einbinden.

d) Die Dicke der Verblendsteine muss gleich oder größer als 1/3 ihrer Höhe sein und mindestens 115 mm betragen.

(2) Besteht der hintere Wandteil aus Beton, so gelten die vorstehenden Bedingungen sinngemäß.

(3) Für die Ermittlung der zulässigen Beanspruchung des Bauteils ist der Baustoff (Mauerwerk, Beton) mit der niedrigsten zulässigen Beanspruchung maßgebend.

(4) Geschichtete Steine dürfen abweichend von NA.L.2 (2) vermauert werden, wenn sie parallel zur Schichtung eine charakteristische Druckfestigkeit von mindestens 20 MN/m^2 aufweisen.

NA.L.4.4 Vorsatzschalen

(1) Nichttragende Vorsatzschalen sind nach DIN EN 1996-2/NA:2012-01, NCI Anhang NA.D auszuführen.

(2) Bei nichttragenden Vorsatzschalen darf die Steinlänge abweichend von NA.L.3 mehr als das Fünffache der Steinhöhe betragen und die Steinhöhe unterschreiten.

(3) Geschichtete Steine dürfen abweichend von NA.L.2 (2) vermauert werden, wenn sie parallel zur Schichtung eine charakteristische Druckfestigkeit von mindestens 20 MN/m^2 aufweisen.

NA.L.4.5 Trockenmauerwerk

(1) Natursteine sind ohne Verwendung von Bindemitteln in handwerksgerechtem Verband so aneinander zu fügen, dass möglichst enge Fugen und möglichst kleine Hohlräume verbleiben.

(2) Größere Hohlräume zwischen den Steinen müssen durch kleinere Steine so ausgefüllt werden, dass durch Einkeilen Spannung zwischen den Mauersteinen entsteht.

(3) Trockenmauerwerk darf nur für Schwergewichtsmauern verwendet werden. Für den Bemessungswert der Eigenlast sind höchstens 75 % der Rohwichte des zu verwendenden Steines anzusetzen.

(4) Geschichtete Steine dürfen abweichend von NA.L.2 (2) vermauert werden, wenn sie parallel zur Schichtung eine charakteristische Druckfestigkeit von mindestens 20 MN/m² aufweisen.

NA.L.5 Verbandsarten

NA.L.5.1 Allgemeines

Die Anforderungen an die Mauerwerksverbände sind Tabelle NA.L.1 zu entnehmen.

NA.L.5.2 Polygonale Mauerwerksverbände

a) Findlingsmauerwerk

Bei Findlingsmauerwerk (Bild NA.L.1) sind wenig bearbeitete bzw. unbearbeitete Steine in rundlichen oder wilden Formen im Verband zu verlegen.

b) Bruchstein-Zyklopenmauerwerk

Bei Bruchstein-Zyklopenmauerwerk (Bild NA.L.2) sind bruchraue Steine in überwiegend polyedrischen Formen im Verband zu verlegen.

Bild NA.L.1 — Beispiel für Findlingsmauerwerk

Bild NA.L.2 — Beispiel für Bruchstein-Zyklopenmauerwerk

Die ursprünglichen Bildnummerierungen „NA.L.13“ sowie „NA.L.14“ aus DIN EN 1996-1-1/NA [E16] wurden korrigiert.

c) Zyklopenmauerwerk

Bei Zyklopenmauerwerk (Bild NA.L.3) sind hammerrecht bearbeitete Steine in überwiegend polyedrischen Formen im Verband zu verlegen.

Bild NA.L.3 — Beispiel für Zyklopenmauerwerk

Die ursprüngliche Bildnummerierung „NA.L.15“ aus DIN EN 1996-1-1/NA [E16] wurde korrigiert.

Tabelle NA.L.1 — Anforderungen an Verbandsarten

Kriterien / Mauerwerksverbände		polygonale Mauerwerksverbände			orthogonale Mauerwerksverbände			
		Findlingsmauerwerk	Bruchsteinzyklopenmauerwerk	Zyklopenmauerwerk	Bruchsteinschichtenmauerwerk	Schichtenmauerwerk		Quadermauerwerk
1. Güteklasse [a]		–	N1		N1	N2	N3	N4 [b]
2. Steinform		rundlich	polyedrisch	polyedrisch	annähernd quaderförmig bis wildförmig polyedrisch	quaderförmig bis annähernd quaderförmig	quaderförmig	quaderförmig
3. Steinbearbeitung	3.1 Bearbeitung	keine – gering	bruchrau	hammerrecht	bruchrau	hammerrecht, mindestens 120 mm Tiefe	bearbeitet mindestens 150 mm Tiefe	maßgerecht, auf ganzer Tiefe
	3.2 Dicke [b] der Lagerfuge d_L	–		≤ 30 mm	–	≤ 30 mm	≤ 30 mm	nach Maß, ≤ 20 mm
	3.3 Verhältnis d_L/l_u	–	≤ 0,25	≤ 0,20	≤ 0,25	≤ 0,20	≤ 0,13	≤ 0,07
4. Verband und Fugenverlauf	4.1 Übertragungsfaktor η_t	–	≥ 0,5	≥ 0,5	≥ 0,5	≥ 0,65	≥ 0,75	≥ 0,85
	4.2 Fugenneigung α_L	–	–	–	tan α_L ≤ 0,30	tan α_L ≤ 0,15	tan α_L ≤ 0,10	tan α_L ≤ 0,05
	4.3 Fugenverlauf, Stein- und Schichthöhen	wilder Polygonalverband (opus incertum)		–	unregelmäßiges Schichtenmauerwerk mit versetzten Lagerfugen und wechselnden Stein- und Schichthöhen			
		–	Polygonalverband (opus antiquum)		–	regelmäßiges Schichtenmauerwerk mit durchgehenden Lagerfugen und wechselnden Schichthöhen		
		keine differenzierbaren Lager- und Stoßfugen			–		regelmäßiges Schichtenmauerwerk mit durchgehenden Lagerfugen und konstanten Schichthöhen	

[a] Diese Güteklassen stellen Grundeinstufungen dar. Je nach Ausführung (insbesondere Steinform, Verband und Fugenausbildung) sind in Abhängigkeit von den jeweiligen Anforderungen auch abweichende Güteklasseneinstufungen möglich.

[b] Gilt auch für tragendes Mauerwerk aus maßgerechten Steinen der Toleranzklassen D1 bis D3 nach DIN EN 771-6:2011-07, Tabelle 1.

NA.L.5.3 Orthogonale Mauerwerksverbände

a) Bruchstein-Schichtenmauerwerk

(1) Wenig bearbeitete Bruchsteine sind im ganzen Mauerwerk (Bild NA.L.4) im Verband zu verlegen.

(2) Die Lagerfuge des Bruchsteinmauerwerks ist in der Mauerdicke und in Abständen von höchstens 1,50 m auf eine Ebene auszugleichen.

Bild NA.L.4 — Beispiel für Bruchstein-Schichtenmauerwerk

Die ursprüngliche Bildnummerierung „NA.L.16“ aus DIN EN 1996-1-1/NA [E16] wurde korrigiert.

b) Schichtenmauerwerk Güteklasse N2 (Bild NA.L.5)

(1) Die Lager- und Stoßflächen der Steine von Maueransichtsflächen sind mindestens 120 mm tief zu bearbeiten, so dass diese zueinander und zur Oberfläche ungefähr rechtwinklig stehen.

(2) Die Stein- und Schichthöhen dürfen variieren, jedoch sind die Lagerfugen im Mauerwerk in der ganzen Dicke in Abständen von höchstens 1,50 m auf eine Ebene auszugleichen.

Bild NA.L.5 — Beispiel für Schichtenmauerwerk Güteklasse N2

Die ursprüngliche Bildnummerierung „NA.L.17“ aus DIN EN 1996-1-1/NA [E16] wurde korrigiert.

c) Schichtenmauerwerk Güteklasse N3

(1) Die Lager- und Stoßflächen der Steine von Maueransichtsflächen sind mindestens 150 mm tief zu bearbeiten, so dass diese zueinander und zur Maueransichtsfläche rechtwinklig stehen.

(2) Die Fugendicke in der Sichtfläche darf nicht größer als 30 mm sein.

(3) Die Stein- und Schichthöhen dürfen in mäßigen Grenzen variieren (unregelmäßiges Schichtenmauerwerk nach Bild NA.L.6), jedoch ist das Mauerwerk in seiner ganzen Dicke in Abständen von höchstens 1,50 m auf eine Ebene auszugleichen.

(4) Bei Gewölben, Kuppeln und dergleichen müssen die Lagerfugen über die ganze Gewölbedicke hindurchgehen (regelmäßiges Schichtenmauerwerk nach Bild NA.L.7). Die Schichtsteine sind daher auf ihrer ganzen Tiefe in den Lagerflächen zu bearbeiten, während bei den Stoßflächen eine Bearbeitung auf 150 mm Tiefe genügt.

Bild NA.L.6 — Beispiel für Unregelmäßiges Schichtenmauerwerk Güteklasse N3

Bild NA.L.7 — Beispiel für Regelmäßiges Schichtenmauerwerk Güteklasse N3

Die ursprünglichen Bildnummerierungen „NA.L.18“ sowie „NA.L.19“ aus DIN EN 1996-1-1/NA [E16] wurden korrigiert.

d) Quadermauerwerk (Bild NA.L.8)

(1) Lager- und Stoßflächen müssen in ganzer Tiefe nach den angegebenen Maßen bearbeitet sein

Bild NA.L.8 — Beispiel für Quadermauerwerk

Die ursprüngliche Bildnummerierung „NA.L.20“ aus DIN EN 1996-1-1/NA [E16] wurde korrigiert.

NA.L.6 Bemessung von Natursteinmauerwerk

NA.L.6.1 Allgemeines

(1) Die charakteristische Druckfestigkeit der Natursteine, die für tragende Bauteile verwendet werden, muss in den Güteklassen N1 bis N3 mindestens 20 N/mm², in der Güteklasse N4 mindestens 5 N/mm² betragen.

In Tab. 12 der DIN 1053-1 [R1] waren Erfahrungswerte für die Mindestdruckfestigkeit einiger Gesteinsarten angegeben.
DIN EN 1996 enthält eine derartige Tabelle nicht. Die Auswahl geeigneter Steine und der Nachweis der Steindruckfestigkeit fallen somit in die Verantwortung des Planers und des Ausführenden.

(2) Das Natursteinmauerwerk ist nach seiner Ausführung (insbesondere Steinform, Verband und Fugenausbildung) in die Güteklassen N1 bis N4 einzustufen. Tabelle NA.L.1 und Bild NA.L.9 geben einen Anhalt für die Einstufung. Die darin aufgeführten Anhaltswerte Fugenhöhe/Steinlänge, Neigung der Lagerfuge und Übertragungsfaktor sind als charakteristische Werte anzusehen. Der Übertragungsfaktor ist das Verhältnis von Überlappungsflächen der Steine zum Wandquerschnitt im Grundriss. Die Grundeinstufung nach Tabelle NA.L.1 beruht auf üblichen Ausführungen.

(3) Die Mindestdicke von tragendem Natursteinmauerwerk muss 240 mm, der Mindestquerschnitt muss 0,1 m² betragen.

NA.L.6.2 Nachweis bei zentrischer und exzentrischer Druckbeanspruchung

(1) Die charakteristischen Werte f_k der Druckfestigkeit von Natursteinmauerwerk ergeben sich in Abhängigkeit von der Güteklasse, der Steinfestigkeit und der Mörtelklasse nach Tabelle NA.L.2.

(2) Die Bemessung ist nach dem vereinfachten Verfahren nach DIN EN 1996-3 oder nach dem genaueren Verfahren nach DIN EN 1996-1-1 unter Verwendung der f_k-Werte der Tabelle NA.L.2 durchzuführen.

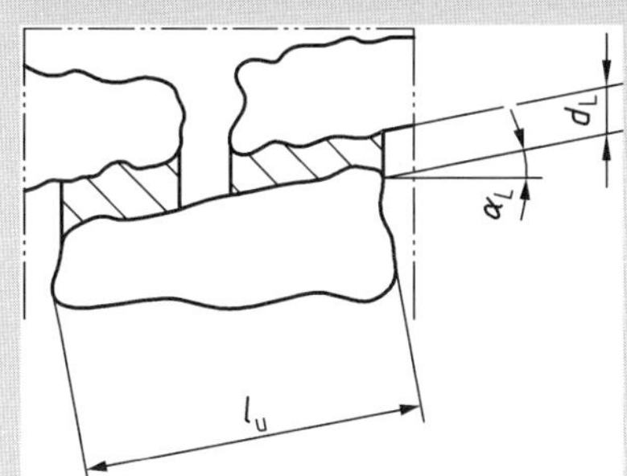

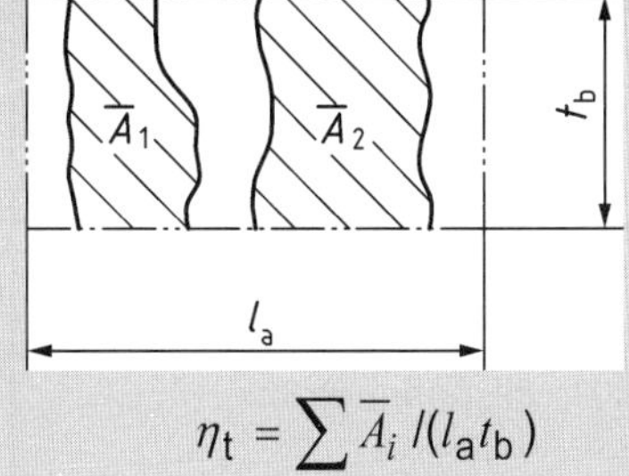

$$\eta_t = \sum \overline{A}_i / (l_a t_b)$$

a) Ansicht **b) Grundriss des Wandquerschnitts**

Legende

$\overline{A}$ Übertragungsfläche
d_L Dicke der Lagerfuge
l_a Länge des betrachteten Wandabschnittes
l_u Länge des Steins
t_b betrachtete Wanddicke
α_L Neigung der Lagerfuge

Bild NA.L.9 — Darstellung der Anhaltswerte nach Tabelle 1

Die ursprüngliche Bildnummerierung „NA.L.21“ aus DIN EN 1996-1-1/NA [E16] wurde korrigiert.

(3) Wände der Schlankheit $h_{ef}/t > 10$ sind nur in den Güteklassen N3 und N4 zulässig. Schlankheiten $h_{ef}/t > 20$ sind unzulässig.

(4) Der Kriecheinfluss darf beim Knicknachweis von Natursteinmauerwerk vernachlässigt werden.

(5) Bei Fugendicken über 40 mm sind die Werte f_k um 20 % zu vermindern.

Mit zunehmender Fugendicke nimmt die Mauerwerksdruckfestigkeit infolge der Querdehnung des Mörtels ab.

Tabelle NA.L.2 — Charakteristische Werte f_k der Druckfestigkeit von Natursteinmauerwerk mit Normalmauermörtel

Güteklasse	Steinfestigkeit [b] f_{bk}	Werte der Druckfestigkeit f_k [a] in N/mm² M 1	M 2,5	M 5	M 10
N1	≥ 20	0,6	1,4	2,2	3,3
	≥ 50	0,8	1,7	2,5	3,9
N2	≥ 20	1,1	2,5	3,9	5,0
	≥ 50	1,7	3,0	4,4	5,5
N3	≥ 20	1,4	4,2	5,5	6,9
	≥ 50	1,9	5,5	6,9	9,7
	≥ 100	2,8	6,9	8,3	11,1
N4	≥ 20	3,3	5,5	6,9	8,3
	≥ 50	5,5	9,7	11,1	13,9
	≥ 100	8,3	12,5	15,2	19,4

[a] Zwischenwerte dürfen linear interpoliert werden.
[b] Entspricht dem 5%-Quantilwert der Druckfestigkeit bei 95 % Aussagewahrscheinlichkeit.

Die Druckfestigkeit von Natursteinen nach DIN EN 771-6 [R33] ist zu deklarieren.

Hierbei handelt es sich jedoch um die normierte mittlere Druckfestigkeit und nicht um die charakteristische Druckfestigkeit.

Die häufig angewendete Prüfnorm DIN EN 1926 [R39] für Natursteine beschreibt abweichend zu Fußnote b) bei der Auswertung die Ermittlung des 5%-Quantilwerts bei einem Vertrauensniveau von 75 %.

NA.L.6.3 Zug- und Biegebeanspruchung

(1) Zug- und Biegezugspannungen sind im Regelfall bei Natursteinmauerwerk der Güteklassen N1, N2 und N3 unzulässig.

(2) Für Natursteinmauerwerk der Güteklasse N4 gilt für den Nachweis der Biegebeanspruchung NDP zu 3.6.3 (3).

NA.L.6.4 Querkraftbeanspruchung

(1) Für den Nachweis der Querkraftbeanspruchung gilt:

$$f_{vk} = f_{vk0} + 0{,}4 \cdot \sigma_{Dd} \leq 0{,}025 \cdot f_{bk} \leq 0{,}6 \text{ N/mm}^2 \qquad \text{(NA.L.1)}$$

Dabei ist

f_{vk0} die charakteristische Schubfestigkeit von Mauerwerk ohne Auflast nach Tabelle NA.12;

σ_{Dd} der Bemessungswert der zugehörigen Druckspannung im untersuchten Lastfall an der Stelle der maximalen Schubspannung. Für Rechteckquerschnitte gilt $\sigma_{Dd} = N_{Ed}/A$, dabei ist A der überdrückte Querschnitt. Im Regelfall ist die minimale Einwirkung $N_{Ed} = 1{,}0\ N_{Gk}$ maßgebend.

Eurocode 6: Bemessung und Konstruktion von Mauerwerksbauten — Teil 1-2: Allgemeine Regeln — Tragwerksbemessung für den Brandfall: 2011-04

Deutsche Fassung EN 1996-1-2:2005 + AC:2010

Nationaler Anhang (NA) – National festgelegte Parameter: 2013-06

Erläuterungen und ergänzende Hinweise

Inhaltsverzeichnis

1 ALLGEMEINES

1.1 Anwendungsbereich

(1)P Dieser Teil 1-2 von DIN EN 1996 behandelt die Bemessung von Mauerwerk für den außergewöhnlichen Lastfall Brand und gilt zusammen mit DIN EN 1996-1-1, DIN EN 1996-2, DIN EN 1996-3 und DIN EN 1991-1-2. Diese Norm behandelt nur Unterschiede bzw. Ergänzungen zur Bemessung bei normaler Temperatur.

(2)P Dieser Teil 1-2 behandelt nur vorbeugende Brandschutzmaßnahmen. Abwehrende Brandschutzmaßnahmen sind nicht geregelt.

(3)P Dieser Teil 1-2 gilt für Mauerwerkswände, die zur Gewährleistung der allgemeinen Brandsicherheit unter Brandbeanspruchung bestimmte Funktionen erfüllen müssen, wie:

— Vermeidung eines vorzeitigen Einsturzes der Konstruktion (Tragfähigkeit);

— Verhinderung der Brandausbreitung (Flammen, heiße Gase, übermäßige Hitze) über bestimmte Bereiche hinaus (Raumabschluss).

(4)P Dieser Teil 1-2 beschreibt Grundsätze und Anwendungsregeln für die Bemessung von Konstruktionen für bestimmte Anforderungen unter Bezug auf die zuvor genannten Funktionen und Anforderungsniveaus.

(5)P Dieser Teil 1-2 bezieht sich nur auf Bauwerke, Teiltragwerke und Bauteile, die in den Anwendungsbereich von DIN EN 1996-1-1, DIN EN 1996-2 oder DIN EN 1996-3 fallen und nach diesen Normen bemessen und ausgeführt sind.

(6)P Mauerwerk aus Natursteinen nach DIN EN 771-6 fällt nicht in den Anwendungsbereich dieser Norm.

(7)P Dieser Teil 1-2 behandelt:

— nichttragende Innenwände;

— nichttragende Außenwände;

— tragende raumabschließende oder nichtraumabschließende Innenwände;

Hierzu zählen auch Brandwände (s. Abs.1.5.1.2).

— tragende raumabschließende oder nichtraumabschließende Außenwände.

1.2 Normative Verweisungen

Diese Europäische Norm enthält durch datierte oder undatierte Verweisungen Festlegungen aus anderen Publikationen. Diese normativen Verweisungen sind an den jeweiligen Stellen im Text zitiert, und die Publikationen sind nachstehend aufgeführt. Bei datierten Verweisungen gehören spätere Änderungen oder Überarbeitungen dieser Publikationen nur zu dieser Europäischen Norm, falls sie durch Änderung oder Überarbeitung eingearbeitet sind. Bei undatierten Verweisungen gilt die letzte Ausgabe der in Bezug genommenen Publikation (einschließlich Änderungen).

Die nachfolgend dargestellten normativen Verweisungen wurden gegenüber dem Original des Normentextes auf den derzeit gültigen Stand aktualisiert. Ferner werden die deutschen Fassungen als DIN EN angegeben.

Normen, auf die bereits in DIN EN 1996-1-1 [E5] verwiesen wurde, werden hier nicht erneut aufgelistet. Stattdessen sind nachfolgend nur die zusätzlich in Teil 1-2 zitierten Normen aufgeführt.

DIN EN 772-13, *Prüfverfahren für Mauersteine — Teil 13: Bestimmung der Netto- und Brutto-Trockenrohdichte von Mauersteinen (außer Natursteinen)*

DIN EN 1363-1, *Feuerwiderstandsprüfungen — Teil 1: Allgemeine Anforderungen*

DIN EN 1363-2, *Feuerwiderstandsprüfungen — Teil 2: Alternative und ergänzende Verfahren*

DIN EN 1364-1, *Feuerwiderstandsprüfungen für nichttragende Bauteile — Teil 1: Wände*

DIN EN 1365-1, *Feuerwiderstandsprüfungen für tragende Bauteile — Teil 1: Wände*

DIN EN 1365-4, *Feuerwiderstandsprüfungen für tragende Bauteile — Teil 4: Stützen*

DIN EN 1366-3, *Feuerwiderstandsprüfungen für Installationen — Teil 3: Abschottungen*

DIN EN 13279-1, *Gipsbinder und Gips-Trockenmörtel — Teil 1: Definitionen und Anforderungen*

DIN 4102-4, *Brandverhalten von Baustoffen und Bauteilen; Zusammenstellung und Anwendung klassifizierter Baustoffe, Bauteile und Sonderbauteile*

DIN EN 15080-12, *Erweiterter Anwendungsbereich der Ergebnisse aus Feuerwiderstandsprüfungen — Teil 12: Tragende Mauerwerkswände*

1.3 Annahmen

(1)P Zusätzlich zu den Annahmen nach DIN EN 1990 gilt:

— alle in der Bemessung berücksichtigten vorbeugenden Brandschutzsysteme müssen in geeigneter Weise instand gehalten werden;

— die Auswahl der maßgebenden Brandszenarien ist durch ausreichend qualifiziertes und erfahrenes Personal zu treffen.

1.4 Unterscheidung zwischen Prinzipien und Anwendungsregeln

(1) Es gelten die Angaben nach DIN EN 1990, 1.4.

1.5 Begriffe

Für die Anwendung dieses Dokuments DIN EN 1996-1-2 gelten die in DIN EN 1990 und DIN EN 1991-1-2 angegebenen und die folgenden Begriffe.

Im Originaldokument DIN EN 1996-1-2 [E6] ist nach dem deutschen Begriff stets die englische Übersetzung mitaufgeführt. Auf diese wurde hier jedoch verzichtet.

1.5.1 Spezielle Begriffe aus der Brandschutzbemessung

1.5.1.1 Brandschutzmaterial

Baustoffe oder Baustoffkombinationen, die an einem tragenden Bauteil zur Verbesserung seiner Feuerwiderstandsfähigkeit angebracht werden

1.5.1.2 Brandwand

Wand zur Trennung von zwei Abschnitten (i. d. R. zwei Brandabschnitte oder Gebäude), die brandschutztechnisch so ausgelegt ist, dass im Brandfall bei Versagen der Konstruktion auf einer Seite der Brandwand eine Brandweiterleitung über die Brandwand verhindert wird (eine Brandwand wird REI-M oder EI-M klassifiziert). Dies beinhaltet die Widerstandsfähigkeit gegen eine Stoßbelastung (Kriterium M).

ANMERKUNG In einigen Ländern ist für eine Brandwand die zusätzliche Stoßbeanspruchung nicht erforderlich. Die obige Definition trifft für diese abweichende Anforderung nicht zu. An Brandwände können darüber hinaus zusätzliche Anforderungen gestellt werden, die nicht in dieser Norm enthalten sind. Diese Anforderungen sind in den Regelwerken der einzelnen Länder festgelegt.

Gemäß Abs. 2.1.2 (5) muss eine Wand mit dem Kriterium M (z. B. Brandwände) stets einer definierten Stoßbelastung nach DIN 1363-2 [R5] standhalten. Dieser Nachweis wird im Rahmen der Brandprüfung erbracht und ist in den Tabellenwerten nach Anhang B bereits enthalten. Ein gesonderter Nachweis durch den Planer ist nicht erforderlich.

1.5.1.3 tragende Wand

membranartiges Bauteil geringer Dicke zur Abtragung vertikaler und horizontaler Lasten, z. B. Deckenlasten und Windlasten.

1.5.1.4 nichttragende Wand

membranartiges Bauteil geringer Dicke, das überwiegend sein Eigengewicht abträgt und tragende Wände nicht aussteift. Nichttragende Wände können Horizontallasten senkrecht zu ihrer Wandebene in tragende Bauteile wie Wände und Decken einleiten.

1.5.1.5 raumabschließende Wand

Wand, die nur auf einer Seite einer Brandbeanspruchung ausgesetzt ist.

1.5.1.6 nichtraumabschließende Wand

tragende Wand, die einer Brandbeanspruchung von mindestens zwei Seiten ausgesetzt ist

1.5.1.7 Bemessung bei Normaltemperatur

Bemessung für den Grenzzustand der Tragfähigkeit bei normaler Umgebungstemperatur nach Teil 1-1 von DIN EN 1992 bis DIN EN 1996 oder DIN EN 1999

1.5.1.8 Teiltragwerk

Teil eines Gesamttragwerks mit entsprechenden Lagerungs- und Randbedingungen

1.5.2 Spezielle Begriffe für die Berechnungsverfahren

...Auslassung...

Die in Abs. 1.5.2 definierten Begriffe werden in Deutschland nicht benötigt, da Rechenverfahren für den Nachweis eines hinreichenden Feuerwiderstands für Mauerwerk nicht zugelassen sind.

1.6 Symbole

Nachfolgend werden nur die Symbole angegeben, die in Deutschland für den Nachweis eines hinreichenden Feuerwiderstands benötigt werden.

Die folgenden Symbole werden zusätzlich zu DIN EN 1996-1-1 und DIN EN 1991-1-2 definiert:

E 30, E 60 oder E XX: Bauteil, das das Raumabschluss-Kriterium, E, für (30, 60 oder XX) Minuten bei der Normbrandbeanspruchung erfüllt

I 30, I 60 oder I XX: Bauteil, das das Wärmedämm-Kriterium, I, für (30, 60 oder XX) Minuten bei der Normbrandbeanspruchung erfüllt

M 90, M 120 oder M XX: Bauteil, das das Kriterium Widerstand gegen mechanische Beanspruchung, M, für (90, 120 oder XX) Minuten bei der Normbrandbeanspruchung erfüllt

R 30, R 60 oder R XX: Bauteil, das das Tragfähigkeitskriterium, R, für (30, 60 oder XX) Minuten bei der Normbrandbeanspruchung erfüllt

l Länge bei 20 °C

l_F erforderliche Wandlänge für eine Feuerwiderstandsdauer

Hiermit wird klargestellt, dass l die Länge bei Normaltemperatur bezeichnet.

N_{Ed} Bemessungswert der Vertikallast

Damit ist der Bemessungswert der einwirkenden Normalkraft bei Normaltemperatur gemeint.

N_{Rk} charakteristischer Wert der vertikalen Tragfähigkeit von Wänden oder Pfeilern

In Deutschland kommt als Bezugsgröße zur Bestimmung von Ausnutzungsfaktoren der Bemessungswert der aufnehmbaren Normalkraft N_{Rd} zur Anwendung.

nvg keine Angaben (en: no value given)

t_F erforderliche Wanddicke für eine Feuerwiderstandsdauer

$t_{fi,d}$ Feuerwiderstandsdauer (z. B. 30 Minuten); für eine Normbrandbeanspruchung nach DIN EN 1363-1

α Verhältniswert von vorhandener Last zum Bemessungswiderstand der Wand

Im deutschen Nationalen Anhang werden die Ausnutzungsfaktoren α_{fi} und $\alpha_{6,fi}$ verwendet.

γ_{Glo} globaler Sicherheitsbeiwert zur Verwendung in Brandprüfungen

Dieser Wert wird im Nationalen Anhang nicht definiert. Es kommt jedoch indirekt ein Wert von γ_{Glo} = 2,0 zur Anwendung.

η_{fi} Abminderungsbeiwert für die Bemessungslast im Brandfall

μ_0 Ausnutzungsfaktor zum Zeitpunkt t = 0

Im deutschen Nationalen Anhang werden die Ausnutzungsfaktoren α_{fi} und $\alpha_{6,fi}$ verwendet.

2 GRUNDLEGENDE PRINZIPIEN UND ANWENDUNGSREGELN

2.1 Leistungsanforderungen

2.1.1 Allgemeines

(1)P Wenn an Tragwerke Anforderungen hinsichtlich der Tragfähigkeit gestellt werden, müssen diese so geplant und ausgeführt werden, dass ihre tragende Funktion während der erforderlichen Feuerwiderstandsdauer erhalten bleibt.

(2)P Wenn die Bildung von Brandabschnitten gefordert wird, müssen die begrenzenden Bauteile des Brandabschnitts, inklusive Fugen, so geplant und ausgeführt werden, dass ihre raumabschließende Wirkung während der erforderlichen Feuerwiderstandsdauer erhalten bleibt, d. h.,

— der Raumabschluss muss erhalten bleiben, um den Durchtritt von Flammen und heißen Gasen durch das Bauteil sowie das Auftreten von Flammen auf der feuerabgewandten Seite zu verhindern;

— ein Temperaturanstieg auf der feuerabgewandten Seite über definierte Grenzen hinaus muss verhindert werden;

— falls erforderlich, ist die Aufnahme einer Stoßbeanspruchung zu gewährleisten (Kriterium M);

— falls erforderlich, wird die Wärmestrahlung auf der feuerabgewandten Seite begrenzt.

(3)P Verformungskriterien müssen angewendet werden, wenn die Eigenschaften brandschutztechnisch wirksamer Bekleidungen oder die Bemessung der raumabschließenden Bauteile die Berücksichtigung der Verformung des Tragwerks erfordern.

(4)P Die Berücksichtigung der Verformung des Tragwerks ist nicht erforderlich, wenn die trennenden Bauteile nur Anforderungen an die Normbrandbeanspruchung erfüllen müssen.

2.1.2 Normbrandbeanspruchung

(1)P Im Brandfall können Anforderungen an Bauteile bezüglich der Kriterien R (Tragfähigkeit), E (Raumabschluss), I (Wärmedämmung) und M (Stoßbeanspruchung) in folgenden Kombinationen gestellt werden:

— Tragfähigkeit — Kriterium R;

— Raumabschluss und Wärmedämmung — Kriterien EI;

— Tragfähigkeit, Raumabschluss und Wärmedämmung — Kriterien REI;

— Tragfähigkeit, Raumabschluss, Wärmedämmung und Stoßbeanspruchung — Kriterien REI-M;

— Raumabschluss, Wärmedämmung und Stoßbeanspruchung — Kriterien EI-M.

(2)P Das Tragfähigkeits-Kriterium R wird als erfüllt angesehen, wenn die Tragfähigkeit während der geforderten Feuerwiderstandsdauer erhalten bleibt.

(3)P Das Wärmedämm-Kriterium I wird als erfüllt angesehen, wenn die mittlere Temperatur auf der feuerabgewandten Seite nicht mehr als 140 K ansteigt und der maximale Temperaturanstieg auf der Oberfläche der feuerabgewandten Seite 180 K nicht übersteigt.

(4)P Das Raumabschluss-Kriterium E wird als erfüllt angesehen, wenn der Durchtritt von Flammen und heißen Gasen durch das Bauteil verhindert wird.

(5)P Wenn an ein tragendes oder nichttragendes vertikales raumabschließendes Bauteil die Anforderung an einen Widerstand gegen Stoßbeanspruchung, (Kriterium M), gestellt wird, sollte das Bauteil die in DIN EN 1363-2 definierte konzentrierte Horizontallast aufnehmen können.

(6)P Bei Anwendung der Außenbrandkurve sollten die gleichen Kriterien angewendet werden, die in (1)P definiert sind. Der Bezug auf diese Kurve sollte durch den Index „ef“ gekennzeichnet werden.

2.1.3 Parametrische Brandbeanspruchung

...Auslassung...

Eine derartige Beanspruchung wird in Deutschland für den Nachweis hinreichender Feuerwiderstandsdauer nicht verwendet.

2.2 Einwirkungen

(1)P Die thermischen und mechanischen Einwirkungen müssen nach DIN EN 1991-1-2 ermittelt werden.

...Auslassung...

Die an dieser Stelle geregelte Materialeigenschaft „Emissivität" wird in Deutschland nicht benötigt.

2.3 Bemessungswerte der Materialeigenschaften

...Auslassung...

$\gamma_{M,fi}$ Teilsicherheitsbeiwert für die Materialeigenschaft im Brandfall.

Es gilt der empfohlene Wert $\gamma_{M,fi} = 1,0$.

Bemessungswerte der Materialeigenschaften im Brandfall werden in Deutschland nicht benötigt, da die Rechenverfahren zur Bestimmung hinreichenden Feuerwiderstands nach Anhang C und Anhang D in Deutschland nicht zugelassen sind. Dementsprechend wird auch der Teilsicherheitsbeiwert $\gamma_{M,fi}$ nicht explizit benötigt.

2.4 Nachweisverfahren

2.4.1 Allgemeines

(1)P Das Tragwerksmodell für den Brandfall muss das erwartete Verhalten des Tragwerks im Brandfall angemessen berücksichtigen.

(2)P Der Nachweis für den Brandfall kann durch eine der folgenden Möglichkeiten erfolgen:

- Brandversuch am Tragwerk;
- Anwendung von Tabellenwerten;
- Bauteilbemessung;
- Bemessung eines Teils des Tragwerks;
- globale Tragwerksbemessung.

In Deutschland ist nur die Verwendung von Tabellenwerten (s. Anhang B) normativ geregelt.

(3)P Für die relevante Dauer der Brandbeanspruchung muss nachgewiesen werden, dass

$$E_{fi,d} \leq R_{fi,t,d} \tag{2.3}$$

Dabei ist

$E_{fi,d}$ Bemessungswert der Einwirkungen im Brandfall, ermittelt nach DIN EN 1991-1-2, einschließlich der Effekte aus thermischer Dehnung und Verformung

$R_{fi,t,d}$ zugehöriger Bemessungswiderstand im Brandfall

Dieser Nachweis erfolgt in Deutschland indirekt anhand der Tabellen nach Anhang B unter Berücksichtigung der Ausnutzungsfaktoren im Brandfall $\alpha_{6,fi}$ bzw. α_{fi}.

(4)P Die Tragwerksbemessung für normale Umgebungstemperatur sollte nach DIN EN 1990, 5.1.4(2), durchgeführt werden.

(5)P Um die Einhaltung üblicher Brandschutzanforderungen nachzuweisen, ist ein Bauteilnachweis ausreichend.

(6)P Anwendungsregeln sind nur gültig für die Einheits-Temperaturzeitkurve. Dies wird in den entsprechenden Abschnitten angegeben.

(7)P Die Tabellenwerte in der Anmerkung zu Anhang B basieren auf der Einheits-Temperaturzeitkurve nach DIN EN 1363-1.

(8)P Als Alternative zum rechnerischen Nachweis darf der Feuerwiderstand auch durch Ergebnisse von Brandprüfungen oder durch eine Kombination von Brandprüfungen und Berechnungen nachgewiesen werden (siehe DIN EN 1990, 5.2).

2.4.2 Bauteilnachweis

(1) Die Einwirkungen sollten für den Zeitpunkt $t = 0$ unter Verwendung der Kombinationsbeiwerte $\psi_{1,1}$ oder $\psi_{2,1}$ nach DIN EN 1991-1-2 ermittelt werden.

(2) Als Vereinfachung zu (1) darf der Einfluss des Kombinationsbeiwerts $\psi_{2,1}$ auf $E_{d,fi}$ durch eine Bemessung für normale Temperaturen angesetzt werden zu:

$E_{d,fi} = \eta_{fi} E_d$ (2.4)

Dabei ist

E_d Bemessungswert der zugehörigen Kraft/des zugehörigen Momentes aus der Bemessung bei normalen Temperaturen für den maßgebenden Lastfall (siehe DIN EN 1990)

η_{fi} Abminderungsbeiwert für die Bemessungslast im Brandfall

(3) Der Abminderungsbeiwert η_{fi} für die Lastkombination nach DIN EN 1990, 6.10 sollte zu:

$$\eta_{fi} = \frac{G_k + \psi_{fi} Q_{k,1}}{\gamma_G G_k + \gamma_{Q,1} Q_{k,1}} \quad (2.5)$$

angenommen werden, ...Auslassung...

Dabei ist

$Q_{k,1}$ maßgebende veränderliche Last;

G_k charakteristischer Wert für ständige Lasten;

γ_G Teilsicherheitsbeiwert für ständige Lasten;

$\gamma_{Q,1}$ Teilsicherheitsbeiwert für die veränderliche Last 1;

ψ_{fi} Kombinationsbeiwert für häufige Werte entweder $\psi_{1,1}$ oder $\psi_{2,1}$

...Auslassung...

ANMERKUNG 1: Das Bild in dieser ANMERKUNG zeigt ein Beispiel für die Abhängigkeit des Abminderungsbeiwerts η_{fi} vom Verhältniswert der veränderlichen zu den ständigen Lasten $Q_{k,1}/G_k$ für verschiedene Werte des Kombinationsbeiwerts $\psi_{fi} = \psi_{1,1}$ nach Gleichung (2.5) mit den folgenden Annahmen: $\gamma_{GA} = 1{,}0$, $\gamma_G = 1{,}35$ und $\gamma_Q = 1{,}5$. Die Verwendung der Gleichungen (2.5a) und (2.5b) führt zu geringfügig höheren als den im Bild in dieser ANMERKUNG angegebenen Werten.

Die in einem Land anzuwendenden Werte der Teilsicherheitsbeiwerte sind dem jeweiligen Nationalen Anhang für DIN EN 1990 zu entnehmen. Empfohlene Werte sind in DIN EN 1990 angegeben. Die Auswahl bezüglich der Verwendung der Gleichungen (6.10) oder (6.10a) und (6.10b) erfolgt ebenfalls im Nationalen Anhang für DIN EN 1990.

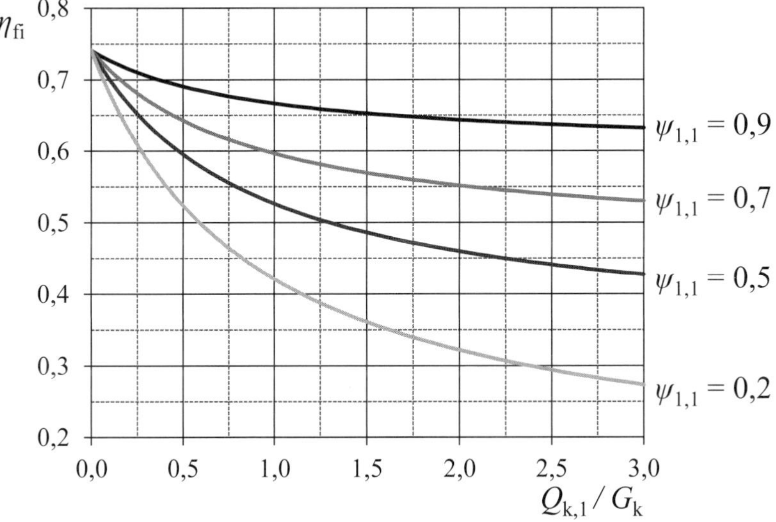

Abminderungsbeiwert η_{fi} in Abhängigkeit vom Verhältnis $Q_{k,1} / G_k$

Eine genauere Ermittlung des Abminderungsbeiwertes η_{fi} nach Gl. (2.5) erübrigt sich, wenn die Anforderung an den Ausnutzungsfaktor $\alpha_{fi} \leq 0{,}7$ ist, da in diesem Fall die vereinfachende Annahme $\eta_{fi} = 0{,}7$ die gleichen erforderlichen Mindestwanddicken für die jeweiligen Feuerwiderstandsklassen nach Anhang B liefert.

Bei Anforderung an den Ausnutzungsfaktor $\alpha_{fi} < 0{,}7$ kann mit der Einwirkungskombination zur Bestimmung von η_{fi} eine wirtschaftlichere Bemessung erfolgen.

Auslassung, da gemäß DIN EN 1990/NA [E11] stets Gl. (2.5) zu verwenden ist.

Aufgrund der in Deutschland festgelegten Wahl von Gl. (2.5) wird auf die Darstellung nicht benötigter Formelzeichen verzichtet.

Aus dem Bild wird deutlich, dass eine genauere Bestimmung von η_{fi} unter Berücksichtigung des tatsächlichen Verhältnisses von $Q_{k,1}/G_k$ in der Regel deutlich geringere Abminderungsbeiwerte für den Brandfall liefert, wodurch ein geringerer Ausnutzungsfaktor α_{fi} ermittelt werden kann.

Anmerkung 2 ...Auslassung...

Ohne genaueren Nachweis gilt vereinfacht der Wert $\eta_{\text{fi}} = 0{,}7$.

Auslassung, da durch nachfolgenden NCI spezifiziert.

(4) Thermische Verformungen infolge eines Temperaturgradienten über den Querschnitt müssen berücksichtigt werden. Die Effekte thermischer Verformungen in der Wandebene dürfen vernachlässigt werden.

(5) Die Lagerungsbedingungen eines Bauteils dürfen als während der Brandbeanspruchung unverändert angenommen werden.

(6) Tabellenwerte, vereinfachte oder genauere Berechnungsverfahren sind zum Bauteilnachweis im Brandfall geeignet.

ANMERKUNG Die Anhänge B, C und D enthalten Informationen zu tabellierten Werten sowie vereinfachten und genaueren Berechnungsverfahren.

Die Verwendung von Anhang C und Anhang D ist in Deutschland nicht zulässig.

2.4.3 Bemessung von Teilen eines Tragwerks

...Auslassung...

2.4.4 Globale Tragwerksbemessung

...Auslassung...

Auslassungen, da in Deutschland eine direkte Bemessung für den Brandfall nicht zugelassen ist (Anhänge C und D gelten nicht). Der Nachweis erfolgt ausschließlich auf Basis tabellierter Werte der Mindestwanddicke nach Anhang B.

3 BAUSTOFFE

3.1 Mauersteine

(1) Es gelten die Anforderungen der DIN EN 1996-1-1 ...Auslassung...

Auslassung, da eine Eingruppierung von Mauersteinen in Deutschland keine Anwendung findet.

3.2 Mörtel

(1) Es gelten die Anforderungen für Mörtel in DIN EN 1996-1-1.

3.3 Materialeigenschaften von Mauerwerk

...Auslassung...

Abs. 3.3 kann entfallen, da Materialkenngrößen im Brandfall nur bei Rechenverfahren benötigt werden, welche in Deutschland normativ nicht zugelassen sind.

4 BEMESSUNGSVERFAHREN ZUR ERMITTLUNG DES FEUERWIDERSTANDS VON MAUERWERKSWÄNDEN

4.1 Allgemeine Informationen zur Bemessung von Wänden

4.1.1 Wandarten, Wandfunktionen

(1) Im Brandschutz wird zwischen nichttragenden und tragenden Wänden sowie zwischen raumabschließenden und nichtraumabschließenden Bauteilen unterschieden.

(2) Raumabschließende Wände haben die Aufgabe, die Brandausbreitung von einem Raum zu einem anderen zu verhindern. Sie werden nur einseitig von einem Feuer beansprucht. Beispiele sind Wände von Fluchtwegen, Treppenraumwände oder Wände zur Trennung von Brandabschnitten.

(3) Nichtraumabschließende Wände sind dem Feuer von zwei oder mehr Seiten ausgesetzt. Beispiele sind Wände innerhalb eines Brandabschnitts.

(4) Außenwände können raumabschließende oder nichtraumabschließende Wände sein.

ANMERKUNG: Raumabschließende Außenwände von weniger als einem Meter Länge sollten in Abhängigkeit von den angrenzenden Bauteilen aus brandschutztechnischer Sicht als nichtraumabschließende Wände eingestuft werden.

(5) Wände mit Stürzen oberhalb von Öffnungen sollten mindestens die gleiche Feuerwiderstandsdauer wie die gleiche Wand ohne Sturz haben.

(6) Brandwände sind raumabschließende Wände, die zusätzlich zu den Kriterien REI oder EI einer mechanischen Beanspruchung standhalten müssen.

Kriterium M: REI-M oder EI-M

ANMERKUNG Beispiele für Brandwände sind Gebäudeabschlusswände oder Wände zur Trennung von Brandabschnitten.

(7) Aussteifende Bauteile, wie z. B. Wände, Decken, Balken, Stützen oder Rahmen, sollten zumindest die gleiche Feuerwiderstandsdauer wie die zu bemessende Wand haben.

ANMERKUNG Wenn die brandschutztechnische Analyse zeigt, dass das Versagen der aussteifenden Bauteile auf einer Seite einer Brandwand nicht zum Versagen dieser Wand führt, gelten für diese aussteifenden Bauteile keine Anforderungen an den Feuerwiderstand.

(8) Weitere Faktoren, die bei der brandschutztechnischen Bemessung berücksichtigt werden müssen, sind:

— die Verwendung „nichtbrennbarer" Baustoffe;

— der Einfluss der thermischen Dehnung angrenzender Bauteile auf die Standsicherheit von Brandwänden;

— der Einfluss der thermischen Dehnung angrenzender Stützen und Balken auf die Standsicherheit von Wänden mit Anforderungen an den Feuerwiderstand.

4.1.2 Zweischalige Wände und zweischalige Trennwände

(1) Wenn beide lastabtragenden Schalen einer durch Anker miteinander verbundenen zweischaligen Wand etwa gleiche Lasten tragen und die Schalen etwa gleich dick sind, kann die Feuerwiderstandsdauer einer solchen Konstruktion so angesetzt werden wie diejenige einer einschaligen Wand, deren Dicke der Summe der beiden Schalen entspricht (siehe Bild 4.1, A), vorausgesetzt, dass im Schalenzwischenraum keine brennbaren Materialien eingebaut sind.

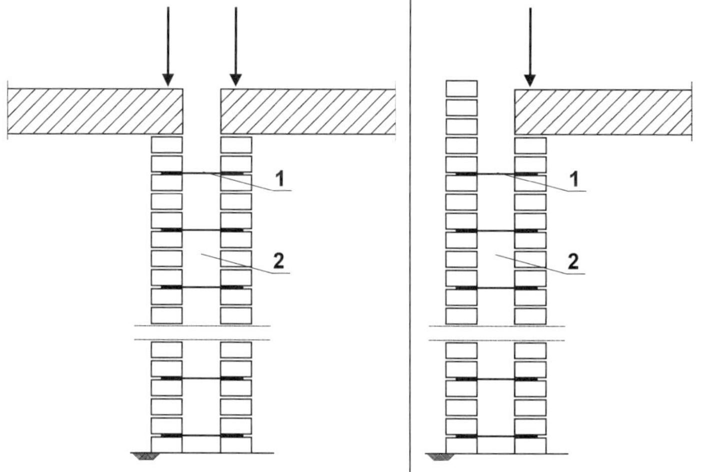

A: zweischalige Wand (beide Schalen tragend)

B: zweischalige Außenwand (eine Schale tragend)

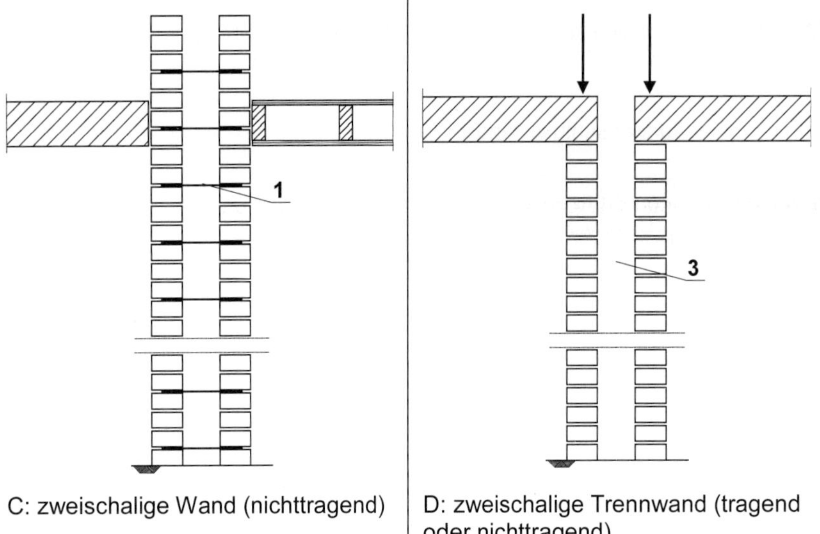

C: zweischalige Wand (nichttragend)

D: zweischalige Trennwand (tragend oder nichttragend)

Legende

1 Maueranker oder Lagerfugenbewehrung
2 Schalenzwischenraum unverfüllt oder teilweise gefüllt
3 Zweischalige Trennwand

Bild 4.1 — Erläuterungen zu zweischaligen Wänden

(2) Wenn nur eine Schale einer zweischaligen Wand tragend ist, ist der Feuerwiderstand einer solchen Konstruktion in der Regel größer als derjenige der tragenden Wand, wenn diese als einschalige Wand betrachtet würde (siehe Bild 4.1, B).

(3) Der Feuerwiderstand einer zweischaligen Wand mit zwei nichttragenden Schalen (Bild 4.1, C) kann als Summe der Feuerwiderstandsdauern der Einzelschalen ermittelt werden. Der so ermittelte Wert darf nicht größer als 240 min sein, sofern die Feuerwiderstandsdauer nach dieser Europäischen Norm bestimmt wurde.

(4) Der Feuerwiderstand einer nicht verbundenen zweischaligen Wand (z. B. Reihenhaustrennwand) wird unter Bezug auf die entsprechenden Tabellen für tragende bzw. nichttragende Wände im Anhang B ermittelt (siehe Bild 4.1, D).

4.2 Innen- und Außenputze

(1) Der Feuerwiderstand von Mauerwerkswänden kann durch geeignete Putze verbessert werden. Dies sind z. B.:

— Gipsputzmörtel nach DIN EN 13279-1;

— Leichtputze LW oder T nach DIN EN 998-1.

Bei zweischaligen Wänden ist ein Putz nur auf der Außenseite der Konstruktion erforderlich und nicht zwischen den Schalen.

(2) Eine zusätzliche Mauerwerkschale kann die Feuerwiderstandsdauer einer Wand erhöhen.
Der Putz kann durch eine zusätzliche Mauerwerksschale oder eine Verblendung aus Mauerwerk ersetzt werden.

4.3 Zusätzliche Anforderungen an Mauerwerkswände

(1)P Alle tragenden oder aussteifenden Bauteile einer Wand müssen mindestens den gleichen Feuerwiderstand wie die auszusteifende Wand haben.

(2) Brennbare dünne Feuchtesperrschichten müssen bei der brandschutztechnischen Bewertung nicht berücksichtigt werden.

(3) Mauersteine mit durchgehenden Lochungen dürfen nicht so vermauert werden, dass die Löcher senkrecht zur Wandoberfläche stehen, d. h., die Löcher dürfen nicht in Richtung Wanddicke durchgehen.

(4) Bei Wärmedämm-Verbundsystemen auf einschaligen Außenwänden sollte berücksichtigt werden, dass:

— Wärmedämmschichten aus brennbaren Dämmstoffen den Feuerwiderstand nicht erhöhen,

— Wärmedämmschichten aus „nichtbrennbaren" Dämmstoffen, z. B. Mineralwolle oder Schaumglas, in Bezug auf den Feuerwiderstand wie ein geeigneter Putz nach 4.2 zu bewerten sind.

4.4 Nachweis durch Prüfung

(1) Der Feuerwiderstand von Mauerwerk kann durch Prüfung nach den entsprechenden Europäischen Normen ermittelt werden (siehe Liste der Prüfnormen in 1.2). Anhang A enthält Empfehlungen zur Auswahl von Feuerwiderstandsdauern.

(2) Der Nachweis durch Prüfung sollte bei Wänden aus Baustoffen erfolgen, deren Feuerwiderstand noch nicht bekannt ist.

ANMERKUNG Angaben zum Feuerwiderstand können in Datensammlungen enthalten sein.

4.5 Nachweis durch Tabellenwerte

(1) Der Nachweis des Feuerwiderstands von Mauerwerkswänden kann durch die Tabellenwerte in Tabellen NA.B.1 bis NA.B.4 in Anhang B erfolgen. Dort wird in Abhängigkeit von den geforderten Kriterien die erforderliche Mindestdicke des Mauerwerks angegeben, um eine bestimmte Feuerwiderstandsdauer zu erreichen. Dabei sind die Angaben zu Mauersteinart, -gruppe und Trockenrohdichte zu berücksichtigen.

In Deutschland werden die Tabellen B.1 bis B.6 durch die Tabellen NA.B.1 bis NA.B.4 ersetzt.

(2) Die Mindestwanddicke in den Tabellen berücksichtigt nur die Anforderungen des Brandschutzes. Möglicherweise erforderliche größere Wanddicken können aus statischen Gründen oder Anforderungen an den Schallschutz resultieren (siehe DIN EN 1996-1-1). Diese Anforderungen sind nicht berücksichtigt und gesondert zu prüfen.

...Auslassung...

Auslassung wegen nachfolgender nationaler Regelung zur Bestimmung des Ausnutzungsfaktors.

ANMERKUNG Der Nationale Anhang kann Angaben zum globalen Sicherheitsbeiwert γ_{Glo} enthalten. Die Tabellen in der ANMERKUNG zum Anhang B wurden durch Auswertung von Versuchsergebnissen ermittelt, bei denen γ_{Glo} zwischen 3 und 5 betrug; Brandprüfungen wurden vor Einführung der Bemessung auf der Basis von Teilsicherheitsbeiwerten mit zulässigen Lasten durchgeführt. Die aufgebrachte Belastung entsprach dabei in etwa der charakteristischen Druckfestigkeit dividiert durch den globalen Sicherheitsbeiwert $\gamma_F \cdot \gamma_M$, wobei γ_F und γ_M Teilsicherheitsbeiwerte für Einwirkungen und Baustoffe sind (siehe DIN EN 1990 und DIN EN 1996-1-1).

Den im deutschen Nationalen Anhang definierten Tabellen in Anhang B liegt ein globaler Sicherheitsbeiwert γ_{Glo} = 2,0 zugrunde.

Bei Anwendung der Tabellen in Anhang NA.B wird der Ausnutzungsfaktor im Brandfall $\alpha_{6,fi}$ in Abhängigkeit der Schlankheit nach Gleichung (NA.1) oder (NA.2) ermittelt. Für den maßgebenden Wandabschnitt gilt:

$$\text{für } 10 \leq \frac{h_{ef}}{t} \leq 25: \quad \alpha_{6,fi} = \omega \cdot \frac{15}{25 - \frac{h_{ef}}{t}} \cdot \frac{N_{Ed,fi}}{l \cdot t \cdot \frac{f_k}{k_0} \cdot \left(1 - 2 \cdot \frac{e_{mk,fi}}{t}\right)} \tag{NA.1}$$

$$\text{für } \frac{h_{ef}}{t} < 10: \quad \alpha_{6,fi} = \omega \cdot \frac{N_{Ed,fi}}{l \cdot t \cdot \frac{f_k}{k_0} \cdot \left(1 - 2 \cdot \frac{e_{mk,fi}}{t}\right)} \tag{NA.2}$$

Die in Anhang B tabellierten Mindestwanddicken wurden im Wesentlichen aus DIN 4102-4 ([R6], [R7], [R8]) überführt. Die Werte wurden seinerzeit aus Brandprüfungen bestimmt, welchen in aller Regel die zulässigen Lasten nach dem vereinfachten Verfahren von DIN 1053-1 [R1] zugrunde lagen. Daher erfolgt mit den Gln. (NA.1) und (NA.2) eine Umrechnung der vorhandenen Ausnutzungsgrade von den nach DIN 1053-1 vereinfachten Verfahren bestimmten Werten auf die nach DIN EN 1996-3/NA [E19] zulässigen Werte. Mit dem Beiwert ω wird dem Sachverhalt Rechnung getragen, dass je nach Stein-Mörtel-Kombination die Umrechnung von der zulässigen Spannung σ_0 nach

Bei Anwendung von Tabelle NA.B.2.2, Zeilen 1.4 und 1.5, Tabelle NA.B.2.3, Zeile 2.4 und Tabelle NA.B.2.4, Zeilen 1.3.1 bis 1.3.4 wird der Ausnutzungsfaktor α_{fi} nach Gleichung (NA.3) ermittelt:

$$\alpha_{fi} = \frac{N_{Ed,fi}}{N_{Rd}} \qquad \text{(NA.3)}$$

Mindestmaße der Wände und Pfeiler sind in den Tabellen NA.B.1 bis NA.B.4 angegeben.

Dabei ist

$N_{Ed,fi}$ der Bemessungswert der Normalkraft (Einwirkung) im Brandfall; es darf

$$N_{Ed,fi} = \eta_{fi} \cdot N_{Ed} \qquad \text{(NA.4)}$$

angenommen werden;

N_{Ed} der Bemessungswert der einwirkenden Normalkraft nach DIN EN 1996-1-1 bzw. DIN EN 1996-3;

η_{fi} der Reduktionsfaktor für den Bemessungswert der Einwirkungen im Brandfall; ohne genaueren Nachweis gilt $\eta_{fi} = 0{,}7$;

N_{Rd} der Bemessungswert des vertikalen Tragwiderstandes nach DIN EN 1996-1-1/NA bzw. DIN EN 1996-3/NA;

ω ein Anpassungsfaktor an die verschiedenen Steinarten auf der Grundlage von Brandprüfungen nach Tabelle NA.1;

l die Wandlänge;

t die Dicke der Wand;

f_k die charakteristische Druckfestigkeit des Mauerwerks;

DIN 1053-1 auf die charakteristische Druckfestigkeit f_k unterschiedlich erfolgen muss (s. auch Erläuterung zu Tab. NA.1).

Für einige Stein-Mörtel Kombinationen wurden in jüngerer Vergangenheit Brandversuche durchgeführt, denen bereits Bemessungswerte der aufnehmbaren Normalkräfte nach DIN EN 1996-1-1/NA [E16] zugrunde lagen. Auf dieser Grundlage kann der Ausnutzungsfaktor α_{fi} direkt bestimmt werden.

Die Berechnung des Ausnutzungsfaktors α_{fi} ist in der Praxis nicht erforderlich, wenn die Anforderung $\alpha_{fi} \leq 0{,}7$ in den entsprechenden Tabellen nach Anhang B eingehalten ist.

In diesem Fall gilt:

$\alpha_{fi} = N_{Ed,fi} / N_{Rd}$ (Gl. NA.3)

Daraus berechnet sich mit $N_{Ed,fi} = \eta_{fi} \cdot N_{Ed} = 0{,}7 \cdot N_{Ed}$:

$\alpha_{fi} = 0{,}7 \cdot N_{Ed} / N_{Rd}$

Da bei der Kaltbemessung grundsätzlich $N_{Ed} / N_{Rd} \leq 1{,}0$ nachgewiesen werden muss, ergibt sich generell $\alpha_{fi} \leq 0{,}7$. Der Ausnutzungsfaktor α_{fi} kann somit nicht größer als 0,7 werden. Die für die jeweilige Feuerwiderstandsklasse erforderliche Mindestwanddicke kann daher für die genannten Stein-Mörtel-Kombinationen direkt aus den betreffenden Tabellen in Anhang B abgelesen werden.

Zur Berücksichtigung des Dauerstandsfaktors bei der Bestimmung von N_{Rd} siehe Fachveröffentlichung [18].

Nähere Erläuterungen finden sich bei Tabelle NA.1.

k_0 ein Faktor zur Berücksichtigung von Wandquerschnitten kleiner als 0,1 m² mit $k_0 = 1{,}25$; sonst gilt $k_0 = 1{,}0$.	Die Druckfestigkeit wird aufgrund fehlender Umlagerungsmöglichkeiten bei kleinen Wand- bzw. Pfeilerquerschnitten reduziert (s. DIN EN 1996-1-1/NA [E16], Abs. 6.1.2.1 (3)). Es bestehen keine Bedenken, die genauere Regelung nach DIN EN 1996-1-1/NA [E16], Gl. (6.3) hierfür anzuwenden: $k_0 = 1/(0{,}7 + 3 \cdot A)$ (mit A in m²)
$e_{mk,fi}$ die planmäßige Ausmitte von $N_{Ed,fi}$ in halber Geschosshöhe unter Berücksichtigung des Kriecheinflusses nach DIN EN 1996-1-1:2013-02, Gleichung (6.6); bei Bemessung nach dem vereinfachten Verfahren nach DIN EN 1996-3/NA darf bei vollständig aufliegender Decke $e_{mk,fi}$ zu Null gesetzt werden;	Nach Anhang B (5) decken die dort angegebenen Tabellenwerte Lastexzentrizitäten bis zu $t/6$ ab. Dennoch bestehen keine Bedenken, auch bei teilaufliegenden Decken mit $a/t \geq 2/3$ den Ausnutzungsfaktor $\alpha_{6,fi}$ unter Verwendung der vereinfachten Berechnungsmethoden nach DIN EN 1996-3/NA [E19] zu bestimmen, wenn in Gln. (NA.1) und (NA.2) anstelle des Klammerausdrucks $(1\text{-}2 \cdot e_{mk,fi}/t)$ das Verhältnis von Auflagertiefe zu Wanddicke (a/t) verwendet wird.
h_{ef} die Knicklänge der Wand.	Bemessungstafeln zur Bestimmung der Tragfähigkeit im Brandfall finden sich in [10].

Tabelle NA.1 — Anpassungsfaktor ω in Abhängigkeit der verwendeten Stein-Mörtel-Kombination

Zeile	Steine	Mörtel	zugehörige Tabelle in DIN EN 1996-1-1/NA:2012-05 bzw. DIN EN 1996-3/NA:2012-01		ω
1	Hochlochziegel HLzA, HLzB Mauertafelziegel T1 Kalksand-Loch- und Hohlblocksteine	NM	NA.4 NA.D.1		2,2
2	Hochlochziegel HLzW Mauertafelziegel T2, T3, T4	NM	NA.5 NA.D.2		1,8
3.1	Vollziegel Kalksand-Voll- und Blocksteine	NM	NA.6 NA.D.3	NM II	3,3
3.2				NM IIa	3,0
3.3				NM III, IIIa	2,6
4	Kalksand-Plansteine Kalksand-Planelemente	DM	NA.7 NA.D.4		2,2[a]
5	Mauerziegel Kalksandsteine	LM	NA.8 NA.D.5		2,2
6.1	Leichtbeton- und Betonsteine	NM	NA.9 NA.D.6	Hbl, Hbn	2,1
6.2				V, Vbl	2,5
6.3				Vn, Vbn, Vm, Vmb	2,8
7	Leichtbeton-Vollblöcke mit Schlitzen Vbl S, Vbl SW	NM	NA.9 NA.D.7		2,2
8	Leichtbeton-Voll- und Lochsteine	LM	NA.9 NA.D.8		2,2[b]
9	Porenbetonsteine	DM	NA.10 NA.D.9		2,1

[a] Bei Planelementen und Plan-Vollsteinen der Steindruckfestigkeitsklassen ≥ 28 ist ω = 2,6.

[b] Bei Leichtbeton-Voll- und Lochsteinen der Steindruckfestigkeitsklassen 6 und 8 und Leichtmauermörtel LM 21 ist ω = 3,0.

Für den Anpassungsfaktor ω gilt nach [23]:

$\omega = 0{,}7 \cdot 1{,}33 \cdot 2{,}0/0{,}85 \cdot \Omega = 2{,}2 \cdot \Omega$

Der Faktor 0,7 resultiert aus der Umrechnung der Ausnutzungsfaktoren vom globalen Sicherheitskonzept auf das Teilsicherheitskonzept.

Der Faktor 1,33 berücksichtigt, dass bei der Ermittlung der charakteristischen Festigkeit f_k die Wandschlankheit h_{ef}/t = 0 (DIN EN 1996/NA) anstelle von h_{ef}/t = 10 (DIN 1053-1) zugrunde gelegt wird.

Der Faktor 2,0 ist der globale Sicherheitsbeiwert, um den sich die Sicherheitskonzepte nach DIN 1053-1 und DIN EN 1996/NA unterscheiden.

Der Faktor 0,85 ist der bei der Bemessung bei Normaltemperatur zu berücksichtigende Dauerstandsfaktor, welcher in σ_0 inkludiert, in f_k aber nicht enthalten ist.

Der Faktor ω trägt dem Sachverhalt Rechnung, dass bei der Umstellung von DIN 1053-1 auf DIN EN 1996/NA die Druckfestigkeitswerte des Mauerwerks neu ausgewertet wurden. Es ist daher keine einheitliche Umrechnung σ_0 zu f_k für die verschiedenen Stein-Mörtel-Kombinationen möglich. Da sich die Ausnutzungsfaktoren nach DIN 4102-4 ([R6], [R7], [R8]) auf die zulässige Spannung σ_0 nach DIN 1053-1 beziehen, war es erforderlich, den Korrekturbeiwert Ω einzuführen.

Für Mauerwerk mit Ω = 1,0 bzw. ω = 2,2 ergeben sich infolge der Umstellung des Sicherheitskonzeptes im Vergleich zu DIN 4102-4 ([R6], [R7], [R8]) nach DIN EN 1996-1-2/NA [E17] die 0,7-fachen Ausnutzungsfaktoren $\alpha_{6,fi}$.

4.6 Rechnerische Nachweise

...Auslassung...

Rechenverfahren sind in Deutschland normativ nicht zugelassen. Daher entfällt dieser Abschnitt.

5 AUSFÜHRUNG

5.1 Allgemeines

(1)P Die Ausführung von Mauerwerk in einem Gebäude darf den Feuerwiderstand des Bauwerks nicht reduzieren.

5.2 Anschlüsse und Fugen

(1)P Decken und Dächer müssen Wände horizontal aussteifen, falls die Aussteifung nicht durch andere Maßnahmen, z. B. Pfeiler oder spezielle Anker, gewährleistet wird.

(2)P Fugen, einschließlich Bewegungsfugen, in Wänden oder zwischen Wänden und anderen raumabschließenden Bauteilen müssen so bemessen und ausgeführt werden, dass der Feuerwiderstand der Wände nicht negativ beeinflusst wird.

(3)P Wenn brandschutztechnisch wirksame Dämmschichten in Bewegungsfugen erforderlich sind, müssen diese aus mineralischen Materialien mit einem Schmelzpunkt von mindestens 1000 °C bestehen. Jede Fuge muss so dicht verschlossen werden, dass eine Verformung der Wand den Feuerwiderstand nicht negativ beeinflusst. Falls andere Materialien verwendet werden sollen, muss durch Prüfung nachgewiesen werden, dass die Kriterien E und I eingehalten sind (siehe DIN EN 1366-4).

(4) Anschlüsse zwischen nichttragenden Wänden sollten nach DIN EN 1996-2 oder nach anderen geeigneten Ausführungsdetails umgesetzt werden.

ANMERKUNG Anhang E enthält Beispiele für geeignete Ausführungsdetails.

(5) Anschlüsse zwischen tragenden Wänden sollten nach DIN EN 1996-1-1 oder nach anderen geeigneten Ausführungsdetails umgesetzt werden.

ANMERKUNG Anhang E enthält Beispiele für geeignete Ausführungsdetails.

(6) Bei Anschlüssen von Brandwänden an Stahlbeton-, Beton- und Mauerwerksbauteile, an die mechanische Anforderungen gestellt werden (d. h. Anschlüsse, die Einhaltung des Kriteriums der Stoßbeanspruchung nach DIN EN 1363-2 sicherstellen sollen), müssen die Fugen komplett mit Mörtel oder Beton verfüllt sein, falls nicht sorgfältig geschützte Befestigungen verwendet werden. Anschlüsse ohne Anforderungen an den mechanischen Widerstand dürfen nach (4) oder (5) ausgeführt werden.

Kriterium M

5.3 Einbauten, Rohre und Kabel

(1) Schlitze und Aussparungen, die nach DIN EN 1996-1-1 ohne gesonderten rechnerischen Nachweis zulässig sind, reduzieren die in den Tabellen im Anhang B angegebenen Feuerwiderstandsdauern nicht.

(2) Bei vertikalen Schlitzen und Aussparungen in nichttragenden Wänden sollte die Rest-Wanddicke einschließlich eventueller brandschutztechnischer Bekleidungen, wie z. B. Putz, mindestens 2/3 der erforderlichen Mindestdicke der Wand und nicht weniger als 60 mm betragen.

(3) Bei horizontalen und schrägen Schlitzen und Aussparungen in nichttragenden Wänden sollte die Rest-Wanddicke einschließlich eventueller brandschutztechnischer Bekleidungen, wie z. B. Putz, mindestens 5/6 der erforderlichen Mindestdicke der Wand, und nicht weniger als 60 mm betragen. Horizontale und schräge Schlitze und Aussparungen sollten nicht im mittleren Drittel der Wandhöhe ausgeführt werden. Die Breite einzelner Schlitze und Aussparungen sollte nicht größer als die doppelte Mindestdicke der Wand, einschließlich eventueller brandschutztechnischer Bekleidungen, wie z. B. Putz, sein.

(4) Der Feuerwiderstand von nichttragenden Wänden mit Schlitzen und Aussparungen, die den Anforderungen von (2) und (3) nicht entsprechen, sollte durch Prüfung nach DIN EN 1364-1 nachgewiesen werden.

(5) Einzelne Kabel dürfen durch mit Mörtel abgedichtete Durchführungen geführt werden. „Nichtbrennbare“ Rohre mit bis zu 100 mm Durchmesser dürfen durch „nichtbrennbar“ abgedichtete Durchführungen geführt werden, wenn die Effekte der Wärmeleitung durch die Rohre die Kriterien E und I nicht verletzen und eine Ausdehnung den Feuerwiderstand nicht beeinträchtigt.

ANMERKUNG Andere Materialien als Mörtel dürfen verwendet werden, wenn sie EN-Normen entsprechen.

(6) Kabelbündel und Rohre aus brennbaren Materialien oder einzelne Kabel in Durchführungen, die nicht mit Mörtel verschlossen sind, dürfen durch Wände durchgeführt werden, wenn entweder:

— die Brauchbarkeit der Abschottung durch Prüfung nach DIN EN 1366-3 nachgewiesen wurde oder

— Empfehlungen auf der Grundlage von ausreichender Erfahrung in der Anwendung befolgt werden.

Anhang A (informativ)
Empfehlungen für die Auswahl von Tabellenwerten zur Feuerwiderstandsdauer

Der informative Anhang A wird unverändert als informativer Anhang übernommen.

(1) Das Brandverhalten von Mauerwerk ist abhängig von:

— der Mauersteinart – Ziegel, Kalksandstein, Porenbeton, Betonwerkstein, Betonsteine und Leichtbetonsteine;

— der Steinsorte – Voll- oder Lochsteine (Art der Lochung, Lochanteil), Dicke der Innen- und Außenstege;

— der Mörtelart – Normalmörtel, Dünnbettmörtel oder Leichtmörtel;

— dem Ausnutzungsfaktor der Wand;

— der Schlankheit der Wand;

— der Lastexzentrizität;

— der Trockenrohdichte der Steine;

— der Art der Wandkonstruktion;

— etwaigen Oberflächenbeschichtungen (z. B. Putzen).

(2) Bei der Ableitung von Feuerwiderstandsdauern aus vorliegenden Prüfergebnissen sollten die Anforderungen der Europäischen Normen DIN EN 1363-1, DIN EN 1364-1, DIN EN 1365-1, DIN EN 1365-4 berücksichtigt werden. Dabei sind insbesondere die Lasteinleitung und die Lagerungsbedingungen der vertikalen Wandränder, z. B. eingespannt, frei verdrehbar zu berücksichtigen.

(3) Auch für nichttragende Wände beeinflussen die Lagerungsbedingungen der Wandränder die Versuchsergebnisse. Die Lagerungsbedingungen der zu bewertenden Prüfung sollten mit den Randbedingungen nach DIN EN 1364-1 abgeglichen werden.

Anhang B (normativ)
Tabellenwerte der Feuerwiderstandsdauer von Mauerwerkswänden

(1) Die Tabellenwerte für nichttragende Wände gelten für Wandhöhen $h \leq 6$ m (siehe auch DIN EN 1996-3:2010-12, Anhang C) sowie Schlankheiten $\lambda_c = h_{ef}/t_{ef} \leq 40$.

ANMERKUNG Die Tabellenwerte wurden auf der Grundlage von DIN EN 15080-12 aus historischen Werten sowie Prüfergebnissen nach DIN EN 1364-1 und DIN EN 1365-1 ermittelt.

(2) Die Tabellenwerte gelten auch für Außenwände der Feuerwiderstandsklassen E 30 (i→o) und EI 30ef (i←o).

Die in DIN EN 1996-1-2 [E6], Anhang B enthaltenen Regelungen werden in Deutschland durch die nachfolgend dargestellten Regelungen ersetzt.

Bei den in den Tabellen NA.B.1 bis NA.B.4 definierten zulässigen Ausnutzungsfaktoren $\alpha_{6,fi}$ handelt es sich um die 0,7-fachen Werte aus DIN 4102-4 ([R6], [R7], [R8]). Grund für die Abminderung ist, dass mit der Umstellung auf das Teilsicherheitskonzept nicht mehr der charakteristische Wert der einwirkenden Normalkraft, sondern der Bemessungswert im Brandfall betrachtet wird, welcher zu 70 % des Bemessungswerts im Kaltfall angenommen werden darf.

Historische Werte gemäß DIN 4102-4 ([R6], [R7], [R8]).

(3) Die Klammerwerte in den Tabellen gelten für Wände mit beidseitigem Putz nach 4.2 (1).

z. B. Gipsputzmörtel nach DIN EN 13279-1 [R41] oder Leichtputze LW oder T nach DIN EN 998-1 [R36].

(4) Es gelten die Werte t_F und l_F unter Berücksichtigung des Ausnutzungsgrades $\alpha_{6,fi}$ bzw. α_{fi} entsprechend den nachfolgenden Tabellen unter den dort genannten Randbedingungen für bauseits erstellte und vorgefertigte Wände.

(5) Die Angaben der Tabellen decken Exzentrizitäten in Wandmitte $e_{mk,fi} \leq t_F/6$ ab. Bei Ausmitten $e_{mk,fi} > t_F/6$ ist die Lasteinleitung konstruktiv zu zentrieren.

(6) „nvg" bedeutet, dass keine Werte vorliegen (en: *no values given*).

Wenn infolge einer zu großen Lastexzentrizität $e_{mk,fi}$ eine Zentrierung erforderlich wird, sollte möglichst die Auflagertiefe vergrößert werden. Eine Zentrierung durch die Verwendung eines Lastfreistreifens sollte nur bei geringer Normalkraftbeanspruchung ($N_{Ed} < 0{,}33 \cdot t \cdot l \cdot f_d$) in Betracht gezogen werden.

Zur besseren Übersichtlichkeit ist nachstehend eine Auflistung der Abschnitte NA.B.***X*** und Tabellen NA.B.***X***.***Y*** des Anhangs B zu finden:

Abschnitt NA.B.***X***:
1 Ziegelmauerwerk
2 Kalksandstein-Mauerwerk
3 Betonstein-Mauerwerk
4 Porenbeton-Mauerwerk

Tabelle ***Y***:
1 Kriterien EI
2 Kriterien REI (ein-/zweischalig)
3 Kriterien R (Wände)
4 Kriterien R (Pfeiler)
5 Kriterien REI-M u. EI-M

Bsp.: Kalksandstein-Mauerwerk mit der Anforderung REI-M ist in Abschnitt NA.B.**2** in Tabelle NA.B.**2**.**5** geregelt.

Eine Interpolation der Mindestwanddicken zwischen den verschiedenen Ausnutzungsfaktoren ist **nicht** zulässig.

NA.B.1 Ziegelmauerwerk

Die Tabellenwerte gelten für Mauerziegel nach DIN EN 771-1 in Verbindung mit DIN 20000-401.

Tabelle NA.B.1.1 — Ziegel-Mauerwerk — Mindestdicke nichttragender, raumabschließender Wände (Kriterien EI) zur Einstufung in Feuerwiderstandsklassen

Zeilen Nr.	Materialeigenschaften	**Mindestwanddicke** (mm) t_F **zur Einstufung in die Feuerwiderstandsklasse EI in** (Minuten) $t_{fi,d}$				
		30	60	90	120	180
1	Voll- und Hochlochziegel nach DIN EN 771-1 in Verbindung mit DIN 20000-401 Lochung: Mz, HLz A, HLz B, HLz W, HLzT1, HLzT2, HLzT3 und HLzT4 unter Verwendung von Normalmauermörtel und Leichtmauermörtel	115 (70)	115 (70)	115 (100)	115 (115)	175 (115)
2	Langlochziegel nach DIN EN 771-1 in Verbindung mit DIN 20000-401 unter Verwendung von Normalmauermörtel und Leichtmauermörtel	115 (70)	115 (70)	140 (115)	175 (140)	190 (175)
Die Klammerwerte gelten für Wände mit beidseitigem Putz nach 4.2 (1).						

Tabelle NA.B.1.2 — Ziegel-Mauerwerk — Mindestdicke tragender, raumabschließender 1schaliger Wände (Kriterien REI) zur Einstufung in Feuerwiderstandsklassen

Zeilen Nr.	Materialeigenschaften	Mindestwanddicke (mm) t_F zur Einstufung in die Feuerwiderstandsklasse REI in (Minuten) $t_{fi,d}$				
		30	60	90	120	180
1	Voll- und Hochlochziegel nach DIN EN 771-1 in Verbindung mit DIN 20000-401 Lochung: Mz, HLz A, HLz B, HLzT1 Rohdichteklasse ≥ 1,20 unter Verwendung von Normalmauermörtel					
1.1	Ausnutzungsfaktor $\alpha_{6,fi} \leq 0,15$	115 (115)	115 (115)	115 (115)	115 (115)	175 (115)
1.2	Ausnutzungsfaktor $\alpha_{6,fi} \leq 0,42$	115 (115)	115 (115)	140 (115)	175 (115)	240 (115)
1.3	Ausnutzungsfaktor $\alpha_{6,fi} \leq 0,70$	115 (115)	115 (115)	175 (115)	240 (140)	240 (175)
2	Hochlochziegel nach DIN EN 771-1 in Verbindung mit DIN 20000-401 Lochung: HLz A, HLz B, HLzT1 Rohdichteklasse ≥ 0,8 unter Verwendung von Normalmauermörtel, Leichtmauermörtel					
2.1	Ausnutzungsfaktor $\alpha_{6,fi} \leq 0,15$	(115)	(115)	(115)	(115)	(115)
2.2	Ausnutzungsfaktor $\alpha_{6,fi} \leq 0,42$	(115)	(115)	(115)	(115)	(115)
2.3	Ausnutzungsfaktor $\alpha_{6,fi} \leq 0,70$	(115)	(115)	(115)	(140)	(175)
3	Hochlochziegel nach DIN EN 771-1 in Verbindung mit DIN 20000-401 Lochung: HLz A, HLz B, HLzT1 Rohdichteklasse ≥ 0,9 unter Verwendung von Normalmauermörtel					
3.1	Ausnutzungsfaktor $\alpha_{6,fi} \leq 0,70$ [a] Rohdichteklasse ≥ 1,0	175	175	175	240 [a]	nvg

Tabelle NA.B.1.2 (fortgesetzt)

Zeilen Nr.	Materialeigenschaften	**Mindestwanddicke** (mm) t_F **zur Einstufung in die Feuerwiderstandsklasse REI in** (Minuten) $t_{fi,d}$				
		30	60	90	120	180
4	Hochlochziegel nach DIN EN 771-1 in Verbindung mit DIN 20000-401 Lochung: HLz W, HLzT2, HLzT3 und HLzT4 Rohdichteklasse ≥ 0,80 unter Verwendung von Normalmauermörtel, Leichtmauermörtel					
4.1	Ausnutzungsfaktor $\alpha_{6,fi} \leq 0{,}15$	(115)	(115)	(140)	(175)	(240)
4.2	Ausnutzungsfaktor $\alpha_{6,fi} \leq 0{,}42$	(115)	(140)	(175)	(300)	(300)
4.3	Ausnutzungsfaktor $\alpha_{6,fi} \leq 0{,}70$	(115)	(175)	(240)	(300)	(365)
Die Klammerwerte gelten für Wände mit beidseitigem Putz nach 4.2 (1).						

Tabelle NA.B.1.3 — Ziegel-Mauerwerk — Mindestdicke tragender, nichtraumabschließender 1schaliger Wände (Kriterien R) zur Einstufung in Feuerwiderstandsklassen

Zeilen Nr.	Materialeigenschaften	Mindestwanddicke (mm) t_F zur Einstufung in die Feuerwiderstandsklasse R in (Minuten) $t_{fi,d}$				
		30	60	90	120	180
1	Voll- und Hochlochziegel nach DIN EN 771-1 in Verbindung mit DIN 20000-401 Lochung: Mz, HLz A, HLz B, HLzT1 Rohdichteklasse ≥ 1,2 unter Verwendung von Normalmauermörtel					
1.1	Ausnutzungsfaktor $\alpha_{6,fi} \leq 0{,}15$	115 (115)	115 (115)	175 (115)	240 (115)	240 (175)
1.2	Ausnutzungsfaktor $\alpha_{6,fi} \leq 0{,}42$	115 (115)	115 (115)	175 (115)	240 (115)	300 (200)
1.3	Ausnutzungsfaktor $\alpha_{6,fi} \leq 0{,}70$	115 (115)	115 (115)	240 (115)	365 (175)	490 (240)
2	Hochlochziegel nach DIN EN 771-1 in Verbindung mit DIN 20000-401 Lochung: HLz A, HLz B, HLzT1 Rohdichteklasse ≥ 0,8 unter Verwendung von Normalmauermörtel					
2.1	Ausnutzungsfaktor $\alpha_{6,fi} \leq 0{,}15$	(115)	(115)	(115)	(115)	(175)
2.2	Ausnutzungsfaktor $\alpha_{6,fi} \leq 0{,}42$	(115)	(115)	(115)	(115)	(200)
2.3	Ausnutzungsfaktor $\alpha_{6,fi} \leq 0{,}70$	(115)	(115)	(115)	(175)	(240)
3	Hochlochziegel nach DIN EN 771-1 in Verbindung mit DIN 20000-401 Lochung: HLz W, HLzT2, HLzT3 und HLzT4 Rohdichteklasse ≥ 0,8 unter Verwendung von Normalmauermörtel, Leichtmauermörtel					
3.1	Ausnutzungsfaktor $\alpha_{6,fi} \leq 0{,}15$	(175)	(175)	(175)	(175)	(240)
3.2	Ausnutzungsfaktor $\alpha_{6,fi} \leq 0{,}42$	(175)	(175)	(240)	(240)	(300)
3.3	Ausnutzungsfaktor $\alpha_{6,fi} \leq 0{,}70$	(240)	(240)	(240)	(300)	(365)
Die Klammerwerte gelten für Wände mit beidseitigem Putz nach 4.2 (1).						

Tabelle NA.B.1.4 — Ziegel-Mauerwerk — Mindestlänge tragender, nichtraumabschließender Pfeiler bzw. 1schaliger Wände, Länge < 1,0 m, (Kriterium R) zur Einstufung in Feuerwiderstandsklassen

Zeilen Nr.	Materialeigenschaften	Wand-dicke	**Mindestwandlänge** (mm) l_F **zur Einstufung in die Feuerwiderstandsklasse R in** (Minuten) $t_{fi,d}$				
		mm	30	60	90	120	180
1	Voll- und Hochlochziegel nach DIN EN 771-1 in Verbindung mit DIN 20000-401 Lochung: Mz, HLz A, HLz B, HLzT1 Rohdichteklasse ≥ 1,2 unter Verwendung von Normalmauermörtel						
1.1	Ausnutzungsfaktor $\alpha_{6,fi} \leq 0{,}42$						
1.1.1		115	615[a]	730[a]	990[a]	nvg[b]	nvg[b]
1.1.2		175	490	615	730[a]	990[a]	nvg[b]
1.1.3		240	200	240	300	365	490
1.1.4		300	200	200	240	365	490
1.2	Ausnutzungsfaktor $\alpha_{6,fi} \leq 0{,}70$						
1.2.1		115	990[a]	990[a]	nvg[b]	nvg[b]	nvg[b]
1.2.2		175	615	730	990[a]	nvg[b]	nvg[b]
1.2.3		240	365	490	615	nvg[b]	nvg[b]
1.2.4		300	300	365	490	nvg[b]	nvg[b]
2	Hochlochziegel nach DIN EN 771-1 in Verbindung mit DIN 20000-401 Lochung: HLz A, HLz B, HLzT1 Rohdichteklasse ≥ 0,8 unter Verwendung von Normalmauermörtel und Leichtmauermörtel						
2.1	Ausnutzungsfaktor $\alpha_{6,fi} \leq 0{,}42$						
2.1.1		115	(365)	(490)	(615)	(730)	nvg[b]
2.1.2		175	(240)	(240)	(240)	(300)	nvg[b]
2.1.3		240	(175)	(175)	(175)	(240)	(300)
2.1.4		300	(175)	(175)	(175)	(175)	(240)

Tabelle NA.B.1.4 (fortgesetzt)

Zeilen Nr.	Materialeigenschaften	Wand-dicke	Mindestwandlänge (mm) l_F zur Einstufung in die Feuerwiderstandsklasse R in (Minuten) $t_{fi,d}$				
		mm	30	30	30	30	30
2.2	Ausnutzungsfaktor $\alpha_{6,fi} \leq 0{,}70$						
2.2.1		115	(490)	(615)	(730)	nvg[b]	nvg[b]
2.2.2		175	(240)	(240)	(365)	(365)	nvg[b]
2.2.3		240	(175)	(175)	(240)	(240)	(365)
2.2.4		300	(175)	(175)	(200)	(240)	(300)
3	Hochlochziegel nach DIN EN 771-1 in Verbindung mit DIN 20000-401 Lochung: HLz W, HLzT2, HLzT3 und HLzT4 Rohdichteklasse ≥ 0,8 unter Verwendung von Normalmauermörtel, Leichtmauermörtel						
3.1	Ausnutzungsfaktor $\alpha_{6,fi} \leq 0{,}42$						
3.1.1		240	(240)	(240)	(240)	(240)	(365)
3.1.2		300	(175)	(175)	(175)	(240)	(240)
3.1.3		365	(175)	(175)	(175)	(240)	(240)
3.2	Ausnutzungsfaktor $\alpha_{6,fi} \leq 0{,}70$						
3.2.1		240	(240)	(240)	(300)	(365)	(365)
3.2.2		300	(240)	(240)	(240)	(240)	(300)
3.2.3		365	(240)	(240)	(240)	(240)	(240)

Die Klammerwerte gelten für Wände mit beidseitigem Putz nach 4.2 (1).

[a] Bei Verwendung von Vollziegeln.

[b] Die Mindestlänge ist $l_F > 1{,}0$ m; Bemessung bei Außenwänden daher als raumabschließende Wand nach Tabelle NA.B.2 — sonst als nichtraumabschließende Wand nach Tabelle NA.B.3.

Tabelle NA.B.1.5 — Ziegel-Mauerwerk — Mindestdicke tragender und nichttragender, raumabschließender Brandwände (Kriterien REI-M und EI-M) zur Einstufung in Feuerwiderstandsklassen

Zeilen Nr.	Materialeigenschaften	Mindestwanddicke (mm) t_F zur Einstufung in die Feuerwiderstandsklassen REI-M und EI-M in (Minuten) $t_{fi,d}$ 30, 60, 90	
		1schalige Ausführung	2schalige Ausführung
1	Voll- und Hochlochziegel nach DIN EN 771-1 in Verbindung mit DIN 20000-401 Lochung: Mz, HLz A, HLz B, HLzT1 unter Verwendung von Normalmauermörtel Ausnutzungsfaktor $\alpha_{6,fi} \leq 0,70$ der Rohdichteklasse		
1.1	≥ 1,4	240	2 × 175
1.2	≥ 1,2	300[a] (175)	2 × 200 (2 × 150)
1.3	≥ 0,9	300[a] (175)	(2 × 150)[c]
1.4	≥ 0,8	365[b] (240)[b]	2 × 240 (2 × 175)
2	Hochlochziegel nach DIN EN 771-1 in Verbindung mit DIN 20000-401 Lochung: HLz W, HLzT2, HLzT3 und HLzT4 unter Verwendung von Normalmauermörtel Ausnutzungsfaktor $\alpha_{6,fi} \leq 0,70$ der Rohdichteklasse		
2.1	≥ 0,8	(240)	(2 × 175)
Die Klammerwerte gelten für Wände mit beidseitigem Putz nach 4.2 (1).			

a 240 mm bei Ausnutzungsfaktor $\alpha_{6,fi} \leq 0,42$.

b auch bei Verwendung von Leichtmauermörtel mit $\alpha_{6,fi} \leq 0,42$.

c Mit aufliegender Geschossdecke mit mindestens REI 90 als konstruktive obere Halterung.

Tabelle NA.B.1.6 — Ziegel-Mauerwerk — Mindestdicke der Einzelschalen von tragendem 2schaligem Mauerwerk mit einer belasteten Schale (Kriterien REI) zur Einstufung in Feuerwiderstandsklassen

Es gelten die Werte der Tabelle NA.B.1.2.

NA.B.2 Kalksandstein-Mauerwerk

Die Tabellenwerte gelten für Kalksandsteine nach DIN EN 771-2 in Verbindung mit DIN 20000-402.

Tabelle NA.B.2.1 — Kalksandstein-Mauerwerk — Mindestdicke nichttragender, raumabschließender Wände (Kriterien EI) zur Einstufung in Feuerwiderstandsklassen

Zeilen Nr.	Materialeigenschaften	Mindestwanddicke (mm) t_F zur Einstufung in die Feuerwiderstandsklasse EI in (Minuten) $t_{fi,d}$				
		30	60	90	120	180
1	Kalksandsteine nach DIN EN 771-2 in Verbindung mit DIN 20000-402					
1.1	Vollsteine, Lochsteine, Blocksteine, Hohlblocksteine unter Verwendung von Normalmauermörtel, Dünnbettmörtel und Leichtmauermörtel	115 (115)	115 (115)	115 (115)	115 (115)	175 (140)
1.2	Plansteine unter Verwendung von Normalmauermörtel, Dünnbettmörtel und Leichtmauermörtel	115 (115)	115 (115)	115 (115)	115 (115)	175 (115)
1.3	Planelemente, Fasensteine unter Verwendung von Dünnbettmörtel	100 (100)	100 (100)	100 (100)	115 (115)	175 (115)
1.4	Bauplatten unter Verwendung von Dünnbettmörtel	70 (50)	70 (70)	100 (70)	115 (115)	175 (115)
Die Klammerwerte gelten für Wände mit beidseitigem Putz nach 4.2 (1).						

Tabelle NA.B.2.2 — Kalksandstein-Mauerwerk — Mindestdicke tragender, raumabschließender, 1schaliger Wände (Kriterien REI) zur Einstufung in Feuerwiderstandsklassen

Zeilen Nr.	Materialeigenschaften	Mindestwanddicke (mm) t_F zur Einstufung in die Feuerwiderstandsklasse REI in (Minuten) $t_{fi,d}$					
		30	60	90	120	180	240
1	Kalksandsteine nach DIN EN 771-2 in Verbindung mit DIN 20000-402 Voll- und Blocksteine (auch als Plan- oder Fasensteine) sowie Planelemente unter Verwendung von Normalmauermörtel und Dünnbettmörtel						
1.1	Ausnutzungsfaktor $\alpha_{6,fi} \leq 0{,}15$	115 (115)	115 (115)	115 (115)	115 (115)	150 (140)	nvg
1.2	Ausnutzungsfaktor $\alpha_{6,fi} \leq 0{,}42$	115 (115)	115 (115)	115 (115)	140 (115)	175 (140)	nvg
1.3	Ausnutzungsfaktor $\alpha_{6,fi} \leq 0{,}70$	115 (115)	115 (115)	115 (115)	150 (140)	200 (175)	nvg
1.4	alternativ: Ausnutzungsfaktor $\alpha_{fi} \leq 0{,}70$	150 (115)	150 (115)	150 (150)	175 (150)	240 (175)	nvg
1.5	Ausnutzungsfaktor $\alpha_{fi} \leq 0{,}70$ bei flächig aufgelagerten Massivdecken (Auflagertiefe mindestens so groß wie die Wanddicke)	115 (115)	115 (115)	150[a] (115)	150 (115)	150 (115)	175 (150)
2	Kalksandsteine nach DIN EN 771-2 in Verbindung mit DIN 20000-402 Loch- und Hohlblocksteine (auch als Plan- oder Fasensteine) unter Verwendung von Normalmauermörtel und Dünnbettmörtel						
2.1	Ausnutzungsfaktor $\alpha_{6,fi} \leq 0{,}15$	115 (115)	115 (115)	115 (115)	115 (115)	175 (140)	nvg
2.2	Ausnutzungsfaktor $\alpha_{6,fi} \leq 0{,}42$	115 (115)	115 (115)	115 (115)	140 (115)	200 (140)	nvg
2.3	Ausnutzungsfaktor $\alpha_{6,fi} \leq 0{,}70$	115 (115)	115 (115)	115 (115)	200 (140)	240 (175)	nvg

Die Klammerwerte gelten für Wände mit beidseitigem Putz nach 4.2 (1).

[a] Bei $\alpha_{fi} \leq 0{,}6$ gilt $t_F \geq 115$ mm.

Tabelle NA.B.2.3 — Kalksandstein-Mauerwerk — Mindestdicke tragender, nichtraumabschließender 1schaliger Wände, Länge ≥ 1,0 m, (Kriterium R) zur Einstufung in Feuerwiderstandsklassen

Zeilen Nr.	Materialeigenschaften	Mindestwanddicke (mm) t_F zur Einstufung in die Feuerwiderstandsklasse R in (Minuten) $t_{fi,d}$				
		30	60	90	120	180
1	Kalksandsteine nach DIN EN 771-2 in Verbindung mit DIN 20000-402 Voll-, Loch-, Block-, Hohlblocksteine unter Verwendung von Normalmauermörtel					
1.1	Ausnutzungsfaktor $\alpha_{6,fi} \leq 0{,}15$	115 (115)	115 (115)	115 (115)	140 (115)	150 (140)
1.2	Ausnutzungsfaktor $\alpha_{6,fi} \leq 0{,}42$	115 (115)	115 (115)	140 (115)	150 (115)	150 (140)
1.3	Ausnutzungsfaktor $\alpha_{6,fi} \leq 0{,}70$	115 (115)	115 (115)	140 (115)	150 (150)	175 (150)
2	Kalksandsteine nach DIN EN 771-2 in Verbindung mit DIN 20000-402 Plansteine, Fasensteine, Planelemente unter Verwendung von Dünnbettmörtel					
2.1	Ausnutzungsfaktor $\alpha_{6,fi} \leq 0{,}15$	115 (115)	115 (115)	115 (115)	140 (115)	150 (140)
2.2	Ausnutzungsfaktor $\alpha_{6,fi} \leq 0{,}42$	115 (115)	115 (115)	115 (115)	150 (115)	150 (140)
2.3	Ausnutzungsfaktor $\alpha_{6,fi} \leq 0{,}70$	115 (115)	115 (115)	115 (115)	150 (150)	175 (150)
2.4	alternativ: Ausnutzungsfaktor $\alpha_{fi} \leq 0{,}70$	150	175	200	240	300
Die Klammerwerte gelten für Wände mit beidseitigem Putz nach 4.2 (1).						

Tabelle NA.B.2.4 — Kalksandstein-Mauerwerk — Mindestlänge tragender, nichtraumabschließender Pfeiler bzw. 1schaliger Wände, Länge < 1,0 m, (Kriterium R) zur Einstufung in Feuerwiderstandsklassen

Zeilen Nr.	Materialeigenschaften	Wanddicke mm	Mindestwandlänge (mm) l_F zur Einstufung in die Feuerwiderstandsklasse R in (Minuten) $t_{fi,d}$ 30	60	90	120	180
1	Kalksandsteine nach DIN EN 771-2 in Verbindung mit DIN 20000-402 unter Verwendung von Normalmauermörtel und Dünnbettmörtel						
1.1	Ausnutzungsfaktor $\alpha_{6,fi} \leq 0,42$						
1.1.1		115	365	490	(615)	(990)	nvg[c]
1.1.2		150	300	300	300	365	898
1.1.3		175	240	240	240	240	365
1.1.4		240	175	175	175	175	300
1.2	Ausnutzungsfaktor $\alpha_{6,fi} \leq 0,70$						
1.2.1		115	(365)	(490)	(730)	nvg[c]	nvg[c]
1.2.2		150	300	300	300	490	nvg[c]
1.2.3		175	240	240	300[a, b]	300[b]	490
1.2.4		240	175	175	240	240	365
1.3	alternativ: Ausnutzungsfaktor $\alpha_{fi} \leq 0,70$ Planelemente mit Dünnbettmörtel						
1.3.1		115	nvg[c]	nvg[c]	nvg[c]	nvg[c]	nvg[c]
1.3.2		150	(897)	(897)	nvg[c]	nvg[c]	nvg[c]
1.3.3		175	615	730	(897)	nvg[c]	nvg[c]
1.3.4		240	365	490	(615)	(730)	(897)

Die Klammerwerte gelten für Wände mit beidseitigem Putz nach 4.2 (1).

[a] Bei $h_k/d \leq 10$ darf $l_F = 240$ mm betragen.

[b] Bei Verwendung von Dünnbettmörtel und $h_k/d \leq 15$ darf $l_F = 240$ mm betragen.

[c] Die Mindestlänge ist $l_F > 1,0$ m; Bemessung bei Außenwänden daher als raumabschließende Wand nach Tabelle NA.B.2.2 — sonst als nichtraumabschließende Wand nach Tabelle NA.B.2.3.

Tabelle NA.B.2.5 — Kalksandstein-Mauerwerk — Mindestdicke tragender und nichttragender, raumabschließender Brandwände (Kriterien REI-M und EI-M) zur Einstufung in Feuerwiderstandsklassen

Zeilen Nr.	Materialeigenschaften		Mindestwanddicke (mm) t_F zur Einstufung in die Feuerwiderstandsklassen REI-M und EI-M in (Minuten) $t_{fi,d}$	
			30, 60, 90	
			1schalige Ausführung	2schalige Ausführung
1	Kalksandsteine nach DIN EN 771-2 in Verbindung mit DIN 20000-402 Voll-, Loch-, Block-, Hohlblocksteine (auch als Plan- und Fasensteine) unter Verwendung von Normalmauermörtel und Dünnbettmörtel der Rohdichteklasse			
1.1		≥ 1,8	175[a]	2 × 150[a]
1.2		≥ 1,4	240	2 × 175
1.3		≥ 0,9	300	2 × 200 (2 × 175)
1.4		≥ 0,8	300	2 × 240 (2 × 175)
2	Kalksandsteine nach DIN EN 771-2 in Verbindung mit DIN 20000-402 Planelemente unter Verwendung von Dünnbettmörtel der Rohdichteklasse			
2.1		≥ 1,8	175[b] 200	2 × 150[b] 2 × 175
Die Klammerwerte gelten für Wände mit beidseitigem Putz nach 4.2 (1).				

[a] Bei Verwendung von Dünnbettmörtel und Plansteinen.
[b] Mit aufliegender Geschossdecke mit mindestens REI 90 als konstruktive obere Halterung.

Tabelle NA.B.2.6 — Kalksandstein-Mauerwerk — Mindestdicke der Einzelschalen von tragendem 2schaligem Mauerwerk mit einer belasteten Schale (Kriterien REI) zur Einstufung in Feuerwiderstandsklassen

Es gelten die Werte der Tabelle NA.B.2.2.

NA.B.3 Betonstein-Mauerwerk (aus Steinen mit dichten und porigen Zuschlägen)

Die Tabellenwerte gelten für Betonsteine nach DIN EN 771-3 in Verbindung mit DIN V 20000-403 bzw. DIN V 18151-100, DIN V 18152-100 und DIN V 18153-100.

DIN V 20000-403 sowie DIN V 18151-100, DIN V 18152-100 und DIN V 18153-100 wurden 2019-11 zurückgezogen und durch DIN 20000-403 ersetzt.

Tabelle NA.B.3.1 — Betonstein-Mauerwerk — Mindestdicke nichttragender, raumabschließender Wände (Kriterien EI) zur Einstufung in Feuerwiderstandsklassen

Zeilen Nr.	Materialeigenschaften	**Mindestwanddicke** (mm) t_F **zur Einstufung in die Feuerwiderstandsklasse EI in** (Minuten) $t_{fi,d}$				
		30	60	90	120	180
1	Mauersteine aus Beton (Leichtbeton) nach DIN EN 771-3 in Verbindung mit DIN 20000-403 unter Verwendung von Normalmauermörtel und Leichtmauermörtel	115 (115)	115 (115)	115 (115)	115 (115)	150 (115)
2	Mauersteine aus Beton (Leichtbeton) nach DIN EN 771-3 in Verbindung mit DIN 20000-403 unter Verwendung von Normalmauermörtel, Dünnbettmörtel und Leichtmauermörtel	95 (95)	95 (95)	95 (95)	115 (95)	140 (115)
3	Mauersteine aus Beton (Normalbeton) nach DIN EN 771-3 in Verbindung mit DIN 20000-403 unter Verwendung von Normalmauermörtel und Leichtmauermörtel	95 (95)	95 (95)	95 (95)	115 (95)	140 (115)
Die Klammerwerte gelten für Wände mit beidseitigem Putz nach 4.2 (1).						

Tabelle NA.B.3.2 — Betonstein-Mauerwerk — Mindestdicke tragender, raumabschließender 1schaliger Wände (Kriterien REI) zur Einstufung in Feuerwiderstandsklassen

Zeilen Nr.	Materialeigenschaften	**Mindestwanddicke** (mm) t_F **zur Einstufung in die Feuerwiderstandsklasse REI in** (Minuten) $t_{fi,d}$				
		30	60	90	120	180
1	Mauersteine aus Beton (Leichtbeton mit haufwerksporigem Gefüge) nach DIN EN 771-3 in Verbindung mit DIN 20000-403 unter Verwendung von Normalmauermörtel und Leichtmauermörtel Rohdichteklasse ≥ 0,50					
1.1	Ausnutzungsfaktor $\alpha_{6,fi} \leq 0{,}15$	115 (115)	115 (115)	115 (115)	140 (115)	140 (115)
1.2	Ausnutzungsfaktor $\alpha_{6,fi} \leq 0{,}42$	140 (115)	140 (115)	175 (115)	175 (140)	190 (175)
1.3	Ausnutzungsfaktor $\alpha_{6,fi} \leq 0{,}70$	175 (140)	175 (140)	175 (140)	190 (175)	240 (190)
2	Mauersteine aus Beton (Normalbeton) nach DIN EN 771-3 in Verbindung mit DIN 20000-403 unter Verwendung von Normalmauermörtel und Leichtmauermörtel Rohdichteklasse ≥ 0,80					
2.1	Ausnutzungsfaktor $\alpha_{6,fi} \leq 0{,}15$	115 (115)	115 (115)	115 (115)	140 (115)	140 (115)
2.2	Ausnutzungsfaktor $\alpha_{6,fi} \leq 0{,}42$	140 (115)	140 (115)	175 (115)	175 (140)	190 (175)
2.3	Ausnutzungsfaktor $\alpha_{6,fi} \leq 0{,}70$	175 (115)	175 (140)	175 (140)	190 (175)	240 (190)
Die Klammerwerte gelten für Wände mit beidseitigem Putz nach 4.2 (1).						

Tabelle NA.B.3.3 — Betonstein-Mauerwerk — Mindestdicke tragender, nichtraumabschließender 1schaliger Wände (Kriterien R) zur Einstufung in Feuerwiderstandsklassen

Zeilen Nr.	Materialeigenschaften	**Mindestwanddicke** (mm) t_F **zur Einstufung in die Feuerwiderstandsklasse R in** (Minuten) $t_{fi,d}$				
		30	60	90	120	180
1	Mauersteine aus Beton (Leichtbeton mit haufwerksporigem Gefüge) nach DIN EN 771-3 in Verbindung mit DIN 20000-403 unter Verwendung von Normalmauermörtel und Leichtmauermörtel Rohdichteklasse ≥ 0,50					
1.1	Ausnutzungsfaktor $\alpha_{6,fi} \leq 0,15$	115 (115)	140 (115)	140 (115)	140 (115)	175 (115)
1.2	Ausnutzungsfaktor $\alpha_{6,fi} \leq 0,42$	140 (115)	175 (140)	190 (175)	240 (190)	240 (240)
1.3	Ausnutzungsfaktor $\alpha_{6,fi} \leq 0,70$	175 (140)	175 (175)	240 (175)	300 (240)	300 (240)
2	Mauersteine aus Beton (Normalbeton) nach DIN EN 771-3 in Verbindung mit DIN 20000-403 unter Verwendung von Normalmauermörtel und Leichtmauermörtel Rohdichteklasse ≥ 0,80					
2.1	Ausnutzungsfaktor $\alpha_{6,fi} \leq 0,15$	115 (115)	140 (115)	140 (115)	140 (115)	175 (115)
2.2	Ausnutzungsfaktor $\alpha_{6,fi} \leq 0,42$	140 (115)	175 (140)	190 (175)	240 (190)	240 (240)
2.3	Ausnutzungsfaktor $\alpha_{6,fi} \leq 0,70$	175 (140)	175 (175)	240 (175)	300 (240)	300 (240)
Die Klammerwerte gelten für Wände mit beidseitigem Putz nach 4.2 (1).						

Tabelle NA.B.3.4 — Betonstein-Mauerwerk — Mindestlänge tragender, nichtraumabschließender Pfeiler bzw. 1schaliger Wände, Länge < 1,0 m, (Kriterium R) zur Einstufung in Feuerwiderstandsklassen

Zeilen Nr.	Materialeigenschaften	Wand-dicke	Mindestwandlänge (mm) l_F zur Einstufung in die Feuerwiderstandsklasse R in (Minuten) $t_{fi,d}$				
		mm	30	60	90	120	180
1	Mauersteine aus Beton (Leichtbeton mit haufwerksporigem Gefüge) nach DIN EN 771-3 in Verbindung mit DIN 20000-403 unter Verwendung von Normalmauermörtel und Leichtmauermörtel Rohdichteklasse ≥ 0,50						
1.1	Ausnutzungsfaktor $\alpha_{6,fi} \leq 0,42$						
1.1.1		175	240	365	490	nvg[a]	nvg[a]
1.1.2		240	175	240	300	365	490
1.1.3		300	190	240	240	300	365
1.1.4		365	190	240	240	300	365
1.2	Ausnutzungsfaktor $\alpha_{6,fi} \leq 0,70$						
1.2.1		175	365	490	nvg[a]	nvg[a]	nvg[a]
1.2.2		240	240	300	365	nvg[a]	nvg[a]
1.2.3		300	240	240	300	365	490
1.2.4		365	240	240	300	365	490
2	Mauersteine aus Beton (Normalbeton) nach DIN EN 771-3 in Verbindung mit DIN 20000-403 unter Verwendung von Normalmauermörtel und Leichtmauermörtel Rohdichteklasse ≥ 0,80						
2.1	Ausnutzungsfaktor $\alpha_{6,fi} \leq 0,42$						
2.1.1		175	240	365	490	nvg[a]	nvg[a]
2.1.2		240	175	240	300	365	490
2.1.3		300	190	240	240	300	365
2.1.4		365	190	240	240	300	365
2.2	Ausnutzungsfaktor $\alpha_{6,fi} \leq 0,70$						
2.2.1		175	365	490	nvg[a]	nvg[a]	nvg[a]
2.2.2		240	240	300	365	nvg[a]	nvg[a]
2.2.3		300	240	240	300	365	490
2.2.4		365	240	240	300	365	490

[a] Die Mindestlänge ist $l_F > 1,0$ m; Bemessung bei Außenwänden daher als raumabschließende Wand nach Tabelle NA.B.3.2, sonst als nichtraumabschließende Wand nach Tabelle NA.B.3.3.

Tabelle NA.B.3.5 — Betonstein-Mauerwerk — Mindestdicke tragender und nichttragender, raumabschließender Brandwände (Kriterien REI-M und EI-M) zur Einstufung in Feuerwiderstandsklassen

Zeilen Nr.	Materialeigenschaften	**Mindestwanddicke** (mm) t_F **zur Einstufung in die Feuerwiderstandsklassen REI-M und EI-M in** (Minuten) $t_{fi,d}$ 30, 60, 90	
		1schalige Ausführung	2schalige Ausführung
1	Mauersteine aus Beton (Leichtbeton mit haufwerksporigem Gefüge) nach DIN EN 771-3 in Verbindung mit DIN 20000-403 unter Verwendung von Normalmauermörtel und Leichtmauermörtel der Rohdichteklasse		
1.1	≥ 0,80	240 (175)	2 × 175 (2 × 175)
1.2	≥ 0,60	300 (240)	2 × 240 (2 × 175)
2	Mauersteine aus Beton (Normalbeton) nach DIN EN 771-3 in Verbindung mit DIN 20000-403 unter Verwendung von Normalmauermörtel der Rohdichteklasse		
2.1	≥ 0,80	240 (175)	2 × 175 (2 × 175)
Die Klammerwerte gelten für Wände mit beidseitigem Putz nach 4.2 (1).			

Tabelle NA.B.3.6 — Betonstein-Mauerwerk — Mindestdicke der Einzelschalen von tragendem 2schaligem Mauerwerk mit einer belasteten Schale (Kriterien REI) zur Einstufung in Feuerwiderstandsklassen

Es gelten die Werte der Tabelle NA.B.3.2.

NA.B.4 Porenbeton-Mauerwerk

Die Tabellenwerte gelten für Porenbetonsteine nach DIN EN 771-4 in Verbindung mit DIN 20000-404.

Tabelle NA.B.4.1 — Porenbeton-Mauerwerk — Mindestdicke nichttragender, raumabschließender Wände (Kriterien EI) zur Einstufung in Feuerwiderstandsklassen

Zeilen Nr.	Materialeigenschaften	**Mindestwanddicke** (mm) t_F **zur Einstufung in die Feuerwiderstandsklasse EI in** (Minuten) $t_{fi,d}$				
		30	60	90	120	180
1	Porenbetonsteine nach DIN EN 771-4 in Verbindung mit DIN 20000-404 unter Verwendung von Dünnbettmörtel	115 (115)	115 (115)	115 (115)	115 (115)	150 (115)
Die Klammerwerte gelten für Wände mit beidseitigem Putz nach 4.2 (1).						

Tabelle NA.B.4.2 — Porenbeton-Mauerwerk — Mindestdicke tragender, raumabschließender 1schaliger Wände (Kriterien REI) zur Einstufung in Feuerwiderstandsklassen

Zeilen Nr.	Materialeigenschaften	**Mindestwanddicke** (mm) t_F **zur Einstufung in die Feuerwiderstandsklasse REI in** (Minuten) $t_{fi,d}$				
		30	60	90	120	180
1	Porenbetonsteine nach DIN EN 771-4 in Verbindung mit DIN 20000-404 unter Verwendung von Dünnbettmörtel Rohdichteklasse ≥ 0,40					
1.1	Ausnutzungsfaktor $\alpha_{6,fi} \leq 0,15$	115 (115)	115 (115)	115 (115)	115 (115)	150 (115)
1.2	Ausnutzungsfaktor $\alpha_{6,fi} \leq 0,42$	115 (115)	115 (115)	150 (115)	150 (150)	175 (175)
1.3	Ausnutzungsfaktor $\alpha_{6,fi} \leq 0,70$	115 (115)	150 (115)	175[a] (150)	175[a] (175)	200 (200)
Die Klammerwerte gelten für Wände mit beidseitigem Putz nach 4.2 (1).						
a Rohdichteklasse ≥ 0,35						

Tabelle NA.B.4.3 — Porenbeton-Mauerwerk — Mindestdicke tragender, nichtraumabschließender, 1schaliger Wände (Kriterien R) zur Einstufung in Feuerwiderstandsklassen

Zeilen Nr.	Materialeigenschaften	**Mindestwanddicke** (mm) t_F **zur Einstufung in die Feuerwiderstandsklasse R in** (Minuten) $t_{fi,d}$				
		30	60	90	120	180
1	Porenbetonsteine nach DIN EN 771-4 in Verbindung mit DIN 20000-404 unter Verwendung von Dünnbettmörtel Rohdichteklasse ≥ 0,40					
1.1	Ausnutzungsfaktor $\alpha_{6,fi} \leq 0{,}15$	115 (115)	150 (115)	150 (115)	150 (115)	175 (115)
1.2	Ausnutzungsfaktor $\alpha_{6,fi} \leq 0{,}42$	150 (115)	175 (150)	175 (150)	175 (150)	240 (175)
1.3	Ausnutzungsfaktor $\alpha_{6,fi} \leq 0{,}70$	175 (150)	175 (150)	240 (175)	300 (240)	300 (240)
Die Klammerwerte gelten für Wände mit beidseitigem Putz nach 4.2 (1).						

Tabelle NA.B.4.4 — Porenbeton-Mauerwerk — Mindestlänge tragender, nichtraumabschließender Pfeiler bzw. 1schaliger Wände, Länge < 1,0 m, (Kriterium R) zur Einstufung in Feuerwiderstandsklassen

Zeilen Nr.	Materialeigenschaften	Wand-dicke	Mindestwandlänge (mm) l_F zur Einstufung in die Feuerwiderstandsklasse R in (Minuten) $t_{fi,d}$				
		mm	30	60	90	120	180
1	Porenbetonsteine nach DIN EN 771-4 in Verbindung mit DIN 20000-404						
	unter Verwendung von Dünnbettmörtel						
	Rohdichteklasse ≥ 0,4						
1.1	Ausnutzungsfaktor $\alpha_{6,fi} \leq 0{,}42$						
1.1.1		175	365	365	490	490	615
1.1.2		200	240	365	365	490	615
1.1.3		240	240	240	300	365	615
1.1.4		300	240	240	240	300	490
1.1.5		365	175	175	240	240	365
1.2	Ausnutzungsfaktor $\alpha_{6,fi} \leq 0{,}70$						
1.2.1		175	490	490	nvg[a]	nvg[a]	nvg[a]
1.2.2		200	365	490	nvg[a]	nvg[a]	nvg[a]
1.2.3		240	300	365	615	730	730
1.2.4		300	240	300	490	490	615
1.2.5		365	240	240	365	490	615

[a] Die Mindestlänge ist $l_F > 1{,}0$ m; Bemessung bei Außenwänden daher als raumabschließende Wand nach Tabelle NA.B.20 — sonst als nichtraumabschließende Wand nach Tabelle NA.B.21.

Tabelle NA.B.4.5 — Porenbeton-Mauerwerk — Mindestdicke tragender und nichttragender, raumabschließender Brandwände (Kriterien REI-M und EI-M) zur Einstufung in Feuerwiderstandsklassen

Zeilen Nr.	Materialeigenschaften	**Mindestwanddicke** (mm) t_F **zur Einstufung in die Feuerwiderstandsklassen REI-M und EI-M in** (Minuten) $t_{fi,d}$ 30, 60, 90 1schalige Ausführung	2schalige Ausführung
1	Porenbetonsteine nach DIN EN 771-4 in Verbindung mit DIN 20000-404 unter Verwendung von Dünnbettmörtel der Rohdichteklasse		
1.1	≥ 0,55	300	2 × 240
1.2	≥ 0,55[a]	240	2 × 175
1.3	≥ 0,40	300	2 × 240
1.4	≥ 0,40[b, c]	240	2 × 175
2	Porenbetonsteine nach DIN EN 771-4 in Verbindung mit DIN 20000-404 Planelemente unter Verwendung von Dünnbettmörtel der Rohdichteklasse		
2.1	≥ 0,55	240[c, d]	2 × 175[c, d]
2.2	≥ 0,40	300	2 × 240

[a] Plansteine mit Vermörtelung der Stoßfuge, alternativ beidseitig 20 mm verputzt nach DIN EN 1996-1-2, 4.2(1).
[b] Plansteine mit glatter, vermörtelter Stoßfuge.
[c] Mit aufliegender Geschossdecke mit mindestens 90 Minuten Feuerwiderstandsdauer als konstruktive obere Halterung.
[d] Planelemente mit Vermörtelung der Stoßfugen, alternativ beidseitig 20 mm verputzt nach DIN EN 1996-1-2, 4.2(1).

Tabelle NA.B.4.6 — Porenbeton-Mauerwerk — Mindestdicke der Einzelschalen von tragendem 2schaligem Mauerwerk mit einer belasteten Schale (Kriterien REI) zur Einstufung in Feuerwiderstandsklassen

Es gelten die Werte der Tabelle NA.B.4.2.

Anhang C (informativ)
Vereinfachtes Rechenverfahren

...Auslassung...

DIN EN 1996-1-2:2011-04 Anhang C, gilt nicht.

Anhang D (informativ)
Genaueres Berechnungsverfahren

...Auslassung...

DIN EN 1996-1-2:2011-04 Anhang D, gilt nicht.

Anhang E (informativ)
Beispiele für Bauteilanschlüsse, die den Anforderungen des Abschnitts 5 entsprechen

Der informative Anhang E wird als informativer Anhang übernommen. Weitere Beispiele sind DIN 4102-4 zu entnehmen.

Sofern DIN EN 1996-1-2/NA [E17] keine Angaben zu speziellen Ausbildungen (z. B. Anschlüsse, Fugen, etc.) enthält, sind gemäß [D5] die Anwendungsregeln nach DIN 4102-4 [R8] zu beachten.

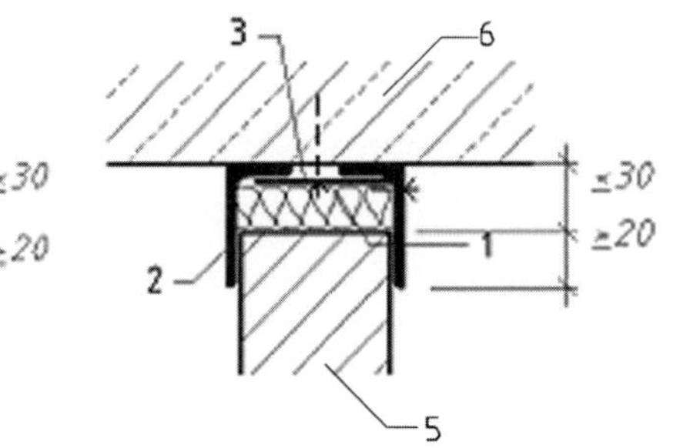

Legende

1 Dämmstoff – Mineralwolle, Euroklasse A1 oder A2 („nichtbrennbar"), Schmelzpunkt ≥ 1 000 °C
2 Stahlwinkel
3 Flachstahl 65 mm x 5 mm, a > 600 mm
5 Mauerwerk
6 Beton

Bild E.1 — Querschnitte von Anschlüssen nichttragender Mauerwerkswände an Decken oder Dächer

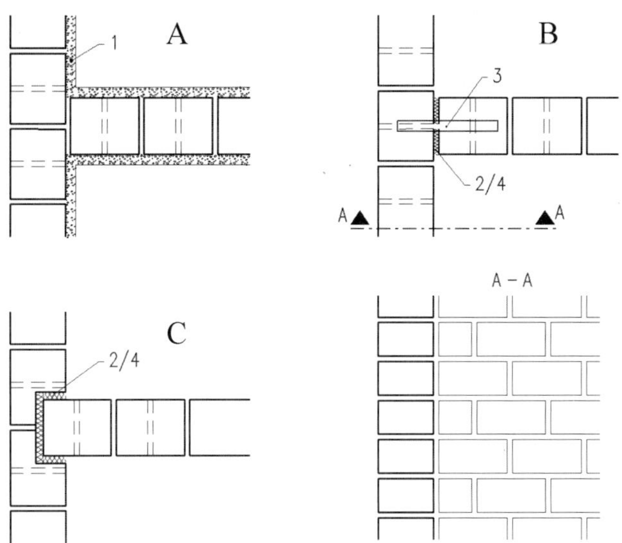

Legende

A Anschluss durch Putz
B Anschluss durch Anker
C Anschluss durch Einbindung mit Dämmstoff oder Mörtel
1 Putz
2 Dämmstoff – Mineralwolle, Euroklasse A1 oder A2 („nichtbrennbar"), Schmelzpunkt ≥ 1 000 °C
3 Flachstahlanker, Abstände nach statischen Erfordernissen
4 Mörtel

Bild E.2 — Grundrisse und Ansicht von Anschlüssen zwischen tragenden und nichttragenden Mauerwerkwänden (-pfeilern)

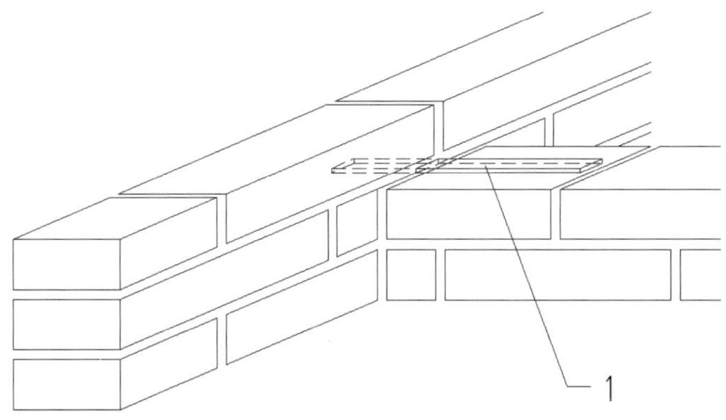

Legende

1 Flachstahlanker, Abstände nach statischen Erfordernissen

Bild E.3 — Verbindung zwischen tragenden Mauerwerkwänden

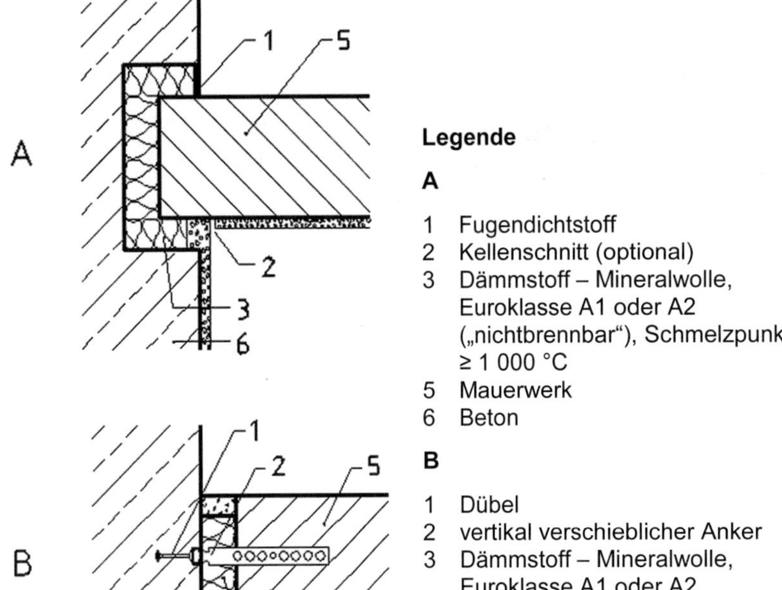

Legende

A

1 Fugendichtstoff
2 Kellenschnitt (optional)
3 Dämmstoff – Mineralwolle, Euroklasse A1 oder A2 („nichtbrennbar"), Schmelzpunkt ≥ 1 000 °C
5 Mauerwerk
6 Beton

B

1 Dübel
2 vertikal verschieblicher Anker
3 Dämmstoff – Mineralwolle, Euroklasse A1 oder A2 („nichtbrennbar"), Schmelzpunkt ≥ 1 000 °C oder Mörtel
4 Fugendichtstoff
5 Mauerwerk
6 Beton

Bild E.4 — Beweglicher Anschluss zwischen tragenden Mauerwerk- und Betonwänden (oder -pfeilern)

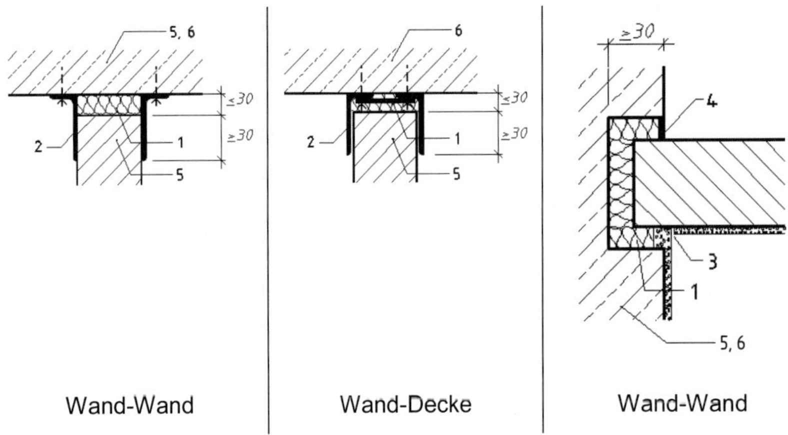

Legende

1 Dämmstoff – Mineralwolle, Euroklasse A1 oder A2 („nichtbrennbar"), Schmelzpunkt ≥ 1 000 °C oder Mörtel
2 Stahlwinkel
3 Kellenschnitt (optional)
4 Fugendichtstoff
5 Mauerwerk
6 Beton

Bild E.5 — Anschlüsse von Brandwänden aus Mauerwerk an Stahlbeton

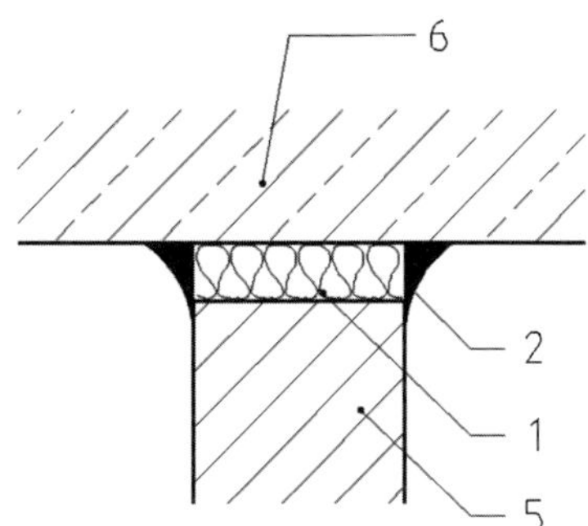

Legende

1 Dämmstoff – Mineralwolle, Euroklasse A1 oder A2 („nichtbrennbar"), Schmelzpunkt ≥ 1 000 °C oder Mörtel
2 Fugendichtstoff (optional)
5 Mauerwerk
6 Beton

Bild E.6 — Anschluss ohne statische Anforderungen

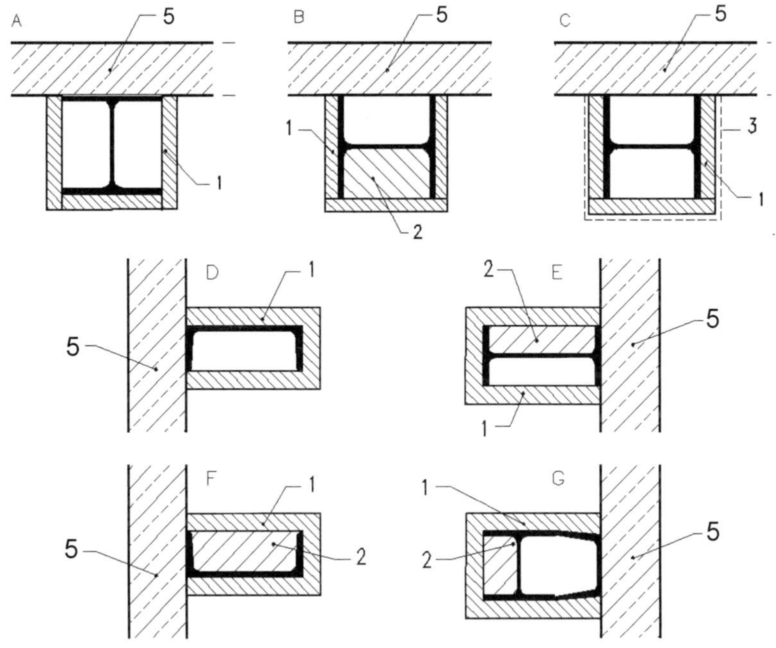

Legende

1 Verkleidung entsprechend der erforderlichen Feuerwiderstandsdauer
2 Mauerwerk oder Beton
3 Blechverkleidung
5 Mauerwerk

A-C Stahlstütze
D-G Stahlträger

Bild E.7 — Anschlüsse von Brandwänden an Stahlbauteile

Eurocode 6: Bemessung und Konstruktion von Mauerwerksbauten — Teil 2: Planung, Auswahl der Baustoffe und Ausführung von Mauerwerk: 2010-12

Deutsche Fassung EN 1996-2:2006 + AC:2009

Nationaler Anhang (NA) – National festgelegte Parameter: 2012-01

Erläuterungen und ergänzende Hinweise

Inhaltsverzeichnis

1 ALLGEMEINES

1.1 Anwendungsbereich von Teil 2 des Eurocodes 6

(1)P Der in DIN EN 1996-1-1:2013-02, 1.1.1 beschriebene Anwendungsbereich des Eurocodes 6 für Mauerwerksbauten gilt auch für diese DIN EN 1996-2.

(2)P DIN EN 1996-2 enthält Grundregeln für die Auswahl von Baustoffen und Ausführung von Mauerwerk mit dem Ziel, den der Bemessung und Konstruktion zugrunde zu legenden Annahmen der anderen Teile des Eurocodes 6 zu entsprechen. Mit Ausnahme der in 1.1(3)P angegebenen Aufzählungen gilt der Anwendungsbereich von Teil 2 für die üblichen Aspekte der Planung sowie der Ausführung von Mauerwerk; dazu gehören:

- die Auswahl der Baustoffe;
- Faktoren, die die Eigenschaften und Dauerhaftigkeit des Mauerwerks beeinflussen;
- der Widerstand der Bauwerke gegen das Eindringen von Feuchte;
- die Lagerung, Vorbereitung und Verwendung von Baustoffen auf der Baustelle;
- die Ausführung des Mauerwerks;
- der Schutz des Mauerwerks während der Ausführung.

ANMERKUNG 1 Wenn nur allgemeine Leitlinien angegeben sind, darf im Nationalen Anhang auf zusätzliche Leitlinien, die auf der Grundlage der örtlichen Bedingungen und Verfahrensweisen erstellt wurden und in nicht entgegenstehenden, ergänzenden Dokumenten enthalten sind, verwiesen werden.

ANMERKUNG 2 Der Anwendungsbereich des Eurocodes 6 schließt das Leistungsvermögen des Mauerwerks in Bezug auf Erdbebensicherheit, Wärme- und Schalldämmung aus.

Bei der Wahl der Bauteile sind auch die Funktionen der Wände hinsichtlich des Wärme-, Schall-, Brand- und Feuchteschutzes zu beachten.

(3)P DIN EN 1996-2 gilt nicht für:

- die in anderen Teilen des Eurocodes 6 behandelten Mauerwerksaspekte;
- ästhetische Aspekte;
- Oberflächenbehandlungen;
- die Gesundheit und Sicherheit der mit der Planung oder der Ausführung von Mauerwerk beschäftigten Personen;
- die Umwelteinflüsse von Mauerwerksbauten, Ingenieurbauten und Tragwerken auf ihre Umgebung.

1.2 Normative Verweisungen

(1)P Diese Europäische Norm enthält durch datierte oder undatierte Verweisungen Festlegungen aus anderen Publikationen. Diese normativen Verweisungen sind an den jeweiligen Stellen im Text zitiert, und die Publikationen sind nachstehend aufgeführt. Bei datierten Verweisungen gehören spätere Änderungen oder Überarbeitungen dieser Publikationen nur zu dieser Europäischen Norm, falls sie durch Änderung oder Überarbeitung eingearbeitet sind. Bei undatierten Verweisungen gilt die letzte Ausgabe der in Bezug genommenen Publikation (einschließlich Änderungen).

DIN EN 1015-17, *Prüfverfahren für Mörtel für Mauerwerk — Teil 17: Bestimmung des Gehalts an wasserlöslichem Chlorid von Frischmörteln*

DIN 1054, *Baugrund — Sicherheitsnachweise im Erd- und Grundbau — Ergänzende Regelungen zu DIN EN 1997-1*

Die nachfolgend dargestellten normativen Verweisungen wurden gegenüber dem Original des Normentextes auf derzeit gültigen Stand aktualisiert. Ferner werden die deutschen Fassungen als DIN EN angegeben.

Normen, auf die bereits in DIN EN 1996-1-1 [E5] verwiesen wurde, werden hier nicht erneut aufgelistet. Stattdessen sind nachfolgend nur die zusätzlich in Teil 2 zitierten Normen aufgeführt.

DIN 4108-3, *Wärmeschutz und Energie-Einsparung in Gebäuden — Teil 3: Klimabedingter Feuchteschutz; Anforderungen, Berechnungsverfahren und Hinweise für Planung und Ausführung*

DIN 4108-10, *Wärmeschutz und Energie-Einsparung in Gebäuden — Teil 10: Anwendungsbezogene Anforderungen an Wärmedämmstoffe – Werkmäßig hergestellte Wärmedämmstoffe*

DIN 18202, *Toleranzen im Hochbau — Bauwerke*

DIN 18515 (alle Teile), *Außenwandbekleidungen*

1.3 Annahmen

(1)P Zusätzlich zu den Annahmen in DIN EN 1990:2010-12, 1.3, gelten für DIN EN 1996-2 die folgenden Annahmen:

- Die Planung muss entsprechend Abschnitt 2 und unter Berücksichtigung von Abschnitt 3 erfolgen.
- Die Ausführung muss entsprechend Abschnitt 3 und unter Berücksichtigung von Abschnitt 2 erfolgen.
- Die Planungsgrundsätze sind nur dann gültig, wenn die in Abschnitt 3 für die Ausführung angegebenen verbindlichen Regeln eingehalten werden.

1.4 Unterscheidung zwischen verbindlichen Regeln und Anwendungsregeln

(1)P Für DIN EN 1996-2 gelten die in DIN EN 1990:2010-12, 1.4, angegebenen Regeln.

1.5 Begriffe

1.5.1 Allgemeines

(1) Für DIN EN 1996-2 gelten die in DIN EN 1990:2010-12, 1.5, angegebenen Begriffe.

(2) Für DIN EN 1996-2 gelten die in DIN EN 1996-1-1 angegebenen Begriffe.

(3) Weitere in DIN EN 1996-2 verwendete Begriffe werden den in 1.5.2 bis 1.5.5 angegebenen Definitionen zugeordnet.

1.5.2 Begriffe für die Planung

1.5.2.1 Planungsunterlagen

Unterlagen, die die Anforderungen des Planers an die Bauausführung beschreiben, z. B. Zeichnungen, Pläne, Prüfberichte, Verweise auf Teile anderer Unterlagen und schriftliche Anweisungen

1.5.3 Begriffe für Klimafaktoren und Umweltbedingungen

1.5.3.1 Makrobedingungen

klimatische Faktoren, die vom allgemeinen Klima der Gegend, in dem ein Bauwerk errichtet wird, abhängen und durch die örtliche Topographie und/oder sonstige Aspekte der Baustelle beeinflusst werden

1.5.3.2 Mikrobedingungen

örtliche klimatische und Umweltfaktoren, die von der Lage eines Mauerwerkselements innerhalb der Gebäudestruktur abhängen, unter Berücksichtigung vorhandener oder nicht vorhandener Schutzwirkungen baulicher Details oder Beschichtungen

1.5.4 Begriffe für Mauersteine

1.5.4.1 Ergänzungsmauerstein

für eine bestimmte Funktion geformter Mauerstein, z. B. um die Geometrie des Mauerwerks zu vervollständigen

1.5.5 Sonstige Begriffe

1.5.5.1 Oberflächenbehandlung

mit der Oberfläche des Mauerwerks verbundene Materialschicht

z. B. Putz, WDVS

1.5.5.2 Hohlraumbreite

senkrecht zur Wandebene gemessener Abstand zwischen den den Hohlraum begrenzenden Mauerwerksschalen einer zweischaligen Wand

1.5.5.3 Bekleidung

Schicht aus Material(ien), das (die) an der Vorderseite des Mauerwerks befestigt oder verankert, aber nicht durchgehend mit ihr verbunden ist (sind)

z. B. Vorhangfassade

1.6 Symbole

(1)P Für die Anwendung dieser Norm gelten die in DIN EN 1996-1-1:2013-02, 1.6 angegebenen Symbole.

(2)P Weitere in DIN EN 1996-2 verwendete Symbole sind:

d_p Mindestausfugungstiefe;

l_m größter horizontaler Abstand zwischen senkrechten Bewegungsfugen in nicht tragenden Außenwänden.

2 PLANUNGSGRUNDSÄTZE

2.1 Einflüsse auf die Dauerhaftigkeit des Mauerwerks

2.1.1 Allgemeines

(1)P Mauerwerk ist so zu planen, dass es die für seine vorgesehene Verwendung geforderten Eigenschaften hat.

2.1.2 Klassifizierung der Umweltbedingungen

2.1.2.1 Mikroumweltbedingungen

In Deutschland wird nur zwischen geschütztem Mauerwerk (z. B. mit Putz oder Vorsatzschale) und ungeschütztem Mauerwerk (z. B. Vormauerschale einer zweischaligen Wand) unterschieden.

(1)P Bei der Planung des Mauerwerks sind die Mikroumweltbedingungen, denen das Mauerwerk voraussichtlich ausgesetzt sein wird, zu berücksichtigen.

(2) Bei der Entscheidung über die Mikroumweltbedingungen des Mauerwerks müssen die Auswirkungen der Oberflächenbehandlungen, Schutzbekleidungen und baulichen Einzelheiten berücksichtigt werden.

(3) Die Mikroumweltbedingungen für fertiggestelltes Mauerwerk sollten folgenden Klassen zugeordnet werden:

MX1 – in trockener Umgebung;

MX2 – Feuchte oder Durchnässung ausgesetzt;

MX3 – Feuchte oder Durchnässung und Frost-Tau-Wechseln ausgesetzt;

MX4 – der Einwirkung von salzhaltiger Luft oder Meerwasser ausgesetzt;

MX5 – in einer Umgebung mit stark angreifenden Chemikalien.

ANMERKUNG Innerhalb dieser Klassen dürfen erforderlichenfalls mit Hilfe der in Anhang A angegebenen Unterklassen genauer definierte Bedingungen (z. B. MX2.1 oder MX2.2 und MX3.1 oder MX3.2) angegeben werden.

(4) Um Mauerwerk herzustellen, das die festgelegten Leistungskriterien erfüllt und widerstandsfähig gegen die Umweltbedingungen ist, denen es ausgesetzt ist, sollten bei der Bestimmung der Umweltklasse folgende Punkte berücksichtigt werden:

- Klimafaktoren;
- Beanspruchungsgrad durch Feuchte oder Durchnässung;
- Beanspruchung durch Frost-Tau-Wechsel;
- Vorhandensein von chemischen Substanzen, deren Reaktionen Schäden verursachen können.

2.1.2.2 Klimafaktoren (Makroumweltbedingungen)

(1)P Bei der Bestimmung der Feuchte des Mauerwerks und der Frost-Tau-Wechselbedingungen sollten die Einflüsse der Makrobedingungen auf die Mikrobedingungen berücksichtigt werden.

(2) In Bezug auf die Makrobedingungen sollten folgende Punkte berücksichtigt werden:

- Regen und Schnee;
- Kombination von Wind und Regen;
- Temperaturschwankungen;
- Schwankungen der relativen Luftfeuchte.

ANMERKUNG Es ist allgemein bekannt, dass sich die in Europa herrschenden Klimate (Makrobedingungen) beträchtlich unterscheiden und bestimmte Klimabedingungen das Risiko, dass Mauerwerk durchnässt wird und/oder Frost-Tau-Wechseln ausgesetzt ist, beeinflussen können. Jedoch ist für die Bestimmung der Dauerhaftigkeit von Mauerwerk die Einteilung der Mikrobedingungen von Bedeutung und nicht die Einstufung der Makrobedingungen. Anhang A gibt Beispiele für Bedingungen mit relativer Feuchte von Mauerwerkselementen in einem typischen Gebäude.

2.1.3 Aggressive chemische Umgebungen

(1) In Küstenregionen sollte die Einwirkung von Chloridanteilen aus der Luft oder von Meerwasser berücksichtigt werden.

(2) Zu den möglichen Sulfatquellen gehören:

- natürliche Böden;
- Grundwasser;
- Müllhalden und Bodenabraum;
- Baustoffe;
- Luftschadstoffe.

(3) In den Fällen, in denen in der Umgebung vorhandene aggressive Chemikalien, mit Ausnahme von Chloridanteilen aus der Luft oder Meerwasser, das Mauerwerk angreifen können, sollte Klasse MX5 angenommen werden. Wo Salze durch Feuchtetransport in das Mauerwerk eindringen können, sollten mögliche erhöhte Konzentrationen und Mengen der vorhandenen Chemikalien berücksichtigt werden.

In diesen Fällen ist eine Abdichtung nach DIN 18533 [R17] bis [R19] vorzusehen.

2.2 Auswahl der Baustoffe

2.2.1 Allgemeines

(1)P Baustoffe müssen nach dem Einbau ausreichend widerstandsfähig gegen vorgesehene Beanspruchungen und Umwelteinflüsse sein.

(2)P Es dürfen nur nachweislich geeignete Baustoffe, Produkte und Systeme verwendet werden.

(3) Falls die Auswahl der für das Mauerwerk zu verwendenden Baustoffe nicht an anderer Stelle im vorliegenden Teil 2 festgelegt ist, sollte diese nach der am Ort der Verwendung üblichen Praxis und Erfahrung erfolgen.

Für Deutschland gelten die Anforderungen der nach Landesrecht eingeführten VV TB.

ANMERKUNG 1 Die Eignung gilt als nachgewiesen, wenn einer Europäischen Norm entsprochen wird, auf die entweder in dieser Norm verwiesen wird oder die speziell auf Anwendungen innerhalb des Anwendungsbereichs dieser Norm verweist. Für den Fall, dass keine geeignete Europäische Norm existiert oder der Baustoff bzw. das Produkt von den Anforderungen einer geeigneten Europäischen Norm abweicht, kann die Eignung als nachgewiesen gelten, wenn Konformität besteht mit:

Vergl. MVV TB Ausgabe 2019/1 [D5], A 1.2.6.1 und Anlage A 1.2.6/1, Abs. 3.

Hier wird u. a. auf die Normen der Reihe DIN 20000-401 ff. ([R23], [R24], [R25], [R26], [R27]) verwiesen.

— einer Technischen Zulassung oder
— einer nationalen Norm oder
— anderen Bestimmungen,

wenn darin speziell auf Anwendungen innerhalb des Anwendungsbereichs dieser Norm verwiesen wird und diese am Verwendungsort des Baustoffs oder Produkts anerkannt sind.

ANMERKUNG 2 ...Auslassung...

Die Anmerkung 2 verweist auf Anhang B, der für Deutschland nicht anzuwenden ist.

(NA.4) Innerhalb eines Geschosses sollte zur Vereinfachung von Ausführung und Überwachung das Wechseln von Steinarten und Mörtelgruppen eingeschränkt werden.

(NA.5) Steine und Mörtel, die unmittelbar der Witterung ausgesetzt bleiben, müssen frostwiderstandsfähig sein. Sieht die Produktnorm hinsichtlich der Frostwiderstandsfähigkeit unterschiedliche Klassen vor, so sind bei Schornsteinköpfen, Kellereingangs-, Stütz- und Gartenmauern, stark strukturiertem Mauerwerk und ähnlichen Anwendungsbereichen Steine mit der Klasse der höchsten Frostwiderstandsfähigkeit zu verwenden. In Außenschalen dürfen Kalksandsteine mit Oberflächenbeschichtungen nur verwendet werden, wenn deren Frostwiderstandsfähigkeit unter erhöhter Beanspruchung nach DIN EN 771-2 nachgewiesen wurde.

2.2.2 Mauersteine

(1) Die Anforderungen an Mauersteine sollten dem für den Baustofftyp geltenden Teil von DIN EN 771 entsprechend festgelegt werden:

- DIN EN 771-1 für Mauerziegel;
- DIN EN 771-2 für Kalksandsteine;
- DIN EN 771-3 für Betonsteine;
- DIN EN 771-4 für Porenbetonsteine;
- DIN EN 771-5 für Betonwerksteine;
- DIN EN 771-6 für Natursteine.

In Deutschland sind die Normen DIN 20000-401 ff. ([R23], [R24], [R25] und [R26]) als Anwendungsdokumente zusätzlich zu verwenden.

Für die Normreihe DIN EN 771 siehe [R28], [R29], [R30], [R31], [R32] und [R33]

(2) Für Produkte, die nicht DIN EN 771 entsprechen (z. B. zurückgewonnene Produkte), sollten die geforderten Eigenschaften des Produktes und die Möglichkeiten zu deren Nachweis, einschließlich der Anforderungen an die Probenahme und die Prüfhäufigkeit, in den Planungsunterlagen angegeben werden.

2.2.3 Mauermörtel und Füllbeton

2.2.3.1 Allgemeines

(1) Mauermörtel sollte den Bedingungen, denen das Mauerwerk ausgesetzt ist, und den für die Mauersteine geltenden Festlegungen entsprechend ausgewählt werden. Bis ein durch eine Europäische Norm festgelegtes Verfahren für die Prüfung der Dauerhaftigkeit zur Verfügung steht, sollte die Eignung von Mauermörteln aufgrund der bewährten örtlichen Erfahrungen bezüglich der Eigenschaften der betreffenden Baustoffe und der Mischungsverhältnisse bestimmt werden.

2.2.3.2 Auswahl von Werkmörtel und im Werk hergestellter Füllbeton

(1) Falls erwogen wird, Werkmörtel oder Füllbeton in Bereichen der Beanspruchungsklassen MX4 oder MX5 zu verwenden, sollte bezüglich deren Eignung der Hersteller zu Rate gezogen werden.

ANMERKUNG Bis ein durch eine Europäische Norm festgelegtes Verfahren für die Prüfung der Dauerhaftigkeit zur Verfügung steht, basiert die Eignung von Mauermörteln nach DIN EN 998-2 im Hinblick auf die vorgesehene Verwendung auf den Erfahrungen des Herstellers.

Für Deutschland ist Werkmörtel nach DIN EN 998-2 [R37] in Verbindung mit DIN 20000-412 [R27] zu verwenden.

2.2.3.3 Auswahl von Baustellenmörtel und Füllbeton

(1) Für baustellengemischten Mauermörtel und Füllbeton sollten die Planungsunterlagen die geforderten Eigenschaften des Produktes und die Möglichkeiten zu deren Nachweis einschließlich der Anforderungen an die Probenahme und Prüfhäufigkeit enthalten. Bei hinreichender Erfahrung kann durch den Planer zusätzlich eine detaillierte Festlegung der Inhaltsstoffe, deren Mischungsverhältnis und Mischverfahren auf der Grundlage von an Probemischungen durchgeführten Prüfungen und/oder auf der Grundlage maßgeblicher, öffentlich verfügbarer und am Verwendungsort anerkannter Referenzen erfolgen.

Für Deutschland ist Baustellenmörtel nach DIN 18580 [R22] zu verwenden. Dort sind Mischungszusammensetzungen aufgeführt.

(2) Die in 3.3.1 angegebenen Hinweise sollten besonders bei der Verwendung von Zusatzmitteln, Zusatzstoffen und Pigmenten berücksichtigt werden.

(3) Für die Beanspruchungsklassen MX1, MX2 oder MX3 sollte die Dauerhaftigkeit von Mauermörtel unter Verwendung der in DIN EN 998-2 definierten Begriffe festgelegt werden:

- Mauerwerk in nicht angreifender Umgebung;
- Mauerwerk in mäßig angreifender Umgebung;
- Mauerwerk in stark angreifender Umgebung.

ANMERKUNG Nach 2.2.3.3(1) ist grundsätzlich in jedem Falle gefordert, die Leistungseigenschaften festzulegen. Für die Dauerhaftigkeit ist nach 2.2.3.3(3) gefordert, dass diese Festlegung unter Bezug auf die festgelegten Begriffe erfolgt. Dem Planer wird freigestellt, eine genaue Festlegung vorzunehmen, die die Leistungsanforderungen erfüllt; alternativ kann dies in Übereinstimmung mit 3.3.1.1(2) als Aufgabe an den Ausführenden geschehen. ...Auslassung...

Der letzte Satz dieser Anmerkung verweist auf Anhang B, der für Deutschland nicht anzuwenden ist.

(4) Falls baustellengemischter Mauermörtel oder Füllbeton für die Verwendung in Bereichen der Beanspruchungsklassen MX4 oder MX5 festzulegen ist, sollten die Mischungsverhältnisse, durch die eine für die jeweiligen Bedingungen angemessene Dauerhaftigkeit sichergestellt werden soll, auf der Grundlage maßgeblicher, öffentlich verfügbarer und am Verwendungsort anerkannter Referenzen ausgewählt werden.

(5) Falls ein besonderer Haftverbund zwischen den Mauersteinen und dem Mörtel (Verbundfestigkeit) gefordert ist, sollte dies bei der Festlegung der Mischungsverhältnisse berücksichtigt werden.

ANMERKUNG Der Hersteller der Mauersteine kann die Verwendung einer bestimmten Art von Mauermörtel empfehlen, oder es können Prüfungen in Übereinstimmung mit den einschlägigen Teilen von DIN EN 1052 durchgeführt werden.

2.2.4 Ergänzungsbauteile und Bewehrung

(1)P Ergänzungsbauteile und ihre Befestigungsmittel müssen in der Umgebung, in der sie verwendet werden, korrosionsbeständig sein.

Für Ergänzungsbauteile nach DIN EN 845 [R35] gibt es keine abschließenden technischen Regeln für Planung, Bemessung und Ausführung. Hierfür ist eine Bauartgenehmigung nach MBO [28] § 16a erforderlich.

ANMERKUNG 1 ...Auslassung...

Anmerkung 1 gilt in Deutschland nicht.

Die Anmerkung 1 verweist auf Anhang C, der für Deutschland nicht anzuwenden ist.

ANMERKUNG 2 Bewehrungsstahl sollte entsprechend den in DIN EN 1996-1-1:2013-02, 4.3.3, angegebenen Empfehlungen ausgewählt werden.

In Deutschland ist bewehrtes Mauerwerk unüblich und wird derzeit mit einem Teilsicherheitsbeiwert von γ_M = 10 belegt (s. Erläuterungen zu DIN EN 1996-1-1/NA [E16]. Abs. 2.4.3).

2.3 Mauerwerk

2.3.1 Konstruktionsdetails

(1) Falls die Konstruktionsdetails des Mauerwerks nicht an anderer Stelle in DIN EN 1996-2 behandelt werden, sollten sie in Übereinstimmung mit der am Ort der Verwendung üblichen Baupraxis und Erfahrung ausgeführt werden.

ANMERKUNG Die örtliche Praxis und Erfahrung kann in ergänzenden und nicht im Widerspruch stehenden Informationen beschrieben sein, auf die im Nationalen Anhang verwiesen werden darf.

Für spezielle Ausbildungen (z. B. Anschlüsse, Fugen etc.) sind die Anwendungsregeln nach DIN 4102-4:2016-05 [R8] zu beachten.

Die Anhänge NA.D und NA.E enthalten zusätzliche Informationen.

Dort werden zusätzliche Angaben zu zweischaligem Mauerwerk und zu Bestimmungen für die Ausführung von Kellerwänden gemacht.

(NA.2) Unmittelbar der Witterung ausgesetzte, waagerechte und leicht geneigte Mauerwerksflächen, wie z. B. Mauerkronen, Schornsteinköpfe oder Brüstungen, sind durch geeignete Maßnahmen (z. B. Abdeckung, Tropfkante) so auszubilden, dass Wasser nicht eindringen kann.

2.3.2 Fugenausbildung

(1) Der zum nachträglichen Verfugen verwendete Mörtel sollte mit dem Mauermörtel in den Fugen verträglich sein.

(NA.2) Bei Gewölben sind die Fugen so dünn wie möglich zu halten. Am Gewölberücken dürfen sie nicht dicker als 20 mm werden.

Außenwände müssen so beschaffen sein, dass sie Schlagregenbeanspruchungen standhalten. DIN 4108-3 gibt dafür Hinweise.

In DIN 4108-3 [R11], Tabelle 7 werden Beispiele für die Zuordnung von Wandbauarten und Beanspruchungsgruppen gegeben.

2.3.3 Formänderungen im Mauerwerk

(1)P Die Möglichkeit von Formänderungen im Mauerwerk ist bei der Planung so zu berücksichtigen, dass sich diese Formänderungen auf die Gebrauchstauglichkeit des Mauerwerks nicht nachteilig auswirken.

(2) Wenn miteinander verbundene Wände nicht das gleiche Verformungsverhalten aufweisen, sollte die Verbindung zwischen solchen Wänden in der Lage sein, sich ergebende Verformungsunterschiede aufzunehmen.

Zur Vermeidung von Rissen können Fugen (ggf. mit Ausgleichsschicht) vorgesehen werden.

(3) Erforderlichenfalls sollten Anker vorgesehen werden, die in der Lage sind, in einer Ebene stattfindende relative Bewegungen zwischen Mauerwerksschalen oder zwischen dem Mauerwerk und sonstigen Strukturen, mit denen das Mauerwerk verbunden ist, aufzunehmen.

(4) Falls Maueranker verwendet werden, die keine Bewegungen aufnehmen können, sollte die durchgehende Höhe zwischen waagerechten Dehnungsfugen in der äußeren Schale einer zweischaligen Außenwand begrenzt werden, um eine Lockerung der Maueranker zu vermeiden.

Hiermit ist der waagerechte Abstand der Konsolen gemeint.

(5) Es sollten Dehnungsfugen vorgesehen oder Fugenbewehrungen im Mauerwerk verwendet werden, um durch Ausdehnung, Schwinden, Differenzialbewegungen oder Kriechen verursachte Risse, Biegungen oder Verwerfungen auf ein Mindestmaß zu reduzieren.

2.3.4 Dehnungsfugen

2.3.4.1 Allgemeines

(1) Um den Auswirkungen von Wärme- und Feuchtedehnung, Kriechen und Durchbiegung und den möglichen Auswirkungen von durch senkrechte oder seitliche Belastung verursachten internen Spannungen Rechnung zu tragen, sollten senkrechte und waagerechte Dehnungsfugen vorgesehen werden, damit das Mauerwerk nicht beschädigt wird.

(2) Bei der Anordnung der Dehnungsfugen sollte berücksichtigt werden, dass die Tragfähigkeit und Stabilität der Wand erhalten bleiben muss.

(3) Dehnungsfugen sollten unter Berücksichtigung folgender Punkte bemessen und angeordnet werden:

- Art der Mauersteine unter Berücksichtigung ihrer charakteristischen Feuchtedehnung;
- Geometrie der Gebäudestruktur unter Berücksichtigung der Öffnungen, falls vorhanden, das Verhältnis der Ausfachungsflächen;
- Größenordnung der Verformungsbehinderungen;
- Verhalten des Mauerwerks unter Kurzzeit- oder Dauerbelastungen;
- Verhalten des Mauerwerks unter dem Einfluss von Wärme- und Klimabedingungen;
- Anforderungen an den Feuerwiderstand;
- Anforderungen an die Schall- und Wärmedämmung;
- Vorhandensein oder Nichtvorhandensein von Bewehrung.

(4) Die Ausbildung der Dehnungsfugen sollte ermöglichen, dass sowohl umkehrbare als auch nicht umkehrbare Formänderungen aufgenommen werden können, ohne Schäden am Mauerwerk zu verursachen.

(5) Alle Dehnungsfugen sollten über die gesamte Dicke der Wand, oder im Falle von zweischaligen Wänden durch die gesamte Dicke der Außenschale einschließlich aller Oberflächenbehandlungen verlaufen, sofern diese die Formänderung nicht aufnehmen können.

(6) Gleitebenen sollten so geplant werden, dass sich Teile der Konstruktion gegeneinander bewegen können, um Zug- und Scherspannungen in den benachbarten Bauteilen zu reduzieren.

(7) In Außenwänden sollten die Dehnungsfugen so geplant werden, dass gegebenenfalls vorhandenes Wasser ablaufen kann, ohne das Mauerwerk zu beschädigen oder in das Bauwerk einzudringen.

2.3.4.2 Abstände zwischen Dehnungsfugen

(1) Bei der Festlegung der horizontalen Abstände zwischen senkrechten Dehnungsfugen im Mauerwerk sollten die Art des Mauerwerks, der Mauersteine und des Mörtels sowie die besonderen Konstruktionsdetails berücksichtigt werden.

(2) Der horizontale Abstand zwischen den senkrechten Dehnungsfugen in nicht tragenden Außenwänden sollte nicht größer als l_m sein.

Es gelten die empfohlenen Werte für den maximalen horizontalen Abstand l_m.

Tabelle 2.1 — Empfohlene maximale horizontale Abstände l_m zwischen senkrechten Dehnungsfugen in unbewehrten nichttragenden Wänden

Art des Mauerwerks	l_m m
Ziegelmauerwerk	12
Kalksandsteinmauerwerk	8
Mauerwerk aus Beton (mit Zuschlägen) und Betonwerksteinen	6
Porenbetonmauerwerk	6
Natursteinmauerwerk	12

ANMERKUNG 2 Bei Wänden mit Lagerfugenbewehrung nach DIN EN 845-3 darf ein größerer maximaler horizontaler Abstand zwischen den senkrechten Dehnungsfugen gewählt werden. Hinweise dazu können von den Herstellern der Lagerfugenbewehrung erhalten werden.

(3) Der Abstand der ersten senkrechten Fuge zu einer verformungsbehinderten Wandecke sollte nicht größer als $l_m/2$ sein.

(4) Die Notwendigkeit von senkrechten Dehnungsfugen in unbewehrten tragenden Wänden sollte berücksichtigt werden.

ANMERKUNG Für die Abstände werden keine empfohlenen Werte angegeben, da diese von den örtlichen Bautraditionen, der Deckenart und anderen Konstruktionsdetails abhängig sind.

(5) Die Anordnung der Dehnungsfugen sollte auf die Tragfähigkeit und Stabilität des tragenden Hintermauerwerks abgestimmt werden.

(6) Für die Festlegung der Abstände zwischen den waagerechten Dehnungsfugen in unbewehrten Verblendschalen oder in der unbewehrten, nichttragenden Außenschale einer zweischaligen Wand sind die Art und die Anordnung des Verankerungssystems zu berücksichtigen.

2.3.5 Zulässige Abweichungen

(1) Grenzwerte für mögliche Abweichungen des ausgeführten Mauerwerks von den vorgesehenen Planungsmaßen (Sollmaße im Grund- und Aufriss) sollten festgelegt werden.

In Deutschland gelten die Grenzabweichungen nach DIN 18202 [R15], Tabelle 1 (siehe auch Kommentar zu Abs. 3.4).

(2) Die zulässigen Abweichungen sollten gesondert in den Planungsunterlagen festgelegt werden oder in Übereinstimmung mit den am Ort der Verwendung anerkannten Normen als Werte angegeben werden.

ANMERKUNG Die Einhaltung der Toleranzen ist erforderlich, um trotz unvermeidlicher Ungenauigkeiten beim Messen, bei der Fertigung und bei der Montage die vorgesehene Funktion zu erfüllen und das funktionsgerechte Zusammenfügen von Bauwerken und Bauteilen des Roh- und Ausbaus ohne Anpass- und Nacharbeiten zu ermöglichen. Die zulässigen Toleranzen für die Maße von Mauersteinen sind in DIN EN 771 festgelegt.

(3) Sofern für die konstruktive Planung keine anderen Festlegungen getroffen werden, sollten die zulässigen Abweichungen nicht größer als die in Tabelle 3.1 angegebenen Werte sein. Falls der Entwurf größere als die in Tabelle 3.1 angegebenen Abweichungen zulässt, sollten diese zulässigen Abweichungen gesondert in den Planungsunterlagen angegeben werden.

Die in Tabelle 3.1 (siehe Abs. 3.4) angegebenen Werte stellen die aus statischer Sicht zulässigen Abweichungen dar (siehe auch Kommentar zu Abs. 3.4).

ANMERKUNG Tabelle 3.1 enthält die in DIN EN 1996-1-1 berücksichtigten maximal zulässigen Abweichungen.

2.3.6 Widerstand gegen das Eindringen von Feuchte durch Außenwände

(1) Für den Fall, dass ein höherer, über den üblichen Feuchtewiderstand von Mauerwerk hinausgehender Schutz gegen das Eindringen von Feuchte gefordert ist, sollten geeignete Putze, belüftete Bekleidungen oder sonstige geeignete Oberflächenbehandlungen ver- bzw. angewendet werden.

Weitere Informationen siehe DGfM-Merkblatt „Praxistipps für die Ausführung von Mauerwerk" [D4].

ANMERKUNG Hinweise zur Verwendung von Außenputzen sind DIN EN 13914-1 *Planung, Zubereitung und Ausführung von Innen- und Außenputzen — Teil 1: Außenputz* zu entnehmen. Falls vollständige Regenundurchlässigkeit erforderlich ist, darf ein belüftetes, wasserdichtes Bekleidungssystem am Mauerwerk an- oder auf dieses aufgebracht werden.

3 AUSFÜHRUNG

3.1 Allgemeines

(1)P Alle verwendeten Baustoffe und alle ausgeführten Arbeiten müssen den in der Planung vorgegebenen Festlegungen entsprechen.

(2)P Die Stabilität der Gebäudestruktur oder einzelner Wandbauteile ist auch während der Bauphase sicherzustellen.

(NA.3) Anhang NA.F gibt Hinweise für die Kontrolle und Prüfung von Mauersteinen und Mörtel.

3.2 Annahme, Handhabung sowie Lagerung von Baustoffen

3.2.1 Allgemeines

(1)P Die Handhabung bzw. die Lagerung von Baustoffen und Mauerwerksprodukten, die zur Verwendung in Mauerwerk bestimmt sind, müssen so erfolgen, dass sie nicht beschädigt und dadurch für ihren Zweck ungeeignet werden.

(2) Sofern in den Planungsunterlagen gefordert, sollten von den Baustoffen Proben genommen und geprüft werden.

(3) Unterschiedliche Baustoffe sollten getrennt gelagert werden.

Dies gilt insbesondere für unterschiedliche Steinfestigkeiten.

3.2.2 Bewehrungs- und Vorspannmaterial

...Auslassung...

Da bewehrtes Mauerwerk in Deutschland nicht üblich ist, sind die in DIN EN 1996-2 [E7], Abs. 3.2.2 enthaltenen Regelungen hier ausgelassen.

3.3 Vorbereitung von Baustoffen

3.3.1 Baustellenmörtel und -füllbeton

3.3.1.1 Allgemeines

(1) Baustellenmörtel und -füllbeton sollten nach Vorgabe einer Mischanweisung (Rezeptmörtel) hergestellt werden, die hinreichend sicher die geforderten Leistungseigenschaften erreichen. Falls in den Planungsunterlagen keine Mischanweisung vorgegeben ist, sollten die genauen Vorgaben zu den verwendeten Materialbestandteilen, dem Mischungsverhältnis und dem Mischverfahren aufgrund von an Versuchsmischungen durchgeführten Prüfungen und/oder aufgrund von am Ort der Verwendung allgemein anerkannten Rezeptmörteln ausgewählt werden.

Baustellenmörtel ist nur als Normalmauermörtel nach DIN 18580 [R22] zugelassen. Die Zusammensetzung und Mischungsanweisung für Normalmauermörtel ohne Eignungsprüfung ist dort in Tabelle 2 angegeben.

(2) Falls Prüfungen gefordert sind, sollten diese in Übereinstimmung mit den Planungsunterlagen durchgeführt werden. Falls die Prüfergebnisse anzeigen, dass die Mischanweisung nicht zu den geforderten Leistungseigenschaften führt, sollte die Mischanweisung verbessert werden; ist sie Teil der Planungsvorgabe, so sollten Verbesserungen mit dem Planer vereinbart werden.

3.3.1.2 Chloridgehalt

(1) Falls die Probenahme nach DIN EN 998-2, Anhang B, und die Prüfung nach DIN EN 1015-17 erfolgt oder wenn ein Rechenverfahren auf der Grundlage des gemessenen Anteils der in den Bestandteilen des Mörtels enthaltenen Cloridionen durchgeführt wird, sollte der nach DIN EN 998-2 zulässige Höchstwert nicht überschritten werden.

Für Baustellenmörtel ist der Chloridgehalt nach DIN EN 13139 [R40] auf ≤ 0,04 % Masseanteil begrenzt.

3.3.1.3 Festigkeit von Mörtel und Füllbeton

(1) Für die Bestimmung der Mörtelfestigkeit sollten Probekörper nach DIN EN 1015-11 hergestellt und geprüft werden.

(2) Für die Bestimmung der Festigkeit von Füllbeton sollten Probekörper nach DIN EN 206-1 hergestellt und geprüft werden.

3.3.1.4 Zusatzmittel und Zusatzstoffe

(1)P Falls nicht ausdrücklich in den Planungsunterlagen zugelassen, dürfen Zusatzmittel, Zusatzstoffe oder Pigmente nicht verwendet werden.

3.3.1.5 Dosierung

(1)P Die Bestandteile für Mörtel und Füllbeton müssen nach Gewicht oder Volumen in den angegebenen Mischungsverhältnissen in geeigneten sauberen Messvorrichtungen abgemessen werden.

(2) Bei der Dosierung der Bestandteile für Füllbeton sollte das Saugvermögen der Mauersteine und der Mörtelfugen berücksichtigt werden.

3.3.1.6 Mischverfahren und Mischzeit

(1) Das Mischverfahren und die Mischzeit sollten eine gleichbleibende Mörtelproduktion mit der richtigen Zusammensetzung sicherstellen. Der Mörtel sollte während der Verwendung nicht verunreinigt werden.

(2) Sofern Handmischung nach den Planungsunterlagen nicht ausdrücklich erlaubt ist, sollte ein geeigneter mechanischer Mischer verwendet werden.

(3) Die Mischzeit sollte von dem Zeitpunkt an gemessen werden, an dem alle Bestandteile in den Mischer zugegeben worden sind. Große Unterschiede in den Mischzeiten verschiedener Chargen sollten vermieden werden.

ANMERKUNG Im Allgemeinen ist eine Mischzeit im Mischer von 3 min bis 5 min nach der Zugabe aller Bestandteile angemessen und sollte außer bei verzögerten Mörteln nicht mehr als 15 min betragen. Bei Verwendung von Luftporenbildnern kann verlängertes Mischen zu übermäßiger Luftporenbildung und infolgedessen zu einer Vermindung des Haftverbundes und der Dauerhaftigkeit führen.

(4) Der Mörtel oder Füllbeton sollte so gemischt werden, dass er nach dem Mischen ausreichend gut verarbeitbar ist, um den Raum, in den er ohne sich zu entmischen gegossen und anschließend verdichtet wird, auszufüllen.

3.3.1.7 Verarbeitbarkeitszeit von Zementmörtel und Füllbeton

(1) Zementmörtel und Füllbeton sollten beim Entleeren des Mischers gebrauchsfertig sein, und es sollten keine weiteren Bindemittel, Gesteinskörnungen, Zusatzmittel oder Wasser zugegeben werden.

ANMERKUNG Baustellenmörteln darf Wasser hinzugegeben werden, um den durch Verdunstung verursachten Wasserverlust auszugleichen.

(2) Mörtel und Füllbeton sollten verarbeitet sein, bevor die Verarbeitbarkeitszeit abgelaufen ist. Mörtel und Füllbeton, bei dem der Abbindevorgang bereits eingesetzt hat, sollte entsorgt und nicht neu gemischt werden.

3.3.1.8 Mörtelherstellung bei kaltem Wetter

(1)P Wasser, Sand oder Kalk-Sand-Werk-Vormörtel, die Eispartikel enthalten, dürfen nicht verwendet werden.

(2) Falls nicht ausdrücklich nach den Planungsunterlagen zugelassen, sollten keine Tausalze oder sonstige Frostschutzmittel verwendet werden.

3.3.2 Werkmörtel, werkmäßig vorbereitete Mörtel, Kalk-Sand-Werk-Vormörtel und Füllbeton als Transportbeton

(1)P Werkmörtel und werkmäßig vorbereiteter Mörtel müssen nach den Anweisungen des Herstellers unter Einhaltung der Mischzeit und Einsatz des dort angegebenen Mischertyps verwendet werden.

Gemäß DIN EN 998-2 [R37], Abs. 5.6 gilt: Sofern für bestimmte Mörteltypen bestimmte Mischgeräte, -verfahren oder -zeiten erforderlich sind, sind diese vom Hersteller anzugeben. Die Mischzeit wird von dem Zeitpunkt an gemessen, in dem alle Bestandteile zugegeben worden sind.

(2) Mörtel sollte gründlich gemischt werden, um eine gleichmäßige Verteilung der Bestandteile sicherzustellen.

(3) Die vom Mörtelhersteller vorgesehenen Baustellen-Mischgeräte, Mischverfahren und die Mischzeiten einschließlich der Anweisungen zur Mörtelherstellung bei kaltem Wetter und zur Instandhaltung der Mischanlage, sollten angewendet werden.

(4) Kalk-Sand-Werk-Vormörtel sollten mit dem Bindemittel nach 3.3.1 gemischt werden.

(5)P Werk-Frischmörteln müssen innerhalb der vom Hersteller angegebenen Verarbeitbarkeitszeit verwendet werden.

(6) Füllbeton als Frischbeton sollte den Planungsvorgaben entsprechend verwendet werden.

3.4 Zulässige Abweichungen

(1)P Alle Arbeiten müssen den Planungsvorgaben entsprechend und innerhalb der zulässigen Abweichungen ausgeführt werden.

(2) Während des Fortgangs der Arbeiten sollten die Maße und die Ebenheit überprüft werden.

(3) Die Abweichungen des ausgeführten Mauerwerks von den Planungsvorgaben sollten die in den Planungsunterlagen angegebenen Werte für die zulässigen Abweichungen nicht überschreiten. Falls in den Planungsunterlagen für eine der in Tabelle 3.1 aufgeführten Abweichungen oder für die Ebenheits- und Winkelabweichungen kein Wert angegeben ist, sollten die entsprechenden zulässigen Abweichungen die geringeren der folgenden sein:

- die in Tabelle 3.1 angegebenen Werte (siehe auch Bild 3.1);
- die am Ort der Verwendung anerkannten Werte für die zulässigen Abweichungen.

Die hier in Tabelle 3.1 und Bild 3.1 festgelegten Obergrenzen sind statisch gerade noch vertretbare Abweichungen. Die Ebenheits- und Winkelabweichungen nach DIN 18202 [R15] stellen die Regelungen für die Ausführung und Passungstoleranz dar und sind deutlich schärfer.

Es gelten die empfohlenen Regelungen für die aus statischer Sicht zulässigen Abweichungen der Tabelle 3.1. Weitergehende Regelungen, z. B. aus der DIN 18202, bleiben hiervon unberührt.

(4) Falls nichts anderes festgelegt ist, sollte die erste Schicht des Mauerwerks nicht mehr als 15 mm über die Kante einer Bodenplatte oder des Fundaments überstehen.

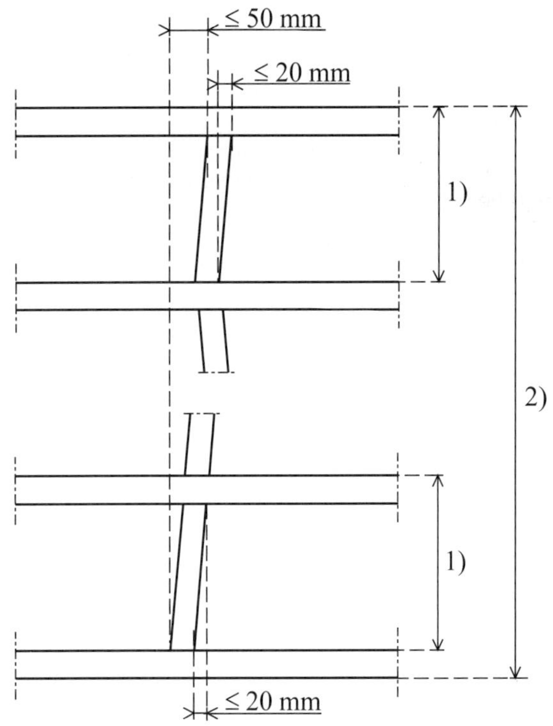

Legende
1) Geschosshöhe
2) Gebäudehöhe

a) Vertikalität

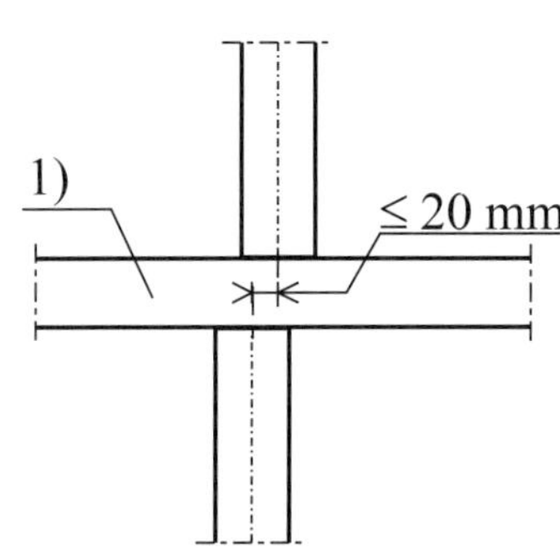

Legende
1) Zwischendecke

b) Vertikale Fluchtlinie

Bild 3.1 — Maximale vertikale Abweichungen

Tabelle 3.1 — Zulässige Abweichungen für Mauerwerkselemente

Position	**Maximale Abweichung**
Vertikalität:	
über ein Geschoss	± 20 mm
über die gesamte Gebäudehöhe, bei drei oder mehr Geschossen	± 50 mm
senkrechte Fluchtlinie	± 20 mm
Ebenheit [a]**:**	
über einen Meter	± 10 mm
über 10 Meter	± 50 mm
Dicke:	
der Wandschale [b]	± 5 mm oder ± 5 % der Schalendicke, wobei der größere Wert maßgebend ist
der zweischaligen Wand	± 10 mm

[a] Die Ebenheit wird als maximale Abweichung von einer geraden Linie zwischen zwei beliebigen Punkten gemessen.

[b] Ausgenommen Wandschalen mit der Breite oder Länge eines einzelnen Mauersteins, bei denen die Maßtoleranzen des Mauersteins die Schalendicke bestimmen.

3.5 Ausführung des Mauerwerks

3.5.1 Haftverbund

(1) Um einen ausreichenden Haftverbund zu erhalten, sollten Mauersteine und Mörtel ordnungsgemäß vorbereitet werden. Ob es notwendig ist, die Mauersteine vor Gebrauch vorzunässen, sollte den Planungsunterlagen entnommen werden. Sind den Planungsunterlagen keine diesbezüglichen Anforderungen zu entnehmen, so sollten die Empfehlungen des Mauersteinherstellers und, falls erforderlich, die des Werkmörtelherstellers befolgt werden.

(2) Falls nicht anders vorgegeben, sollten die Fugen in Wänden mit einer Dicke bis 200 mm um nicht mehr als 5 mm in ihrer Tiefe, gemessen ab der Oberfläche des Mauerwerks, zurückspringen.

(3) Falls nicht anders festgelegt, sollten die Mörtelfugen bei Verwendung von gelochten Mauersteinen um nicht mehr als 1/3 der Außenschalendicke des Mauersteins zurückspringen.

Es ist auf vollflächigen Mörtelauftrag zu achten.

3.5.2 Vermauerung der Mauersteine

(1) Falls in den Planungsunterlagen nicht anders festgelegt, sollten Mauersteine mit Mulden so vermauert werden, dass die Mulden vollständig mit Mörtel ausgefüllt sind.

Um einen gleichmäßigen und vollflächigen Haftverbund zu erreichen, sind Mauersteine mit Mulde so anzuordnen, dass die Mulde nach oben zeigt.

3.5.3 Nachträgliches Verfugen und Fugenglattstrich bei Mauerwerk mit Ausnahme von Dünnbettmauerwerk

3.5.3.1 Nachträgliches Verfugen

(1) Wenn die Fugen nachträglich ausgefugt werden sollen, sind die nicht ausgehärteten Mörtelfugen sauber auszukratzen, und zwar bis zu einer Tiefe von mindestens d_p, jedoch nicht mehr als 15 % der Wanddicke, gemessen von der fertigen Fugenoberfläche. Lose anhaftende Partikel sollten ausgebürstet werden.

Die Mindestausfugungstiefe ist in NA.D.1, Absatz (4) d) angegeben.

Hiermit ergibt sich, dass eine nachträgliche Verfugung für Wanddicken < 105 mm ausgeschlossen ist.

(2) Vor dem Ausfugen sollte die gesamte Fläche gereinigt und erforderlichenfalls genässt werden, um den bestmöglichen Haftverbund für das anschließende Ausfugen zu erzielen.

3.5.3.2 Fugenglattstrich

(1) Falls das Mauerwerk während der Bauausführung abschließend durch Fugenglattstrich bearbeitet wird, sollte der Mörtel verdichtet werden, solange er noch plastisch ist.

3.5.4 Einbau von Feuchtesperrschichten

(1) Falls nicht anders vorgegeben, sollten die Bahnen für die Horizontalabdichtung im Mauerwerk an den Ecken und dort, wo zwei Wände aneinander stoßen, über die gesamte Wandbreite und an allen anderen Stellen mindestens 150 mm überlappt verlegt werden.

Weitere Informationen siehe DGfM-Merkblatt zur Abdichtung von Mauerwerk [D2].

Eine Verwendung mineralischer Dichtungsschlämmen ist ebenfalls möglich.

3.5.5 Dehnungsfugen

(1) Bauteile, einschließlich Mauerkronen und Abdeckplatten sollten keine Dehnungsfugen überbrücken (ausgenommen Gleitanker).

3.5.6 Einbau von Wärmedämmstoffen

(1) Falls die Wärmedämmung durch Einpressen oder Einblasen von Werkstoffen in den Hohlraum zwischen Wandschalen erfolgt, sollten die Wandschalen ausreichende Festigkeit aufweisen, um den während und nach dem Einbau einwirkenden Drücken standzuhalten.

3.5.7 Reinigung von Verblendmauerwerk

(1) Mörtelreste, -spritzer oder sonstige Flecken sollten so früh wie möglich und vorzugsweise durch Abbürsten entfernt werden, bevor die zementartigen Bestandteile erhärtet sind.

(2) Es sollte ein vom Mauersteinhersteller empfohlenes Reinigungsverfahren angewendet werden, wobei die Art der Fleckenbildung oder Ausblühung zu berücksichtigen ist.

3.6 Nachbehandlung und Schutzmaßnahmen während der Bauausführung

3.6.1 Allgemeines

(1)P Es müssen geeignete Maßnahmen getroffen werden, um frisch hergestelltes Mauerwerk gegen Beschädigung zu schützen.

(2) Frisch hergestelltes Mauerwerk sollte während der Abbindephase in geeigneter Weise gegen übermäßigen Feuchteverlust oder übermäßige Feuchteaufnahme geschützt sein.

Beispiele aus dem DGfM-Merkblatt „Praxistipps für die Ausführung von Mauerwerk“ [D4] sind Abdecken mit Planen, Abführen von schädlichem Regenwasser und Entfernen von am Wandfuß anstehendem Wasser.

3.6.2 Schutz gegen Regen

(1) Fertiges Mauerwerk sollte, bis der Mörtel abgebunden hat, vor direktem Regen geschützt sein. Das Mauerwerk sollte so geschützt werden, dass der Mörtel nicht aus den Fugen ausgewaschen wird und dass es nicht abwechselnd Feucht- und Trockenzeiten unterworfen wird.

Weitere Informationen siehe DGfM-Merkblatt „Praxistipps für die Ausführung von Mauerwerk“ [D4].

(2) Um das fertige Mauerwerk zu schützen, sollten Fensterbänke, Schwellen, Regenrinnen und Behelfs-Regenfallrohre so bald wie möglich nach Beendigung des Mauerns und Verfugens eingebaut werden.

(3) Bei anhaltendem starken Regen sollte nicht gemauert bzw. verfugt werden, und die Mauersteine, der Mörtel und das frisch verfugte Mauerwerk sollten geschützt werden.

(4) Frisch verfugtes Mauerwerk sollte vor starken Regenschauern geschützt werden.

3.6.3 Schutz gegen Frost-Tau-Wechsel

(1) Es sollten Maßnahmen ergriffen werden, um durch Frost-Tau-Wechsel verursachte Schäden am frisch hergestellten Mauerwerk und an den Fugen zu vermeiden.

(2) Es sollte nicht auf gefrorenem Grund und nicht mit gefrorenen Baustoffen gemauert werden.

(NA.3) Bei Frost darf Mauerwerk nur unter besonderen Schutzmaßnahmen (z. B. durch Einhausen) ausgeführt werden.

(NA.4) Frostschutzmittel sind nicht zulässig. Frisches Mauerwerk ist vor Frost zu schützen, z. B. durch Abdecken.

(NA.5) Der Einsatz von Salzen zum Auftauen ist nicht zulässig.

(NA.6) Teile von Mauerwerk, die durch Frost oder andere Einflüsse geschädigt sind, sind vor dem Weiterbau abzutragen.

3.6.4 Schutz gegen Austrocknung

(1) Frisch hergestelltes Mauerwerk sollte gegen Austrocknung, einschließlich der austrocknenden Wirkung von Wind und hohen Temperaturen, geschützt werden. Das Mauerwerk sollte feucht gehalten werden, bis der Mörtel abgebunden hat.

3.6.5 Schutz vor mechanischer Beschädigung

(1) Mauerwerksoberflächen, empfindliche Kanten an Ecken und Öffnungen, Mauersockel und sonstige vorspringende Bauteile sollten in angemessener Weise gegen Schäden und Beeinträchtigungen geschützt werden. Hierbei ist zu berücksichtigen:

- der laufende Baubetrieb und die nachfolgenden Gewerke;
- Einwirkungen aus dem Bauverkehr;
- Betonierarbeiten oberhalb des Mauerwerks;
- von Baugerüsten aus ausgeführte Arbeiten.

(2) Fertiges Mauerwerk sollte vor Beginn von Bauarbeiten, die Sichtmauerwerk verschmutzen oder das Haftvermögen für zukünftige Arbeiten, wie das Verputzen, beeinflussen können, geschützt werden.

3.6.6 Bauhöhe des Mauerwerks

(1) Die Mauerwerkshöhe, die in einem Tag hergestellt werden soll, sollte so begrenzt werden, dass Instabilität oder eine Überlastung des frischen Mörtels vermieden wird. Bei der Festlegung einer angemessenen Höhe sollten Wanddicke, Mörtelart, Form und Rohdichte der Mauersteine und das Ausmaß der Beanspruchung durch Wind berücksichtigt werden.

Anhang A (informativ)
Einteilung der Mikroumweltbedingungen von fertigem Mauerwerk

A.1 Klassifizierung

(1) Tabelle A.1 enthält eine Unterteilung der in 2.1.2.1(3) mit Beispielen angegebenen Grundeinteilung.

Tabelle A.1 — Einteilung der Mikroumweltbedingungen von Mauerwerk im eingebauten Zustand

Klasse	Mikrobedingungen des Mauerwerks	Beispiele für Mauerwerk in diesem Zustand
MX1	**In trockener Umgebung**	Innenmauerwerk für normale Wohnräume und Büros, einschließlich der Innenschale von zweischaligen Außenwänden, die im Normalfall nicht feucht werden. Verputztes Außenmauerwerk, das keinem mäßigen oder starken Schlagregen ausgesetzt ist, und von Feuchte in benachbartem Mauerwerk oder Bauteilen getrennt ist.
MX2	**Feuchte oder Durchnässung ausgesetzt**	
MX2.1	Feuchte, aber keinen Frost-Tau-Wechselbedingungen oder Sulfattreiben oder angreifenden Chemikalien in signifikanten Mengen ausgesetzt	Innenmauerwerk, das großen Mengen an Wasserdampf ausgesetzt ist, wie z. B. in einer Wäscherei. Außenwände, die von einem Dachüberstand oder einer Mauerabdeckung geschützt und keinem starken Schlagregen oder Frost ausgesetzt sind. Mauerwerk frostfrei gegründet und in gut entwässerten, nicht angreifenden Böden.
MX2.2	Durchnässung, aber keinen Frost-Tau-Wechselbedingungen oder Sulfattreiben oder angreifenden Chemikalien in signifikanten Mengen ausgesetzt	Mauerwerk, das weder Frost noch angreifenden Chemikalien ausgesetzt ist, z. B. in Außenwänden mit Mauerkronen oder mit Dachüberstand, in Brüstungsmauern, freistehenden Mauern, im Boden, unter Wasser.
MX3	**Feuchte oder Durchnässung und Frost-Tau-Wechseln ausgesetzt**	
MX3.1	Feuchte oder Durchnässung und Frost-Tau-Wechselbedingungen, aber keinem Sulfattreiben oder angreifenden Chemikalien in signifikanten Mengen ausgesetzt	Mauerwerk wie Klasse MX2.1, aber Frost-Tau-Wechsel ausgesetzt.

Klasse	Mikrobedingungen des Mauerwerks	Beispiele für Mauerwerk in diesem Zustand
MX3.2	Starker Durchnässung und Frost-Tau-Wechselbedingungen, aber keinem Sulfattreiben oder angreifenden Chemikalien in signifikanten Mengen ausgesetzt	Mauerwerk wie Klasse MX2.2, aber Frost-Tau-Wechsel ausgesetzt.
MX4	**Der Einwirkung von salzhaltiger Luft, Meerwasser oder Tausalzen ausgesetzt**	Mauerwerk im Küstenbereich. Mauerwerk an Straßen, auf denen im Winter Tausalz gestreut wird
MX5	**In einer Umgebung mit stark angreifenden Chemikalien**	Mauerwerk in Berührung mit gewachsenen oder aufgefüllten Böden oder Grundwasser, wobei Feuchte und Sulfate in signifikanten Mengen vorhanden sind. Mauerwerk in Berührung mit stark sauren Böden, kontaminiertem Boden oder Grundwasser. Mauerwerk in der Nähe von Industriegebieten, mit atmosphärisch angreifenden Chemikalien.
ANMERKUNG Bei der Überlegung, welchen Umweltbedingungen das Mauerwerk ausgesetzt ist, sollten die aufgebrachten Oberflächenbehandlungen und Schutzbekleidungen berücksichtigt werden.		

A.2 Beanspruchung durch Feuchte

(1) Die Bilder A.1 und A.2 zeigen Beispiele für vergleichbare Expositionen der Feuchtebeanspruchung.

ANMERKUNG Die Bilder beruhen auf typischen modernen Bauwerken, zeigen jedoch der Klarheit halber nicht alle baulichen Einzelheiten der Hohlräume und Abdichtungen gegen Feuchte.

Wenn Bauteile mehreren Klassen zugeordnet werden können, ist die ungünstigste Beanspruchung nach Bild A.2 zu wählen.

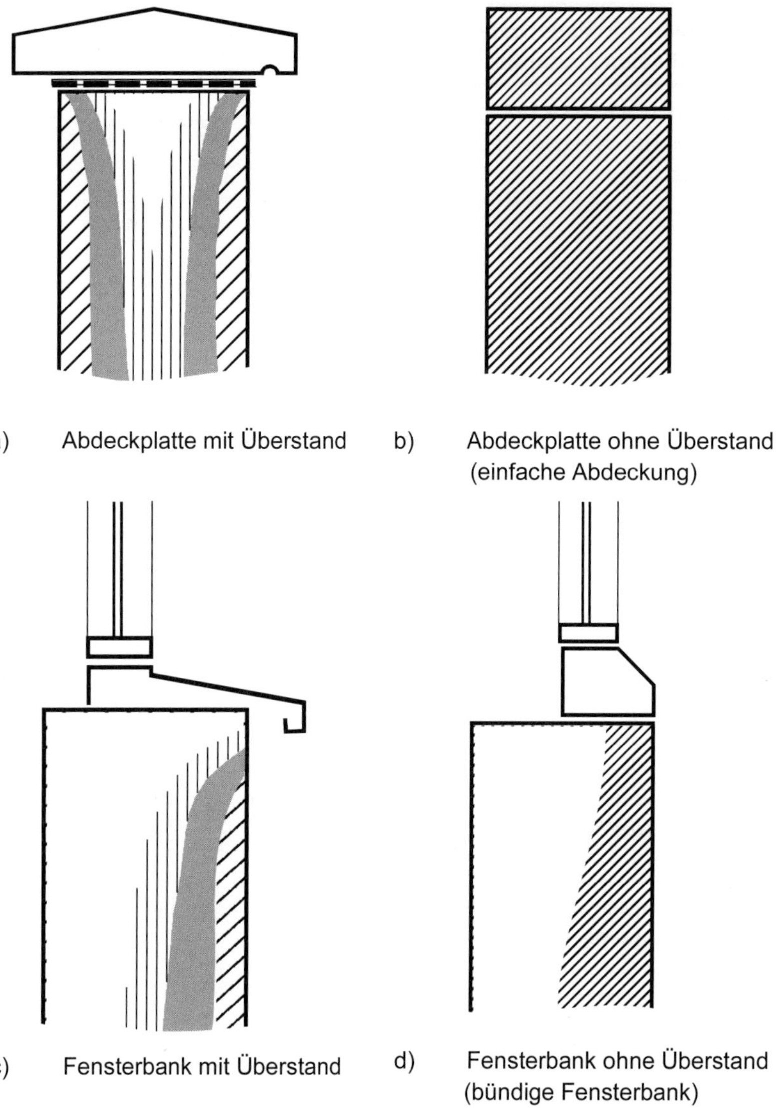

Legende
Vergleichbare Expositionen der Feuchtebeanspruchung

Geschützt — Stark beansprucht

a) Abdeckplatte mit Überstand

b) Abdeckplatte ohne Überstand (einfache Abdeckung)

c) Fensterbank mit Überstand

d) Fensterbank ohne Überstand (bündige Fensterbank)

Bild A.1 — Beispiele für die Auswirkungen von Konstruktionsdetails auf die vergleichbaren Expositionen des Mauerwerks bezüglich der Feuchtebeanspruchung

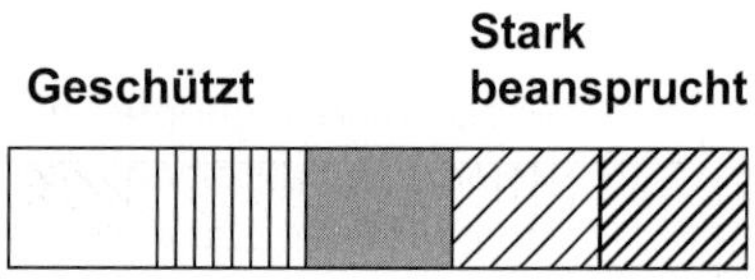

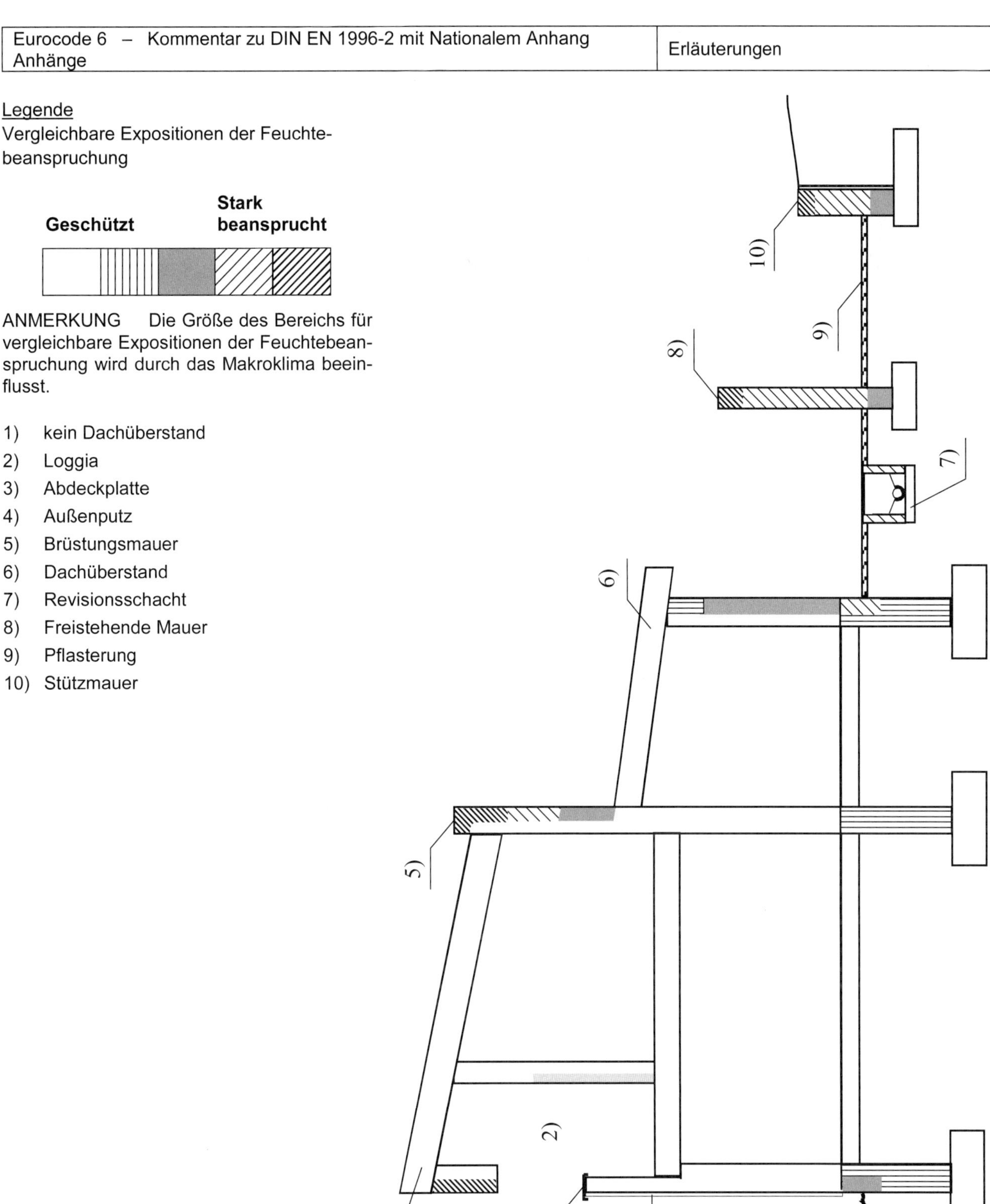

Bild A.2 — Beispiele für die vergleichbaren Expositionen des Mauerwerks bezüglich der Feuchtebeanspruchung (Mauerwerk, das nicht durch Oberflächenbehandlungen oder Bekleidungen geschützt ist, oder Mauerwerksgründungen in gut entwässernden Böden)

Anhang B (informativ)
Bewährte Stein-/Mörtel-Kombinationen für dauerhaftes Mauerwerk unter verschiedenen Umweltbedingungen

Anhang B gilt in Deutschland nicht.

Anhang C (informativ)
Festlegungen zur Auswahl der Werkstoffe und Korrosionsschutzsysteme für Ergänzungsbauteile entsprechend der Expositionsklasse

Anhang C gilt in Deutschland nicht.

NCI Anhang NA.D (informativ)
Zweischaliges Mauerwerk

ANMERKUNG In diesem Anhang sind Festlegungen aus unterschiedlichen Teilen von DIN EN 1996 zusammengeführt, um eine übersichtliche Darstellung ohne neu zu treffende Festlegungen zu gewährleisten.

NA.D.1 Allgemeine Bestimmungen für die Ausführung

(1) Der Abstand zwischen den beiden Mauerwerkwänden – in der Regel tragende Innenwand (Innenschale) und nichttragende Außenwand (Außenschale) – wird als Schalenzwischenraum bezeichnet. Dieser Schalenzwischenraum kann ohne, ganz oder teilweise mit einer Wärmedämmschicht ausgeführt werden. Die Wärmedämmschicht kann dabei aus einer oder mehreren Lagen Dämmstoff bestehen.

(2) Wird keine Wärmedämmschicht im Schalenzwischenraum angeordnet, wird diese Konstruktion (oder Wandaufbau) als zweischalige Wand mit Luftschicht bezeichnet. Die Dicke des Schalenzwischenraumes entspricht somit der Dicke der Luftschicht.

(3) Wird der Schalenzwischenraum ganz oder teilweise mit einer Wärmedämmschicht ausgefüllt, so wird diese Konstruktion als zweischalige Wand mit Wärmedämmung bezeichnet.

(4) Bei Anordnung einer nichttragenden Außenschale (Verblendschale oder geputzte Vormauerschale) vor einer tragenden Innenschale (Hintermauerschale) ist Folgendes zu beachten:

a) Bei der Bemessung ist als Wanddicke nur die Dicke der tragenden Innenschale anzunehmen.

Bei zweischaligen Außenwänden darf die Außenschale, mit oder ohne Luftschicht, statisch nicht angesetzt werden.

b) Die Dicke der Außenschale beträgt mindestens 90 mm. Dünnere Außenschalen sind Bekleidungen, deren Ausführung in DIN 18515 geregelt ist. Die Länge von gemauerten Pfeilern in der Außenschale, die nur Lasten aus der Außenschale zu tragen haben, beträgt mindestens 240 mm. Die Außenschale muss in der Regel über ihre ganze Länge und vollflächig aufgelagert sein. Bei unterbrochener Auflagerung (z. B. auf Konsolen) müssen in der Abfangebene alle Steine beidseitig aufgelagert sein.

c) Die Außenschale muss aus frostwiderstandsfähigen Mauersteinen oder aus nicht frostwiderstandsfähigen Mauersteinen mit Außenputz, der die Anforderungen nach DIN EN 998-1 in Verbindung mit DIN 18550-1 erfüllt, bestehen.

d) Außenschalen von 115 mm Dicke sollten in Höhenabständen von etwa 12 m abgefangen werden. Sie dürfen bis zu 25 mm über ihr Auflager vorstehen. Ist die 115 mm dicke Außenschale nicht höher als zwei Geschosse oder wird sie alle zwei Geschosse abgefangen, dann darf sie bis zu 38 mm über ihr Auflager vorstehen. Diese Überstände sind beim Nachweis der Auflagerpressung zu berücksichtigen. Bei nachträglicher Verfugung müssen die Fugen der Sichtflächen mindestens 15 mm tief flankensauber ausgekratzt und anschließend handwerksgerecht ausgefugt werden.

e) Außenschalen mit Dicken von $t \geq 105$ mm und $t < 115$ mm dürfen nicht höher als 25 m über Gelände geführt werden und sind in Höhenabständen von etwa 6 m abzufangen. Bei Gebäuden mit bis zu zwei Vollgeschossen darf ein Giebeldreieck bis 4 m Höhe ohne zusätzliche Abfangung ausgeführt werden. Diese Außenschalen dürfen höchstens 15 mm über ihr Auflager vorstehen. Die Ausführung der Fugen erfolgt in der Regel im Fugenglattstrich. Bei nachträglicher Verfugung müssen die Fugen der Sichtflächen mindestens 15 mm tief flankensauber ausgekratzt und anschließend handwerksgerecht ausgefugt werden.

f) Außenschalen mit Dicken von $t \geq 90$ mm und $t < 105$ mm dürfen nicht höher als 20 m über Gelände geführt werden und sind in Höhenabständen von etwa 6 m abzufangen. Bei Gebäuden bis zu zwei Vollgeschossen darf ein Giebeldreieck bis 4 m Höhe ohne zusätzliche Abfangung ausgeführt werden. Die Fugen der Sichtflächen von diesen Verblendschalen müssen im Fugenglattstrich ausgeführt werden. Diese Außenschalen dürfen höchstens 15 mm über ihr Auflager vorstehen.

g) Die Mauerwerksschalen sind durch Anker nach allgemeiner bauaufsichtlicher Zulassung aus nichtrostendem Stahl oder durch Anker nach DIN EN 845-1 aus nichtrostendem Stahl, deren Verwendung in einer allgemeinen bauaufsichtlichen Zulassung geregelt ist, zu verbinden.

Für Ergänzungsbauteile nach DIN EN 845-1 [R35] gibt es keine abschließenden technischen Regeln für Planung, Bemessung und Ausführung. Hierfür ist eine Bauartgenehmigung nach MBO [28] § 16a erforderlich. Sind dort keine Regelungen zu Anzahl und Abständen geregelt, gelten die hier angegebenen Werte.

Für Drahtanker, die in Form und Maßen Bild NA.D.1 entsprechen, gilt:

- vertikaler Abstand: höchstens 500 mm;
- horizontaler Abstand: höchstens 750 mm;
- lichter Abstand der Mauerwerksschalen: höchstens 150 mm;
- Durchmesser: 4 mm;
- Normalmauermörtel mindestens der Gruppe IIa;
- Mindestanzahl: siehe Tabelle NA.D.1;

sofern in einer Zulassung für die Drahtanker nichts anderes festgelegt ist.

Die Drahtanker sind unter Beachtung ihrer statischen Wirksamkeit so auszuführen, dass sie keine Feuchte von der Außen- zur Innenschale leiten können (z. B. Aufschieben einer Kunststoffscheibe, siehe Bild NA.D.1).

Bei hydrophob eingestellten Dämmstoffen kann davon ausgegangen werden, dass der Feuchtetransport durch die Dämmstoffschicht unterbunden wird.

Bei nichtflächiger Verankerung der Außenschale, z. B. linienförmig oder nur in Höhe der Decken, ist ihre Standsicherheit nachzuweisen.

Bei gekrümmten Mauerwerksschalen sind Art, Anordnung und Anzahl der Anker unter Berücksichtigung der Verformung festzulegen.

Tabelle NA.D.1 — Mindestanzahl n_{tmin} von Drahtankern je m² Wandfläche (Windzonen nach DIN EN 1991-1-4/NA)

Gebäudehöhe	Windzonen 1 bis 3 Windzone 4 Binnenland	Windzone 4 Küste der Nord- und Ostsee und Inseln der Ostsee	Windzone 4 Inseln der Nordsee
$h \leq 10$ m	7 [a]	7	8
10 m < $h \leq 18$ m	7 [b]	8	9
18 m < $h \leq 25$ m	7	8 [c]	

[a] in Windzone 1 und Windzone 2 Binnenland: 5 Anker/m²
[b] in Windzone 1: 5 Anker/m²
[c] ist eine Gebäudegrundrisslänge kleiner als h/4: 9 Anker/m²

An allen freien Rändern (von Öffnungen, an Gebäudeecken, entlang von Dehnungsfugen und an den oberen Enden der Außenschalen) sind zusätzlich zu Tabelle NA.D.1 drei Drahtanker je Meter Randlänge anzuordnen.

Maße in Millimeter

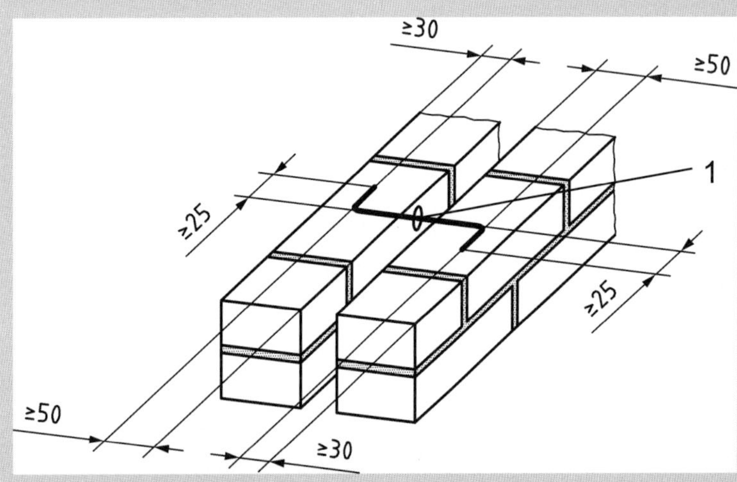

Legende
1 Kunststoffscheibe

Bild NA.D.1 — Drahtanker für zweischaliges Mauerwerk für Außenwände

DIN 18195-4 wurde 2017-07 zurückgezogen und durch DIN 18533-1 ersetzt.

h) Die Innenschalen und die Geschossdecken sind an den Fußpunkten des Schalenzwischenraums gegen Feuchte zu schützen. DIN 18195-4 ist zu beachten. Dieses gilt auch bei Fenster- und Türstürzen sowie im Bereich von Sohlbänken. Die Mauerwerksschalen sind an ihren Berührungspunkten (z. B. Fenster- und Türanschlägen) gegen Feuchtigkeit abzudichten.

In DIN 18533-1:2017-07 [R17] wird dies in den Beispielskizzen Bilder 21 und 22 dargestellt.

Weitere Informationen siehe DGfM-Merkblatt zur Abdichtung von Mauerwerk [D2].

Die Aufstandsfläche muss so beschaffen sein, dass ein Abrutschen der Außenschale auf ihr nicht eintritt. Die erste Ankerlage ist so tief wie möglich anzuordnen. Die Querschnittsabdichtung und deren Lage müssen DIN 18195-4 entsprechen. Andere Querschnittsabdichtungen sind zulässig, wenn deren Eignung nach den bauaufsichtlichen Vorschriften nachgewiesen ist, z. B. durch eine allgemeine bauaufsichtliche Zulassung.

Wird die auf der Innenschale angeordnete Abdichtung im Bereich der Aufstandsfläche von Ankern durchdrungen, muss diese durch geeignete Dichtstoffe ertüchtigt werden.

i) Abfangkonstruktionen, die nach dem Einbau nicht mehr kontrolliert werden können, müssen aus Materialien bestehen, die dauerhaft korrosionsbeständig sowie für die Anwendung genormt oder bauaufsichtlich zugelassen sind.

Korrosionsbeständig nach DIN EN ISO 8044 [R44] bedeutet, dass das Material die Fähigkeit besitzt, seine Funktion in einem gegebenen Korrosionssystem ohne Beeinträchtigung durch Korrosion zu erfüllen.

j) In der Außenschale sollten vertikale Dehnungsfugen angeordnet werden. Ihre Abstände richten sich nach der klimatischen Beanspruchung (Temperatur, Feuchte usw.), der Art der Baustoffe und der Farbe der äußeren Wandfläche. Darüber hinaus muss die freie Beweglichkeit der Außenschale auch in vertikaler Richtung sichergestellt sein.

Die unterschiedlichen Verformungen der Außen- und Innenschale sind insbesondere bei Gebäuden mit über mehrere Geschosse durchgehender Außenschale auch bei der Ausführung der Türen und Fenster zu beachten.

Sollen Dehnfugen angeordnet werden, so sind sie in den Planungsunterlagen anzugeben.

NA.D.2 Luftschicht

(1) Folgendes ist zu beachten:

a) Wird eine Luftschicht im Schalenzwischenraum angeordnet, muss diese mindestens 60 mm betragen. Die Dicke der Luftschicht darf bis auf 40 mm vermindert werden, wenn der Mauermörtel mindestens an einer Hohlraumseite abgestrichen wird.

b) Die Dicke der Luftschicht wird als Planungsmaß festgelegt. Abweichungen vom Planungsmaß sind in den durch DIN 18202 bestimmten Grenzen zulässig.

c) Die Außenschale darf oberhalb von Abdichtungen mit Entwässerungsöffnungen oder Lüftungsöffnungen (z. B. offene Stoßfugen) versehen werden. Dies gilt auch für die Brüstungsbereiche der Außenschale.

NA.D.3 Wärmedämmung

(1) Es sind Wärmedämmstoffe des Anwendungstyps WZ nach DIN 4108-10 zu verwenden.

(2) Bei der Ausführung gilt insbesondere:

a) Platten- und mattenförmige Mineralfaserdämmstoffe sowie Platten aus Schaumkunststoffen und Schaumglas sind an der Innenschale so zu befestigen, dass eine gleichmäßige Schichtdicke sichergestellt ist.

b) Platten- und mattenförmige Mineralfaserdämmstoffe sind so dicht zu stoßen, Platten aus Schaumkunststoffen so auszubilden und zu verlegen (Stufenfalz, Nut und Feder oder versetzte Lagen), dass ein Wasserdurchtritt an den Stoßstellen dauerhaft verhindert wird.

c) Bei lose eingebrachten Wärmedämmstoffen (z. B. Mineralfasergranulat, Polystyrolschaumstoff-Partikeln, Blähperlit) ist darauf zu achten, dass der Dämmstoff den Hohlraum zwischen Außen- und Innenschale vollständig ausfüllt.

Weitere Hinweise siehe z. B. [1] u. [33].

NCI Anhang NA.E (informativ)
Bestimmungen für die Ausführung von Kellerwänden

(1) Die Annahmen aus der statischen Berechnung sind bei der Ausführung zu beachten.

(2) Die waagerechte Abdichtung in oder unter Wänden (Querschnittsabdichtung) muss aus

- besandeter Bitumendachbahn (z. B. R500 nach DIN EN 13969 in Verbindung mit DIN V 20000-202) oder
- mineralischer Dichtungsschlämme nach DIN 18195-2 oder
- Material mit mindestens gleichwertigem Reibungsverhalten

bestehen.

Für Kellermauerwerk ist das Querkraftversagen aufgrund von Erddruck oder Verdichtungsenergie zu verhindern. Hierfür ist ein ausreichender Reibungsbeiwert erforderlich. Als Referenzprodukt gilt die Bitumendachbahn R500, mittlerweile nach DIN EN 14967:2006-08 in Verbindung mit DIN SPEC 2000-202: 2016-03.

DIN 18195-2 wurde 2017-07 zurückgezogen und durch DIN 18533-3 ersetzt.

(3) Erfolgte der Nachweis der Kellerwand nach DIN EN 1996-3, ist sicherzustellen, dass bei der Verfüllung und Verdichtung des Arbeitsraumes nur nichtbindiger Boden nach DIN 1054 und nur Rüttelplatten oder Stampfer mit folgenden Eigenschaften zum Einsatz kommen:

- Breite des Verdichtungsgerätes ≤ 50 cm
- Wirktiefe ≤ 35 cm
- Gewicht bis etwa 100 kg bzw. Zentrifugalkräfte bis max. 15 kN.

Die Begrenzung der aufgebrachten Verdichtungsenergie soll sicherstellen, dass der bei der vereinfachten Bemessung nach DIN EN 1996-3/NA [E19], Abs. 4.5 unterstellte Erddruckbeiwert von 0,33 nicht überschritten wird.

(4) Werden die Bedingungen nach (3) nicht eingehalten, sind entsprechende Maßnahmen zur Gewährleistung der Standsicherheit während des Einbaus der Verfüllmassen zu ergreifen, oder es ist ein gesonderter Nachweis unter Berücksichtigung höherer Verdichtungslasten zu führen.

Bei einer Verwendung anderer Verdichtungsgeräte ist der Nachweis der Tragfähigkeit unter Berücksichtigung des wirkenden Erddruckbeiwertes zu führen (z. B. gemäß DIN EN 1996-1-1/NA [E16], Abs. 6.3.4).

(5) Die Verfüllung des Arbeitsraums darf erst erfolgen, wenn sichergestellt ist, dass die in den rechnerischen Nachweisen angesetzten Auflasten vorhanden sind.

siehe Hinweise zu DIN EN 1996-1-1 [E5], Abs. 6.3.4 (NA.2)

NCI Anhang NA.F (informativ)
Kontrollen und Prüfungen

NA.F.1 Mauersteine und Elemente

(1) Der bauausführende Unternehmer hat zu kontrollieren, ob die Kennzeichnung und die Angaben auf dem Lieferschein oder dem Beipackzettel mit den bautechnischen Unterlagen übereinstimmen.

NA.F.2 Mauermörtel

(1) Bei Verwendung von Baustellenmörtel mit einer Zusammensetzung nach DIN V 18580:2007-03, Tabelle A.1 ist während der Bauausführung regelmäßig zu überprüfen, dass das Mischungsverhältnis eingehalten ist.

Mittlerweile gilt DIN 18580:2019-06, Tabelle 2.

(2) Bei Werkmörteln ist der Lieferschein oder der Verpackungsaufdruck daraufhin zu kontrollieren, ob die Angaben über Mörtelart und Mörtelgruppe mit den bautechnischen Unterlagen sowie die Sortennummer und das Lieferwerk mit der Bestellung übereinstimmen und die Kennzeichnung mit dem Übereinstimmungszeichen (Ü-Zeichen) und/oder dem Konformitätszeichen (CE-Zeichen) ausgewiesen ist.

Für eine Überprüfung der Angaben sollte die Leistungserklärung verwendet werden. Für Deutschland ist vom Hersteller von Werkmörtel die Einhaltung der Anforderung von DIN 20000-412 [R27] nachzuweisen.

(3) Bei Normalmauermörtel der Gruppe IIIa ist an jeweils drei Prismen aus drei verschiedenen Mischungen je Geschoss, aber mindestens je 10 m^3 Mörtel, die Mörteldruckfestigkeit nach DIN EN 1015-11 nachzuweisen; sie muss dabei die Anforderungen an die Druckfestigkeit nach DIN EN 998-2 in Verbindung mit DIN V 20000-412 bzw. DIN V 18580 erfüllen.

Mittlerweile gelten DIN 20000-412: 2019-06 sowie DIN 18580:2019-06.

(4) Bei Gebäuden mit mehr als sechs gemauerten Vollgeschossen ist die geschossweise Prüfung nach (3), mindestens aber je 20 m^3 Mörtel, auch bei Normalmauermörteln NM II, IIa und III und bei Leichtmauermörtel sowie mindestens je 2 m^3 bei Dünnbettmörteln durchzuführen, wobei bei den obersten drei Geschossen darauf verzichtet werden darf.

Eurocode 6: Bemessung und Konstruktion von Mauerwerksbauten — Teil 3: Vereinfachte Berechnungsmethoden für unbewehrte Mauerwerksbauten: 2010-12

Deutsche Fassung EN 1996-3:2006 + AC:2009

Nationaler Anhang (NA) – National festgelegte Parameter: 2019-12

Erläuterungen und ergänzende Hinweise

Inhaltsverzeichnis

1 ALLGEMEINES

1.1 Anwendungsbereich von Teil 3 des Eurocodes 6

(1)P Der Anwendungsbereich des Eurocodes 6, wie in DIN EN 1996-1-1:2013-02, 1.1.1 beschrieben, gilt auch für diese DIN EN 1996-3.

ANMERKUNG Eurocode 6 behandelt ausschließlich Anforderungen an die Tragsicherheit, die Gebrauchstauglichkeit und die Dauerhaftigkeit von Tragwerken. Andere Anforderungen werden nicht berücksichtigt. Eurocode 6 behandelt insbesondere nicht die besonderen Anforderungen an die Bemessung und Konstruktion erdbebengefährdeter Bauwerke.

DIN EN 1996-3/NA [E19] enthält keine vereinfachten Berechnungsmethoden zum Querkraftnachweis von Mauerwerkswänden in Platten- oder Scheibenrichtung. Grund ist, dass bei Einhaltung der Anwendungsbedingungen mit dem vereinfachten Nachweis hinreichender Normalkrafttragfähigkeit auch eine ausreichende Querkrafttragfähigkeit sichergestellt ist (s. auch Abschnitt 4.1).

(2)P DIN EN 1996-3 enthält vereinfachte Berechnungsmethoden, mit denen die Bemessung und Konstruktion der folgenden unbewehrten Mauerwerkswände unter bestimmten Anwendungsbedingungen erleichtert werden:

- vertikal und durch Windlast beanspruchte Wände;
- Wände unter Einzellasten;
- Wandscheiben;
- Kellerwände, beansprucht durch horizontalen Erddruck und vertikale Lasten;
- horizontal, jedoch nicht vertikal beanspruchte Wände.

Unter horizontal, jedoch nicht vertikal beanspruchten Wänden werden Wände verstanden, die in vertikaler Richtung planmäßig ausschließlich durch ihr Eigengewicht belastet sind (z. B. Ausfachungswände).

(3)P Die in DIN EN 1996-3 angegebenen Regeln entsprechen denen in DIN EN 1996-1-1, sind jedoch hinsichtlich der Anwendungsbedingungen und -grenzen konservativer.

(4) Tragwerke oder Teile von Tragwerken aus Mauerwerk, die nicht den unter (2) genannten entsprechen, sind nach DIN EN 1996-1-1 zu bemessen.

Gleiches gilt, wenn die in Abs. 4.2.1 genannten Bedingungen für die Anwendung der vereinfachten Berechnungsmethoden nicht erfüllt sind.

(5) DIN EN 1996-3 gilt nur für die Mauerwerksbauten oder Teile von diesen, die in DIN EN 1996-1-1 und DIN EN 1996-2 beschrieben sind.

(6) ... Auslassung...

(NA.7) Die in DIN EN 1996-3 angegebenen vereinfachten Berechnungsmethoden gelten auch für die Bemessung von außergewöhnlichen Einwirkungen, sofern Wind oder Schneelasten als solche definiert sind.

Mit dem anstelle von (6) eingefügten Absatz (NA.7) wird sichergestellt, dass die vereinfachten Berechnungsmethoden in Deutschland auch in Gebieten angewendet werden dürfen, in denen Wind- oder Schneelasten z. T. als außergewöhnliche Einwirkungen zu berücksichtigen sind (z. B. im Norddeutschen Tiefland; vgl. Muster-Verwaltungsvorschrift Technische Baubestimmungen (MVV TB), Anlage A 1.2.1/4 [D5]).

1.2 Normative Verweisungen

(1)P Die in DIN EN 1996-1-1:2013-02, 1.2 angegebenen normativen Verweisungen gelten auch für DIN EN 1996-3.

Auf eine Wiederholung der in Teil 1-1 genannten Normen wird verzichtet.

... Auslassung...

1.3 Annahmen

(1)P Die in DIN EN 1990:2010-12, 1.3 angegebenen Annahmen gelten auch für DIN EN 1996-3.

1.4 Unterscheidung zwischen verbindlichen Regeln und Anwendungsregeln

(1)P Die in DIN EN 1990:2010-12, 1.4 angegebenen Regeln gelten auch für DIN EN 1996-3.

1.5 Begriffe

1.5.1 Allgemeines

(1) Die in DIN EN 1990:2010-12, 1.5 angegebenen Begriffe gelten auch für DIN EN 1996-3.

(2) Die in DIN EN 1996-1-1:2013-02, 1.5 angegebenen Begriffe gelten auch für DIN EN 1996-3.

(3) Die in dieser DIN EN 1996-3 zusätzlich verwendeten Begriffe sind in 1.5.2 angegeben.

1.5.2 Mauerwerk

1.5.2.1 Kellerwand

tragende Wand, die teilweise oder vollständig unterhalb der Geländeoberfläche errichtet wurde

1.6 Formelzeichen

(1)P Baustoffunabhängige Formelzeichen sind in DIN EN 1990:2010-12, 1.6 definiert.

(2)P Im Sinne dieser Norm gelten die Formelzeichen nach DIN EN 1996-1-1.

(3)P Andere in dieser DIN EN 1996-3 verwendete Formelzeichen sind:

Lateinische Buchstaben

a	Deckenauflagertiefe;
b_c	Abstand zwischen Querwänden oder anderen aussteifenden Bauteilen;
h_i	Höhe der Ausfachungsfläche;
l_f	die Stützweite der angrenzenden Geschossdecke;
l_i	Länge der Ausfachungsfläche;
N_{Dd}	der Bemessungswert der Lasten aus Decken und Unterzügen;
$N_{Ed,max}$	Bemessungswert der größten vertikalen Belastung;
$N_{Ed,min}$	Bemessungswert der kleinsten vertikalen Belastung;
N_{od}	der Bemessungswert der vertikalen Lasten am Wandfuß des darüber liegenden Geschosses;
q_{Ewd}	Bemessungswert der Windlast je Flächeneinheit

Griechische Buchstaben

β	Faktor zur Berücksichtigung zweiachsiger Tragwirkungen bei Kellerwänden;
ζ	der Dauerstandsfaktor

Formelzeichen, die in Deutschland für die Anwendung von DIN EN 1996-3/NA [E19] nicht benötigt werden oder bereits in DIN EN 1996-1-1/NA [E16] aufgelistet wurden, werden hier nicht (erneut) aufgeführt.

2 GRUNDLAGEN FÜR DIE BEMESSUNG UND KONSTRUKTION

2.1 Allgemeines

(1)P Die Bemessung und Konstruktion von Mauerwerksbauten muss mit den allgemeinen Regeln in DIN EN 1990 übereinstimmen.

Diese Forderung gilt als erfüllt, wenn die nachfolgenden Regeln und die Festlegungen nach DIN EN 1996-2/NA [E18] beachtet werden.

(2)P Die speziellen Festlegungen für Mauerwerksbauten in DIN EN 1996-1-1:2013-02, Abschnitt 2 sind anzuwenden.

Abschnitt 2 von DIN EN 1996-1-1/NA [E16] enthält die Grundlagen für Entwurf, Berechnung und Bemessung von Mauerwerksbauten. Dies betrifft insbesondere die anzusetzenden Einwirkungskombinationen, welche auch Vereinfachungen gegenüber DIN EN 1990 [E1] ermöglichen.

2.2 Grundlegende Größen

(1)P Die Einwirkungen sind den maßgebenden Teilen von DIN EN 1991 zu entnehmen.

(2)P Die Teilsicherheitsbeiwerte für die Einwirkungen sind DIN EN 1990 zu entnehmen.

(3)P Eigenschaften von Baustoffen und Bauprodukten sowie geometrische Größen, die bei der Bemessung und Konstruktion verwendet werden, müssen mit den in DIN EN 1996-1-1, oder anderen maßgebenden hENs oder ETAs, angegebenen übereinstimmen, soweit in dieser DIN EN 1996-3 nichts anderes bestimmt ist.

Harmonisierte Europäische Normen (hENs) beinhalten europäisch abgestimmte Vorschriften, welche der Beschreibung spezifischer Bauprodukte dienen (z. B. die Normenreihe DIN EN 771 [R28], [R29], [R30], [R31], [R32] und [R33]).

Eine Europäische Technische Zulassung bzw. Bewertung (ETA, engl.: European Technical Approval bzw. European Technical Assessment) regelt analog die Eigenschaften von Bauprodukten, für die keine hEN vorliegt. Für die Verwendung in Deutschland ist für diese Produkte eine Zitierung in der VV TB erforderlich, wie dies z. B. bei Dübeln der Fall ist. Anderenfalls ist für Produkte mit ETA zusätzlich immer eine Bauartgenehmigung erforderlich.

2.3 Nachweis mit der Teilsicherheitsmethode

(1)P Der Nachweis mit der Teilsicherheitsmethode muss in Übereinstimmung mit DIN EN 1996-1-1:2013-02, 2.4 erfolgen.

ANMERKUNG Dies beinhaltet die Anmerkungen zu DIN EN 1996-1-1:2013-02, 2.4.2.

Anmerkung 1: Grundsätzlich sind bei Nachweisen alle nach DIN EN 1990/NA [E12] festgelegten Einwirkungskombinationen zu berücksichtigen. Bei üblichen Hochbauten aus Mauerwerk können vereinfachte Einwirkungskombinationen verwendet werden (s. Abschnitt 4.2.2).

Anmerkung 2: In gewöhnlichen Wohnungs- und Bürogebäuden können die veränderlichen Lasten nach DIN EN 1991-1 [E2] als gleichzeitig auf einer Decke wirkend (d. h. die gleiche Last auf allen Feldern oder keine Last, wenn dies maßgebend ist) angesetzt werden. Entsprechende Abminderungsfaktoren zur Berücksichtigung der Wahrscheinlichkeit der gleichzeitigen Wirkung in allen Geschossen sind in DIN EN 1991-1 [E2], Abs. 6.3.1.2 angegeben.

(2)P Die maßgebenden Teilsicherheitsbeiwerte für das Material γ_M sind im Grenzzustand der Tragfähigkeit für gewöhnliche Bemessungssituationen anzuwenden.

Der Teilsicherheitsbeiwert für das Material γ_M ist für den Nachweis im Grenzzustand der Tragfähigkeit für ständige und vorübergehende Bemessungssituationen sowie für außergewöhnlichen Bemessungssituationen Tabelle NA.1 zu entnehmen.

Der Nachweis der Gebrauchstauglichkeit unbewehrter Mauerwerkswände gilt in Deutschland grundsätzlich als erfüllt, wenn im Grenzzustand der Tragfähigkeit alle Nachweise nach DIN EN 1996-3/NA [E19] geführt werden und die Ausführung nach DIN EN 1996-2/NA [E18] erfolgt.

Tabelle NA.1 — Teilsicherheitsbeiwert γ_M für das Material

Material	Mauerwerk aus	γ_M	
		Bemessungssituation	
		ständig und vorübergehend	außergewöhnlich
A	Steinen der Kategorie I und Mörtel nach Eignungsprüfung [a]	1,5	1,3
B	Steinen der Kategorie I und Rezeptmörtel [b]	wie A	wie A

[a] Anforderungen an Mörtel nach Eignungsprüfung sind in DIN EN 998-2 in Verbindung mit DIN 20000-412 gegeben.

[b] Gilt nur für Baustellenmörtel nach DIN 18580.

Die im originalen Normentext in Tabelle 1 enthaltene Zeile C „Steine der Kategorie II" wurde gelöscht, da derartige Steine in Deutschland für tragendes Mauerwerk normativ nicht geregelt sind.

3 BAUSTOFFE

3.1 Allgemeines

(1)P Die Baustoffe für Mauerwerkswände, auf die in dieser DIN EN 1996-3 Bezug genommen wird, müssen die Anforderungen in DIN EN 1996-1-1:2013-02, Abschnitt 3 erfüllen.

In Abschnitt 3 von DIN EN 1996-1-1/NA [E16] werden die Anforderungen an die zur Verwendung zugelassenen Baustoffe definiert.

...Auslassung...

Absatz (2) wird ausgelassen, da in Deutschland nur Steine der Gruppe 1 zur Verwendung in Mauerwerk zugelassen sind.

3.2 Charakteristische Druckfestigkeit von Mauerwerk

(1) Die charakteristische Druckfestigkeit von Mauerwerk wird nach DIN EN 1996-1-1:2013-02, 3.6.1 bestimmt.

(2) Eine vereinfachte Methode zur Bestimmung der charakteristischen Druckfestigkeit von Mauerwerk für die Anwendung in dieser Norm ist in Anhang D enthalten

Die in Anhang D definierten Mauerwerkdruckfestigkeiten differenzieren deutlich nach Steinmaterial und Mörtelart.

3.3 Charakteristische Biegefestigkeit von Mauerwerk

...Auslassung...

3.4 Charakteristische Haftscherfestigkeit von Mauerwerk

...Auslassung...

Anhang D enthält im deutschen Nationalen Anhang keine Biegefestigkeiten und keine Haftscherfestigkeiten, da diese Materialkennwerte zur Anwendung von DIN EN 1996-3/NA [E19] nicht benötigt werden.

4 BEMESSUNG UND KONSTRUKTION VON UNBEWEHRTEN MAUERWERKSWÄNDEN MIT VEREINFACHTEN BERECHNUNGSMETHODEN

4.1 Allgemeines

(1)P Die Gesamtstabilität des Gebäudes, zu dem die Wand gehört, muss nachgewiesen werden.

ANMERKUNG Der Nachweis darf in Übereinstimmung mit DIN EN 1996-1-1:2013-02, 5.4(1) oder nach einem vereinfachten Verfahren geführt werden, das im Nationalen Anhang angegeben werden darf.

Auf einen rechnerischen Nachweis der Aussteifung darf verzichtet werden, wenn die Geschossdecken als steife Scheiben ausgebildet sind bzw. statisch nachgewiesene, ausreichend steife Ringbalken vorliegen und wenn in Längs- und Querrichtung des Gebäudes eine offensichtlich ausreichende Anzahl von genügend langen aussteifenden Wänden vorhanden ist, die ohne größere Schwächungen und ohne Versprünge bis auf die Fundamente geführt sind.

Bei Elementmauerwerk mit einem planmäßigen Überbindemaß $l_{ol} < 0{,}4\ h_u$ ist bei einem Verzicht auf einen rechnerischen Nachweis der Aussteifung des Gebäudes die ggf. geringere Schubtragfähigkeit bei hohen Auflasten zu berücksichtigen.

Ist bei einem Bauwerk nicht von vornherein erkennbar, dass seine Aussteifung gesichert ist, so ist ein rechnerischer Nachweis der Schubtragfähigkeit nach dem genaueren Verfahren nach DIN EN 1996-1-1:2013-02, 6.2, in Verbindung mit dem zugehörigen Nationalen Anhang zu führen.

Derzeit enthält der Nationale Anhang kein vereinfachtes Verfahren für den Nachweis der Gesamtstabilität eines Gebäudes. Eine praxisnahe Vorgehensweise, die allerdings teilweise weit auf der sicheren Seite liegt, aber zumindest eine Abschätzung ermöglicht, ob die vorhandenen Wandscheiben zur Gesamtaussteifung des Gebäudes ausreichen, findet sich in [17].

Damit obliegt in Deutschland dem planenden Ingenieur die Entscheidung, ob ein rechnerischer Aussteifungsnachweis zu führen ist.

Im Regelfall – d. h. bei einer hinreichenden Zahl ausreichend langer aussteifender Wände – ist bei Einhaltung der Anwendungsbedingungen der vereinfachten Berechnungsmethoden nach Abschnitt 4.2.1 kein Nachweis der Querkrafttragfähigkeit in Scheibenrichtung erforderlich.
DIN EN 1996-3/NA [E19] enthält dementsprechend keine Regelungen zum Querkraftnachweis.

Auch die Querkrafttragfähigkeit in Plattenrichtung muss nach den vereinfachten Berechnungsmethoden nicht nachgewiesen werden. Die Anwendungsbedingungen stellen sicher, dass in der Wand nur Biegemomente aus der Deckeneinspannung oder -auflagerung und aus Windlasten auftreten. Diese Ausmitten werden über den einzuhaltenden Sicherheitsabstand erfasst. Sind die Anwendungsbedingungen nach 4.2.1 nicht erfüllt, so ist der Nachweis der Tragfähigkeit in Plattenrichtung nach DIN EN 1996-1-1/NA [E16] zu führen.

4.2 Vereinfachte Berechnungsmethode für vertikal und durch Wind beanspruchte Wände

4.2.1 Anwendungsbedingungen

4.2.1.1 Allgemeine Bedingungen

...Auslassung...

(NA.2) Für Vollsteine und Lochsteine nach DIN EN 1996-1-1/NA:2019-12, NCI zu 3.1.1, NA.5 dürfen die vereinfachten Berechnungsmethoden angewendet werden, wenn die folgenden und die in Tabelle NA.2 enthaltenen Voraussetzungen erfüllt sind:

– Gebäudehöhe über Gelände nicht mehr als 20 m; als Gebäudehöhe darf bei geneigten Dächern das Mittel von First- und Traufhöhe gelten;

– Stützweite der aufliegenden Decken $l \leq 6{,}0$ m, sofern nicht die Biegemomente aus dem Deckendrehwinkel durch konstruktive Maßnahmen, z. B. Zentrierleisten, begrenzt werden; bei zweiachsig gespannten Decken ist für l die kürzere der beiden Stützweiten einzusetzen;

– Begrenzung der charakteristischen Nutzlast einschließlich Zuschlag für nicht tragende innere Trennwände auf $q_k \leq 5{,}0$ kN/m².

Mit NCI zu DIN EN 1996-1-1/NA [E16], Abs. 3.1.1 (NA.5) werden die in Deutschland normativ geregelten Steine für tragendes Mauerwerk erfasst, weshalb die deutschen Anwendungsgrenzen nach (NA.2) bis (NA.9) anzuwenden sind. Dementsprechend sind die für Deutschland irrelevanten europäischen Grenzen ausgelassen.

Die in DIN EN 1996-3/NA [E19] angegebenen vereinfachten Berechnungsmethoden ermöglichen den statischen Nachweis der meisten Bauwerke aus Mauerwerk ohne großen Aufwand.

Die beim Einsatz von Zentrierleisten (zentrisches Deckenauflager, siehe Fall a) in nachstehender Abbildung) entstehenden Teilflächenpressungen sind gemäß DIN EN 1996-1-1/NA [E16], Abs. 6.1.3 nachzuweisen.

Lastübertragende Zwischenschichten aus stark nachgiebigem Material (z. B. Elastomerstreifen) werden nicht empfohlen, da dies keine rein konstruktive Maßnahme ist und die entstehenden Querzugspannungen zudem nur bei geringer Auslastung der Wand nachgewiesen werden können, wenn nicht geeignete zusätzliche Maßnahmen (z. B. Ringanker oder Ringbalken) zur Lastaufnahme vorgesehen sind.

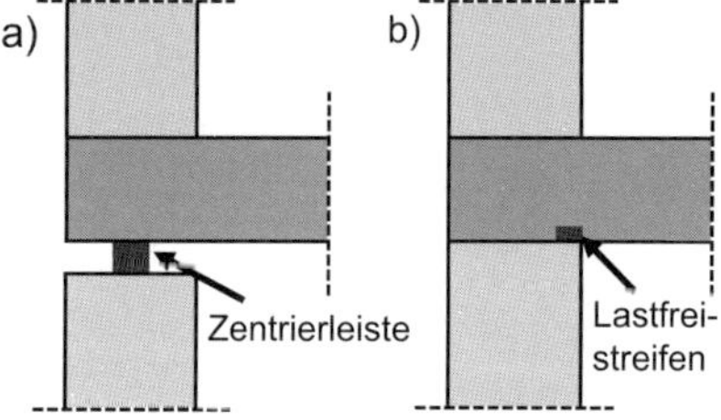

Als konstruktive Maßnahme zur Begrenzung der Biegemomente aus dem Deckendrehwinkel empfiehlt es sich, am Wandkopf an der inneren Wandkante eine Weicheinlage (sog. Lastfreistreifen, z. B. Filzstreifen) einzulegen (siehe Fall b) in vorstehender Abbildung). Ein im Einzelfall möglicher Einfluss auf die örtliche Tragfähigkeit ist zu berücksichtigen.

Bei der Verwendung von Spannbetonhohldielen können nach [34] größere Spannweiten zugelassen werden.

Tabelle NA.2 — Voraussetzungen für die Anwendung des vereinfachten Nachweisverfahrens

Bauteil	Wanddicke t in mm	Max. zulässige lichte Wandhöhe h in m					
		allgemein	bei Berücksichtigung von Fußnote[d]				
			Mauerwerk aus Porenbetonsteinen		Mauerwerk aus Ziegeln, Kalksandsteinen, Leichtbeton- und Betonsteinen mit Normal- und Dünnbettmörtel		
			Mauerwerkwerksdruckfestigkeit f_k in N/mm²				
			≥ 1,8	≥ 3,0	≥ 3,5	≥ 5,0	≥ 10,0
Tragende Außenwände und zweischalige Haustrennwände	≥ 115[a,b]	2,75	2,75	2,75	2,75	2,75	2,75
	≥ 150[c]	2,75[b]	2,75[b]	2,75[b]	2,75[b]	3,0[e,f]	3,3[h]
	≥ 175	2,75	2,75	3,3	3,0[e]	3,3[g]	3,6[h]
	≥ 200	2,75	3,3	3,6	3,6	3,6	3,6[h]
	≥ 240	12 t	3,6	3,6	3,6	3,6	3,6[h]
	≥ 300	12 t	12 t	12 t	12 t	12 t	12 t
Tragende Innenwände	≥ 115	2,75	3,6	3,6	3,6	3,6	3,6
	≥ 240	k. E.	k. E.		keine Einschränkung (k. E.)		

a Als einschalige Außenwand nur bei eingeschossigen Garagen und vergleichbaren Bauwerken, die nicht zum dauernden Aufenthalt von Menschen vorgesehen sind. Als Tragschale zweischaliger Außenwände und bei zweischaligen Haustrennwänden bis maximal zwei Vollgeschosse zuzüglich ausgebautes Dachgeschoss; aussteifende Querwände im Abstand $b \leq 4{,}50$ m bzw. Randabstand von einer Öffnung $b' \leq 2{,}0$ m (siehe Bild NA.2).

b Charakteristische Nutzlast einschließlich Zuschlag für nicht tragende innere Trennwände $q_k \leq 3{,}0$ kN/m².

c Bei charakteristischen Mauerwerksdruckfestigkeiten $f_k < 1{,}8$ N/mm² gilt zusätzlich Fußnote a.

d Anwendungsvoraussetzungen:
- bei Außenwänden mit charakteristischer Windlast $w_k \leq 1{,}25$ kN/m²;
- über die Wanddicke t vollaufliegende Stahlbetondecke und Betonfestigkeitsklassen ≥ C20/25;
- Mindestdeckendicke infolge Begrenzung der Deckenschlankheit nach DIN EN 1992-1-1/NA:2013-04, 7.4.2, und Deckendicke ≥ 180 mm;
- betrachtetes Geschoss entspricht in Grund- und Aufriss weitgehend den darüber- und darunterliegenden Geschossen;
- Interpolation zwischen Festigkeitsklassen nicht zulässig.

e Bei Mauerwerk aus Leichtbetonsteinen nur bei einer charakteristischen Windbeanspruchung von $w_k < 1{,}1$ kN/m² zulässig.

f Gilt bei Kalksandsteinmauerwerk nur für $f_k \geq 5{,}5$ N/mm².

g Gilt bei Ziegelmauerwerk auch für $f_k \geq 4{,}7$ N/mm².

h Bei Außenwänden mit charakteristischer Windlast von $1{,}25$ kN/m² $< w_k \leq 2{,}2$ kN/m² sind lichte Wandhöhen bis $h = 3{,}0$ m zulässig.

Der zulässige Anwendungsbereich für die Nutzung der vereinfachten Berechnungsmethoden nach DIN EN 1996-3/NA wurde im Rahmen der Überarbeitung des Nationalen Anhangs [E19] deutlich erweitert. Die Erweiterung basiert auf den in [9] durchgeführten Vergleichsrechnungen zwischen den allgemeinen Regeln nach DIN EN 1996-1-1/NA [E16] und den vereinfachten Berechnungsmethoden nach DIN EN 1996-3/NA [E19].

Tragende Außenwände mit Wanddicken $t \leq 24$ cm können bei ausreichender Mauerwerksdruckfestigkeit jetzt auch bei größerer lichter Wandhöhe als 2,75 m vereinfacht nachgewiesen werden, wenn die Windeinwirkungen in ihrer Größe begrenzt sind (s. Fußnoten d), e) und h)). Die vergrößerten Wandhöhen bedingen jedoch bei Außenwänden eine Beschränkung der Deckendurchbiegung auf den nach DIN EN 1992-1-1/NA [E15], Abschnitt 7.4.2, nachzuweisenden Wert (s. Fußnote d)).

Auch für tragende Innenwände $t < 24$ cm sind nun in aller Regel lichte Wandhöhen von 3,6 m möglich.

(NA.3) Bei den vereinfachten Berechnungsmethoden brauchen bestimmte Beanspruchungen, z. B. Biegemomente aus Deckeneinspannungen oder Deckenauflagerungen, ungewollte Ausmitten beim Knicknachweis, Wind auf tragende Wände nicht nachgewiesen zu werden, da sie im Sicherheitsabstand, der dem Nachweisverfahren zugrunde liegt, oder durch konstruktive Regeln und Grenzen berücksichtigt sind. Es ist vorausgesetzt, dass in halber Geschosshöhe der Wand nur Biegemomente aus der Deckeneinspannung oder -auflagerung und aus Windlasten auftreten.

Diese nationale Festlegung ermöglicht eine einfache Bestimmung der maximal aufnehmbaren Normalkraft auch bei exzentrisch wirkender Vertikalkraft infolge von Kopf- oder Fußmomenten aus Deckeneinspannung. Sämtliche Traglastminderungen infolge der Lastausmitte werden über den Traglastfaktor (s. Abschnitt 4.2.2) erfasst.

(NA.4) Greifen an tragenden Wänden abweichend von Absatz (NA.3) größere horizontale Lasten an, so ist der Nachweis nach DIN EN 1996-1-1 zu führen. Ein Versatz der Wandachsen infolge einer Änderung der Wanddicken gilt dann nicht als größere Ausmitte, wenn der Querschnitt der dickeren tragenden Wand den Querschnitt der dünneren tragenden Wand umschreibt. Gleiches gilt für Lastausmitten aus nicht vollflächig aufgelagerten Decken, wenn diese nach NCI zu 4.2.2.3 (1) berücksichtigt werden.

Die dargestellten Fälle zum Versatz der Wandachsen gelten nicht als größere Ausmitten, da die dickere Wand die dünnere umschreibt.

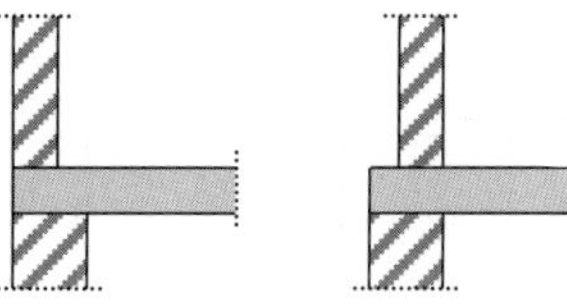

(NA.5) Für den Nachweis von Kellerwänden gelten die Voraussetzungen nach DIN EN 1996-3:2010-12, 4.5.

(NA.6) Der Einfluss der Windlast senkrecht zur Wandebene von tragenden Wänden darf vernachlässigt werden, wenn die Bedingungen zur Anwendung der vereinfachten Berechnungsmethoden eingehalten sind und ausreichende horizontale Halterungen vorhanden sind. Als solche gelten z. B. Decken mit Scheibenwirkung oder statisch nachgewiesene Ringbalken im Abstand der zulässigen Wandhöhen.

(NA.7) Das planmäßige Überbindemaß l_{ol} nach DIN EN 1996-1-1 muss mindestens 0,4 h_u und mindestens 45 mm betragen. Nur bei Elementmauerwerk darf das planmäßige Überbindemaß l_{ol} auch mindestens 0,2 h_u und mindestens 125 mm betragen.

Bei Elementmauerwerk wird die Begrenzung des erforderlichen Überbindemaßes l_{ol} erst bei Steinhöhen h_u > 62,5 cm relevant. In allen anderen Fällen beträgt das Mindestmaß der Überbindelänge l_{ol} = 125 mm.

(NA.8) Die Deckenauflagertiefe a muss mindestens die halbe Wanddicke (0,5 t), jedoch mehr als 100 mm, betragen. Bei einer Wanddicke von 365 mm darf die Mindestdeckenauflagertiefe auf 0,45 t reduziert werden.

Mindestauflagertiefe a in Abhängigkeit der Wanddicke t

t mm	115 – 200	240	300	365	425	490
a mm	100	120	150	165	213	245

(NA.9) Bei Mauerwerk aus Kalksand-Fasensteinen (nur zulässig als Einsteinmauerwerk) ist als rechnerische Wanddicke die vermörtelbare Aufstandsbreite (Steinbreite abzüglich der Fasen) anzunehmen.

(NA.10) Freistehende Wände sind nach DIN EN 1996-1-1 nachzuweisen.

4.2.1.2 Zusätzliche Bedingungen

...Auslassung...

(NA.3) Für Vollsteine und Lochsteine nach DIN EN 1996-1-1/NA:2019-12, NCI zu 3.1.1, NA.5 dürfen die vereinfachten Berechnungsmethoden angewendet werden, wenn die Bedingungen nach NCI zu 4.2.1.1 eingehalten sind.

Mit NCI zu DIN EN 1996-1-1/NA [E16], Abs. 3.1.1 (NA.5) werden die in Deutschland normativ geregelten Steine für tragendes Mauerwerk erfasst, weshalb hinsichtlich der nachzuweisenden Mindestauflast die deutsche Regelung nach Abs. (NA.4) anzuwenden ist. Dementsprechend sind die für Deutschland irrelevanten europäischen Regelungen des Originaltextes an dieser Stelle ausgelassen.

(NA.4) Sofern kein genauerer Nachweis geführt wird, darf für Wände, die als Endauflager für Decken oder Dächer dienen und durch Wind beansprucht werden, der Nachweis der Mindestauflast der Wand vereinfacht nach Gleichung (y) erfolgen:

$$N_{Ed} \geq \frac{3 \cdot q_{Ewd} \cdot h^2 \cdot b}{16 \cdot \left(a - \frac{h}{300} \right)} \quad \text{(y)}$$

Dabei ist

h die lichte Geschosshöhe;

q_{Ewd} der Bemessungswert der Windlast je Flächeneinheit;

N_{Ed} der Bemessungswert der kleinsten Wandnormalkraft in Wandhöhenmitte im nachzuweisenden Wandquerschnitt;

b die Einwirkungsbreite der Windlast;

a die Deckenauflagertiefe.

Die Nachweisgleichung für die erforderliche Mindestauflast basiert auf einem Bogenmodell unter Ansatz einer linearen Spannungsverteilung am Wandkopf und einer punktförmigen Lastweiterleitung am Wandfuß (siehe Bild). Maßgebend für diesen Nachweis ist in der Regel Windsog. Detailliertere Informationen zu dem Modell finden sich in [30]. Bemessungsdiagramme zur Bestimmung der erforderlichen Mindestauflast finden sich in [21]. Dort wird gezeigt, dass der Nachweis nach Gl. (y) in den Windlastzonen 1 und 2 in aller Regel entfallen kann.

Bei der Bestimmung der einwirkenden Windbeanspruchung ist bei Mauerwerkspfeilern die gesamte auf den Pfeiler wirkende Last (z. B. auch aus seitlich befestigten Fenstern etc.) zu berücksichtigen. Für die Bestimmung des Bemessungswertes der kleinsten vertikalen Belastung (Mindestauflast) dürfen bei Pfeilern auch entsprechende Lasteinzugsbreiten aus Decken oder Unterzügen berücksichtigt werden.

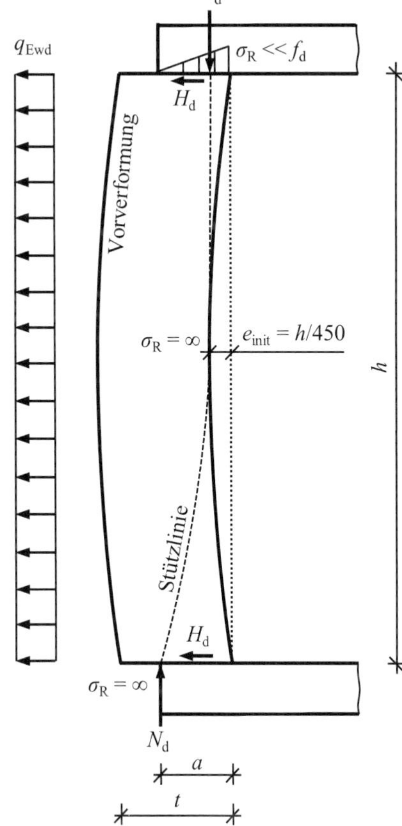

4.2.2 Bemessungswert des vertikalen Tragwiderstands einer Wand

4.2.2.1 Allgemeines

(1)P Im Grenzzustand der Tragfähigkeit ist nachzuweisen, dass:

$$N_{Ed} \leq N_{Rd} \quad (4.3)$$

Dabei ist

N_{Ed} der Bemessungswert der vertikalen Belastung der Wand;

N_{Rd} der Bemessungswert des vertikalen Tragwiderstands der Wand nach 4.2.2.2.

Im Allgemeinen genügt es, die nachfolgend dargestellte Einwirkungskombination 1 zu betrachten. In Hochbauten mit Stahlbetondecken und charakteristischen Nutzlasten einschließlich Trennwandzuschlag von maximal $q_k \leq 3{,}0$ kN/m² darf vereinfachend Einwirkungskombination 2 angesetzt werden.

Einwirkungskombination 1:

$$N_{Ed} = 1{,}35 \cdot \sum N_{Gk} + 1{,}5 \cdot \sum N_{Qk}$$

Einwirkungskombination 2:

$$N_{Ed} = 1{,}40 \cdot \left(N_{Gk} + N_{Qk}\right)$$

Bei Wänden mit geringen Auflasten (z. B. Wand im obersten Geschoss oder Kellerwand mit Erddruck) ist die Tragfähigkeit auch unter minimal einwirkender Normalkraft nachzuweisen:

$$N_{Ed} = 1{,}0 \cdot N_{Gk}$$

4.2.2.2 Bemessungswert des vertikalen Tragwiderstands

(1) Der Bemessungswert des vertikalen Tragwiderstands N_{Rd} darf ermittelt werden aus:

$$N_{Rd} = \Phi_s \, f_d \, A \quad (4.4)$$

Dabei ist

Φ_s der Abminderungsbeiwert zur Berücksichtigung der Schlankheit und der Lastausmitte nach 4.2.2.3;

f_d der Bemessungswert der Druckfestigkeit des Mauerwerks;

A die belastete Bruttoquerschnittsfläche der Wand.

Anstelle von „Abminderungsbeiwert“ werden auch die Begriffe „Abminderungsfaktor“ und „Traglastfaktor“ synonym verwendet.

Es ist zu beachten, dass der Nachweis an der jeweiligen Bemessungsstelle (Wandkopf, Wandhöhenmitte, Wandfuß) mit der jeweiligen einwirkenden Normalkraft N_{Ed} sowie dem zugehörigen Traglastfaktor Φ zu führen ist. Vereinfachend genügt es jedoch, die maximale innerhalb der Wand auftretende Normalkraft N_{Ed} der kleinsten aufnehmbaren N_{Rd} gegenüberzustellen: $\max N_{Ed} \leq \min N_{Rd}$

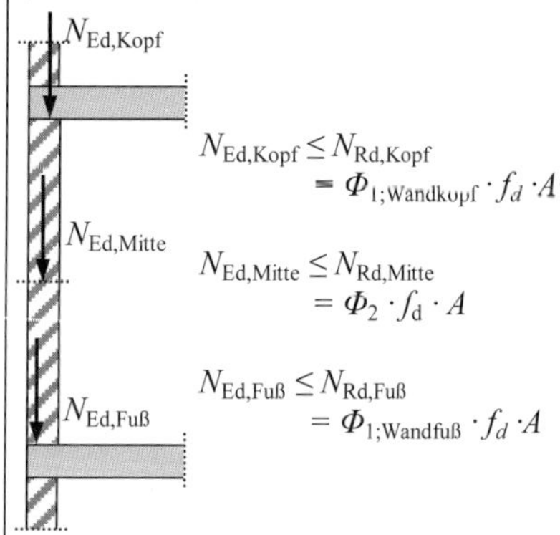

Die Tragfähigkeit nach DIN EN 1996-3/NA [E19] kann statt durch eine Berechnung nach Abs. 4.2.2 auch einfach und effizient aus praxisgerechten Tragfähigkeitstafeln bestimmt werden (erstmals in [19] und z. B. in [21] veröffentlicht, wobei die Änderungen des nationalen Anhangs [E19] bereits in [10] und [12] berücksichtigt sind).

In Gleichung (4.4) ist für die belastete Bruttoquerschnittsfläche der Wand der maßgebende Wandabschnitt (bezogen auf einen Meter Wandlänge) anzusetzen.

Anstelle der „belasteten Bruttoquerschnitsfläche" ist in Deutschland stets – also auch bei teilaufliegenden Decken – die gesamte Wandquerschnittsfläche dem Nachweis zugrunde zu legen. Sämtliche Einflüsse aufgrund reduzierter Deckenauflagertiefe sind in dem Traglastfaktor nach Abs. 4.2.2.3 berücksichtigt.

(NA.2) Bei Langzeitwirkungen ist der Bemessungswert der Druckfestigkeit des Mauerwerks f_d über den Dauerstandsfaktor ζ abzumindern.

ζ als ein Faktor zur Berücksichtigung von Langzeiteinwirkungen und weiterer Einflüsse; für eine dauernde Beanspruchung infolge von Eigengewicht, Schnee- und Verkehrslasten gilt $\zeta = 0{,}85$; für kurzzeitige Beanspruchungsarten darf $\zeta = 1{,}0$ gesetzt werden.

Die Einwirkung Wind gilt als kurzzeitige Beanspruchung. Da jedoch im Regelfall neben Wind auch die Einwirkungen Eigengewicht und Verkehrslasten auftreten, kann nur in Ausnahmefällen auf den Dauerstandsfaktor ζ verzichtet werden.

(NA.3) Bei Wand-Querschnittsflächen kleiner als 0,1 m² ist die Bemessungsdruckfestigkeit des Mauerwerks mit dem Faktor 0,8 zu multiplizieren.

Bei Pfeilern mit kleiner Querschnittsfläche ist eine Reduktion der aufnehmbaren Mauerwerksdruckfestigkeit erforderlich, da sich kleinere Inhomogenitäten im Mauerwerk signifikant auf die Tragfähigkeit auswirken.

Es bestehen keine Bedenken, auch bei Anwendung der vereinfachten Berechnungsmethoden die entsprechende Regelung des genaueren Verfahrens nach DIN EN 1996-1-1/NA [E16] anzuwenden. Danach gilt für den Abminderungsfaktor: $0{,}7 + 3 \cdot A$ (mit A in m²).

4.2.2.3 Abminderungsbeiwert

(1) ...Auslassung...

Eine Mitwirkung der Vorsatzschale darf in Deutschland nicht angesetzt werden ($t_{ef} = t$). Die erforderliche Anzahl der Anker n_{tmin} ist in DIN EN 1996-1-1/NA:2019-12, NDP zu 8.5.2.2 (2) angegeben.

(NA.2) Für Vollsteine und Lochsteine nach DIN EN 1996-1-1/NA:2019-12, NCI zu 3.1.1, NA.5, gilt für die Ermittlung der Abminderungsbeiwerte:

Mit NCI zu DIN EN 1996-1-1/NA [E16], Abs. 3.1.1 (NA.5) werden die in Deutschland normativ geregelten Steine für tragendes Mauerwerk erfasst, weshalb hinsichtlich der Traglastfaktoren die deutsche Regelung anzuwenden ist. Dementsprechend sind die für Deutschland irrelevanten europäischen Regelungen des Originaltextes (1) ausgelassen.

Bei geschosshohen Wänden des üblichen Hochbaus und gleichzeitiger Einhaltung der Randbedingungen für die vereinfachten Berechnungsmethoden darf die Traglastminderung infolge der Lastausmitte bei Endauflagern auf Außen- und Innenwänden abgeschätzt werden zu:

für $f_k \geq 1{,}8$ N/mm²: $$\Phi_1 = \left(1{,}6 - \frac{l_f}{6}\right) \cdot \frac{a}{t} \leq 0{,}9 \cdot \frac{a}{t} \quad \text{(NA.1)}$$

für $f_k < 1{,}8$ N/mm²: $$\Phi_1 = \left(1{,}6 - \frac{l_f}{5}\right) \cdot \frac{a}{t} \leq 0{,}9 \cdot \frac{a}{t} \quad \text{(NA.2)}$$

Dabei ist:

f_k der charakteristische Wert der Druckfestigkeit von Mauerwerk;

l_f die Stützweite der angrenzenden Geschossdecke in m, bei zweiachsig gespannten Decken mit $0{,}5 \leq l_1/l_2 \leq 2{,}0$ darf für l_f das 0,85-fache der kürzeren Stützweite eingesetzt werden;

a die Deckenauflagertiefe;

t die Dicke der Wand.

Der Traglastfaktor erfasst sämtliche Tragfähigkeitsminderungen infolge Lastexzentrizitäten aus teilaufliegender Decke und Deckenverdrehungen. Bei Auflagern auf Innenwänden mit durchlaufenden Decken müssen unterschiedliche Stützweiten nicht berücksichtigt werden, da ihre Auswirkungen über den Knicksicherheitsnachweis nach Gl. (NA.4) abgedeckt sind ($\Phi_1 = 0{,}9$).

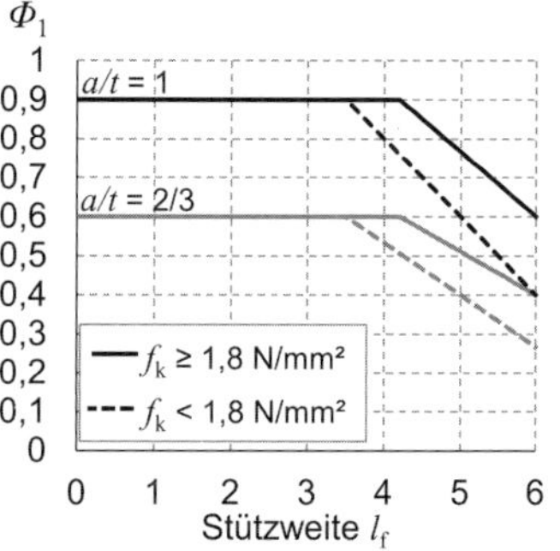

Bei der Verwendung von Spannbetonhohldielen kann nach [34] für die Spannweite l_f eine modifizierte Länge l_i zugrunde gelegt werden (l bis maximal 9 Meter):

$$l_i = l \cdot \left(\frac{q_k}{g_k + q_k}\right)^{1/3}$$

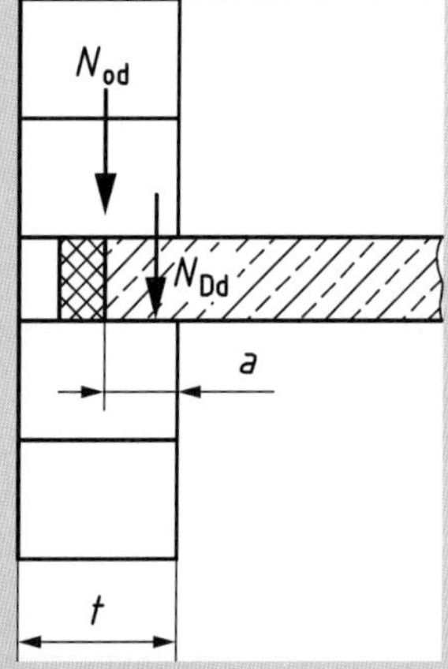

Legende

N_{od} der Bemessungswert der vertikalen Lasten am Wandfuß des darüber liegenden Geschosses

N_{Dd} der Bemessungswert der Lasten aus Decken und Unterzügen

a die Deckenauflagertiefe

t die Dicke der Wand

Bild NA.1 — Teilweise aufliegende Deckenplatte

(NA.3) Bei Decken über dem obersten Geschoss, insbesondere bei Dachdecken, gilt aufgrund geringer Auflasten:

$$\Phi_1 = 0{,}333 \cdot \frac{a}{t} \quad \text{(NA.3)}$$

Für die mathematische Gleichung (NA.3) gilt: Bei zweiachsig gespannten Decken mit $0{,}5 \leq l_1/l_2 \leq 2{,}0$ darf $\Phi_1 = 0{,}4 \cdot \frac{a}{t}$ gesetzt werden.

Bedingt durch geringe Auflasten ist bei Dachdecken der Deckendrehwinkel größer, wodurch sich die Lastexzentrizität vergrößert und die aufnehmbare Normalkraft verringert.

(NA.4) Wird die Traglastminderung infolge Deckenverdrehung durch konstruktive Maßnahmen, z. B. Zentrierleisten mittig unter dem Deckenauflager, vermieden, so gilt unabhängig von der Deckenstützweite $\Phi_1 = 0{,}9 \cdot a/t$ bei teilweise aufliegender Deckenplatte (siehe Bild NA.1) und $\Phi_1 = 0{,}9$ bei vollaufliegender Deckenplatte.

Die beim Einsatz von Zentrierleisten (zentrisches Deckenauflager, siehe Fall a) in nachstehender Abbildung) entstehenden Teilflächenpressungen sind gemäß DIN EN 1996-1-1/NA [E16], Abs. 6.1.3 nachzuweisen. Lastübertragende Zwischenschichten aus stark nachgiebigem Material (z. B. Elastomerstreifen) werden nicht empfohlen, da die entstehenden Querzugspannungen nur bei geringer Auslastung der Wand nachgewiesen werden können, wenn nicht geeignete konstruktive Maßnahmen (z. B. Ringanker oder Ringbalken) zur Lastaufnahme vorgesehen sind.

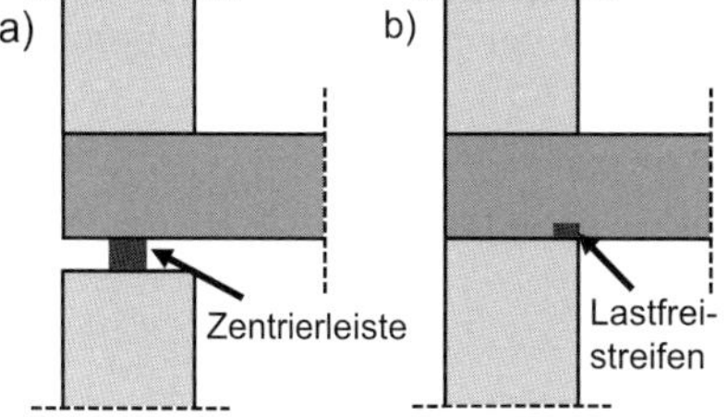

Als konstruktive Maßnahme zur Begrenzung der Biegemomente aus dem Deckendrehwinkel empfiehlt es sich, am Wandkopf an der inneren Wandkante eine Weicheinlage (sog. Lastfreistreifen, z. B. Filzstreifen) einzulegen (siehe Fall b) in vorstehender Abbildung).

(NA.5) Zur Berücksichtigung der Traglastminderung bei Knickgefahr gilt:

$$\Phi_2 = 0{,}85 \cdot \left(\frac{a}{t}\right) - 0{,}0011 \cdot \left(\frac{h_{ef}}{t}\right)^2 \qquad \text{(NA.4)}$$

Dabei ist

h_{ef} die Knicklänge nach 4.2.2.4;

a die Deckenauflagertiefe;

t die Dicke der Wand.

Der Traglastfaktor Φ_2 beinhaltet bereits die Auswirkungen einer ungewollten Ausmitte von $e = 0{,}05 \cdot t$ sowie Imperfektionen und Schiefstellungen.

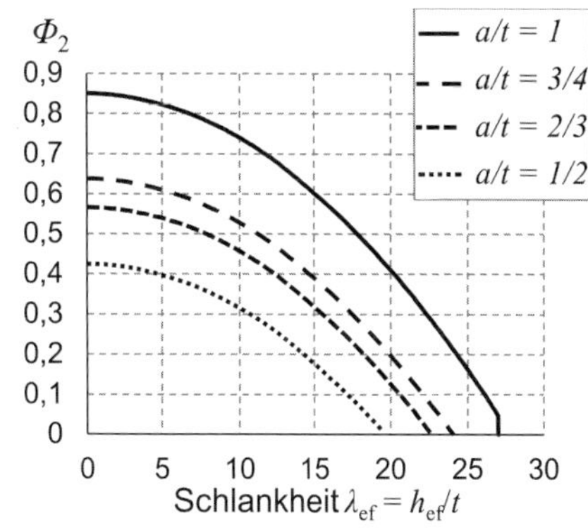

(NA.6) Maßgebend für die Bemessung ist der kleinere der Werte Φ_1 und Φ_2.

Diese Regelung liegt nur vor dem Hintergrund auf der sicheren Seite, dass für den Nachweis die maximale innerhalb der Wand auftretende Normalkraft N_{Ed} der kleinsten aufnehmbaren N_{Rd} gegenübergestellt wird: $\max N_{Ed} \leq \min N_{Rd}$. In aller Regel liefert Gl. (NA.4) den kleineren Traglastfaktor.

Ein genauerer Nachweis an der jeweiligen Bemessungsstelle (Wandkopf, Wandmitte, Wandfuß) mit der jeweiligen einwirkenden Normalkraft N_{Ed} sowie dem zugehörigen Traglastfaktor Φ ist selbstverständlich zulässig.

(NA.7) Es ist vorausgesetzt, dass in halber Geschosshöhe nur Biegemomente aus der Deckeneinspannung und aus Windlasten auftreten.

Sobald innerhalb der Wandhöhe größere Lasten exzentrisch angreifen, die Biegemomente erzeugen (z. B. größere Konsollasten infolge Kranbahnen, Tresoren, ...), ist der Nachweis nach dem genaueren Nachweisverfahren von DIN EN 19961-1/NA [E16] zu führen.

4.2.2.4 Knicklänge von Wänden

...Auslassung...

Mit NCI zu DIN EN 1996-1-1/NA [E16], Abs. 3.1.1 (NA.5) werden die in Deutschland normativ geregelten Steine für tragendes Mauerwerk erfasst, weshalb für die Knicklängerermittlung die deutschen Regelungen nach Abs. (NA.3) bis (NA.8) anzuwenden sind. Dementsprechend sind die für Deutschland irrelevanten europäischen Regelungen ausgelassen.

(NA.3) Für Vollsteine und Lochsteine nach DIN EN 1996-1-1/NA:2019-12, NCI zu 3.1.1, NA.5 gilt:

Bei flächig aufgelagerten Decken, z. B. massiven Plattendecken oder Rippendecken mit lastverteilenden Auflagerbalken, darf bei 2-seitig gehaltenen Wänden die Einspannung der Wand in den Decken auch durch die folgende Abminderung der Knicklänge berücksichtigt werden. Es gilt:

$$h_{ef} = \rho_2 \cdot h \qquad \text{(NA.5)}$$

Dabei ist

h_{ef} die Knicklänge;

ρ_2 der Abminderungsfaktor der Knicklänge nach den Absätzen (NA.8) und (NA.9);

h die lichte Geschosshöhe.

(NA.4) Für die Berechnung der Knicklänge von mehrseitig gehaltenen Mauerwerkswänden gilt:

Für 3-seitig gehaltene Wände:

$$h_{ef} = \frac{1}{1 + \left(\alpha_3 \cdot \frac{\rho_2 \cdot h}{3 \cdot b'} \right)^2} \cdot \rho_2 \cdot h \geq 0,3 \cdot h \qquad \text{(NA.6)}$$

Für 4-seitig gehaltene Wände:

$$h_{ef} = \frac{1}{1 + \left(\alpha_4 \cdot \frac{\rho_2 \cdot h}{b} \right)^2} \cdot \rho_2 \cdot h \quad \text{für } \alpha_4 \cdot \frac{h}{b} \leq 1 \qquad \text{(NA.7)}$$

$$h_{ef} = \frac{b}{2 \cdot \alpha_4} \quad \text{für } \alpha_4 \cdot \frac{h}{b} > 1 \qquad \text{(NA.8)}$$

Bei planmäßig verminderten Überbindemaßen ist bei 3- und 4-seitig gehaltenen Wänden aufgrund der verringerten Lastabtragung in horizontaler Richtung eine Vergrößerung der Knicklänge erforderlich. Dies geschieht durch die in Deutschland eingeführten Anpassungsfaktoren α_3 und α_4 (siehe Tabelle NA.3 bzw. [15]).

Dabei ist

α_3, α_4 die Anpassungsfaktoren nach Absatz (NA.5) und (NA.6);

ρ_2 der Abminderungsfaktor der Knicklänge nach (NA.8) und (NA.9);

b, b' der Abstand des freien Randes von der Mitte der haltenden Wand, bzw. Mittenabstand der haltenden Wände nach Bild NA.2;

h_{ef} die Knicklänge;

h die lichte Geschosshöhe.

(NA.5) Für Mauerwerk mit einem planmäßigen Überbindemaß $l_{ol}/h_u \geq 0{,}4$ sind die Anpassungsfaktoren α_3 und α_4 gleich 1,0 zu setzen.

(NA.6) Für Elementmauerwerk mit einem planmäßigen Überbindemaß $0{,}2 \leq l_{ol}/h_u < 0{,}4$ sind die Anpassungsfaktoren Tabelle NA.3 zu entnehmen.

Tabelle NA.3 — Anpassungsfaktoren α_3, α_4 zur Abschätzung der Knicklänge von Wänden aus Elementmauerwerk mit einem Überbindemaß $0{,}2 \leq l_{ol}/h_u < 0{,}4$

Steingeometrie h_u/l_u	**0,5**	**0,625**	**1**	**2**
3-seitige Lagerung α_3	1,0	0,90	0,83	0,75
4-seitige Lagerung α_4	1,0	0,75	0,67	0,60

(NA.7) Ist $b > 30\,t$ bei vierseitig gehaltenen Wänden, bzw. $b' > 15\,t$ bei dreiseitig gehaltenen Wänden, so darf keine seitliche Halterung angesetzt werden. Diese Wände sind wie zweiseitig gehaltene Wände zu behandeln. Hierbei ist t die Dicke der gehaltenen Wand. Ist die Wand im Bereich des mittleren Drittels der Wandhöhe durch vertikale Schlitze oder Aussparungen geschwächt, so ist für t die Restwanddicke einzusetzen oder ein freier Rand anzunehmen. Unabhängig von der Lage eines vertikalen Schlitzes oder einer Aussparung ist an ihrer Stelle ein freier Rand anzunehmen, wenn die Restwanddicke kleiner als die halbe Wanddicke oder kleiner als 115 mm ist.

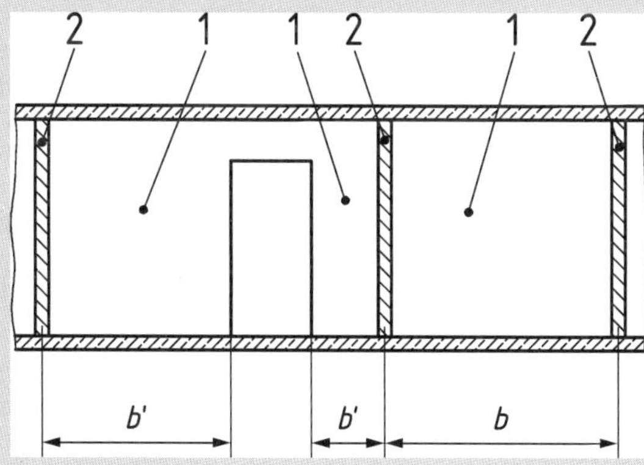

Legende
1 gehaltene Wand
2 aussteifende Wände

Bild NA.2 — Darstellung der Größen b' und b für drei- und vierseitig gehaltene Wände

Die Wandlänge wird nach DIN EN 1996-3/NA [E19] abweichend zu DIN EN 1996-1-1/NA [E16] mit b bzw. b' bezeichnet.

(NA.8) Sind die Voraussetzungen zur Anwendung des vereinfachten Nachweisverfahrens nach 4.2.1.1 eingehalten, gilt statt Absatz (2) vereinfacht:

ρ_2 = 0,75 für Wanddicken $t \le$ 175 mm;

ρ_2 = 0,90 für Wanddicken 175 mm < $t \le$ 250 mm;

ρ_2 = 1,00 für Wanddicken t > 250 mm.

(NA.9) Eine Abminderung der Knicklänge mit ρ_2 < 1,0 ist jedoch nur zulässig, wenn folgende erforderliche Auflagertiefen a gegeben sind:

$t \ge$ 240 mm $a \ge$ 175 mm;

t < 240 mm $a = t$.

Zur einfacheren Anwendung wurden (NA.8) und (NA.9) in tabellarischer Form kombiniert:

Wanddicke t mm	Auflagertiefe a mm	Abminderungsfaktor ρ_2
≤ 175	$a = t$	0,75
175 < t < 240	$a = t$	0,90
240 ≤ t ≤ 250	$a \ge$ 175	0,90
> 250	-	1,00

4.2.2.5 Schlankheit von Wänden

(1) Die Schlankheit einer Wand h_{ef}/t_{ef} darf nicht größer sein als 27.

Gemäß NDP zu Abs. 4.2.2.3 (1) gilt in Deutschland stets $t_{ef} = t$.

4.3 Vereinfachte Berechnungsmethode für Wände unter Einzellasten

(1) ...Auslassung...

(NA.2) Für Vollsteine nach DIN EN 1996-1-1/NA:2019-12, NCI zu 3.1.1, NA.5, gilt DIN EN 1996-1-1:2013-02, 6.1.3, mit dem zugehörigen NA.

(NA.3) Wenn eine Lastverteilung von 60° entsprechend DIN EN 1996-1-1:2013-02, 6.1.3 (6) nicht eingehalten ist, darf die Erhöhung der Teilfächenbelastung nach 6.1.3 nicht angesetzt werden.

Die in DIN EN 1996-3 [E8] angegebenen Beziehungen zur Bestimmung der mehrachsigen Festigkeit des Mauerwerks unter Einzellasten gelten in Deutschland nicht. Diesbezüglich wird auf DIN EN 1996-1-1/NA [E16], Abschnitt 6.1.3 verwiesen.

4.4 Vereinfachte Berechnungsmethode für Wandscheiben

...Auslassung...

(NA.3) Es gilt NDP zu 4.1(1)P.

In DIN EN 1996-3 [E8] wird in diesem Abschnitt ein vereinfachtes Verfahren zur Querkraftbemessung von Wandscheiben angegeben. In Deutschland ist dieses Kapitel nicht erforderlich, da bei Anwendung der vereinfachten Berechnungsmethoden in aller Regel kein Nachweis der Querkrafttragfähigkeit erforderlich ist (s. Erläuterungen zu 4.1). Muss ein Querkraftnachweis im Rahmen einer Aussteifungsberechnung geführt werden, ist dieser nach DIN EN 1996-1-1/NA [E16] zu führen.

Verweis auf die Regelung, dass bei definierten Randbedingungen kein rechnerischer Nachweis der Aussteifung erforderlich ist.

4.5 Vereinfachte Berechnungsmethode für Kellerwände, die durch horizontalen Erddruck beansprucht werden

(1) Die folgende vereinfachte Methode darf für die Bemessung von Kellerwänden, die durch horizontalen Erddruck beansprucht sind, angewendet werden, wenn die folgenden Bedingungen eingehalten sind:

– die lichte Höhe der Kellerwand ist $h \le$ 2,6 m ...Auslassung...

(NA.7) Die vereinfachte Berechnungsmethode ...Auslassung... gilt nur für Wanddicken $t \ge$ 240 mm.

– die Kellerdecke wirkt als aussteifende Scheibe und kann die aus dem Erddruck resultierenden Kräfte aufnehmen;

– die charakteristische Verkehrslast auf der Geländeoberfläche im Einflussbereich des Erddrucks auf die Kellerwand ist nicht größer als 5 kN/m² und es ist keine Einzellast von mehr als 15 kN im Abstand von weniger als 1,5 m zur Wand vorhanden, siehe Bild 4.8;

Zur Verbesserung der Lesbarkeit wurde die nach Absatz (NA.7) in Deutschland erforderliche Mindestwanddicke von $t \ge$ 240 mm für Kellerwände bereits an dieser Stelle ergänzt.

- die Geländeoberfläche steigt ausgehend von der Wand nicht an ...Auslassung...

(NA.4) Die Anschütthöhe h_e darf höchstens 1,15 h betragen.

- es wirkt kein hydrostatischer Druck auf die Wand;
- es ist entweder keine Gleitfläche, z. B. infolge einer Feuchtigkeitssperrschicht, vorhanden oder es sollten Maßnahmen ergriffen werden, um die Schubkraft aufnehmen zu können.

ANMERKUNG Für den Nachweis der Schubkraft infolge Erddruck wird ein Reibungsbeiwert von 0,6 zu Grunde gelegt.

ANMERKUNG 2 Der vereinfachten Berechnungsmethode wurde ein Erddruckbeiwert von ≤ 1/3 zugrunde gelegt.

ANMERKUNG 3 Wenn die Feuchtesperrschicht entsprechend DIN EN 1996-1-1/NA:2019-12, NCI zu 3.8.1, ausgeführt ist, darf der Einfluss der Feuchtesperrschichten vernachlässigt werden.

Zur Verbesserung der Lesbarkeit wurde die nach Absatz (NA.4) für Deutschland gültige Begrenzung der Anschütthöhe auf $h_e \leq 1{,}15 \cdot h$ bereits an dieser Stelle ergänzt.

In DIN EN 1996-2/NA [E7] werden im Anhang E folgende Bestimmungen für die Ausführung von Kellerwänden angegeben:

Die waagerechte Abdichtung (Querschnittsabdichtung) in oder unter Wänden muss aus

- besandeter Bitumendachbahn R500 nach DIN EN 14967 [R43] in Verbindung mit DIN SPEC 20000-202 [R45];
- mineralischer Dichtungsschlämme nach DIN 18533-3 [R19]; oder
- Material mit mindestens gleichwertigem Reibungsverhalten

bestehen.

Nach dem vereinfachten Nachweisverfahren ist kein Nachweis der Querkrafttragfähigkeit in Plattenrichtung erforderlich. Bei Einhaltung der Gln. (4.11) und (4.12) ist für Kellerwände hinreichende Querkrafttragfähigkeit gewährleistet.

Der Nachweis nach Gl. (4.12) unterstellt die Wirkung eines aktiven Erddrucks. Bei erhöhten Erddruckbeiwerten kann auch das Verfahren nach DIN EN 1996-1-1/NA [E16] angewendet werden.

Darüber hinaus ist in [8] bzw. [13] (s. auch [27]) eine modifizierte Nachweisgleichung enthalten, welche die Berücksichtigung höherer Erddrücke ermöglicht und gleichzeitig auch für lichte Kellerwandhöhen bis h = 3,0 m gilt. Die Nachweisgleichung ist in der Hinweisspalte von DIN EN 1996-1-1/NA [E16], Abs. 6.3.4 enthalten.

(2) Die Bemessung der Wand darf je nach Fall auf der Grundlage der folgenden Beziehungen erfolgen:

$$N_{\mathrm{Ed,max}} \le \frac{t\, b\, f_{\mathrm{d}}}{3} \qquad (4.11)$$

$$N_{\mathrm{Ed,min}} \ge \frac{\gamma_{\mathrm{e}}\, b\, h\, h_{\mathrm{e}}^2}{\beta\, t} \qquad (4.12)$$

Dabei ist

$N_{\mathrm{Ed,max}}$ der Bemessungswert der größten vertikalen Belastung der Wand in halber Höhe der Anschüttung;

$N_{\mathrm{Ed,min}}$ der Bemessungswert der kleinsten vertikalen Belastung der Wand in halber Höhe der Anschüttung;

b die Breite der Wand;

f_{d} der Bemessungswert der Druckfestigkeit des Mauerwerks;

h die lichte Höhe der Kellerwand;

h_{e} die Höhe der Anschüttung;

t die Wanddicke;

Es sind die Fälle minimale und maximale Auflast zu unterscheiden. Die Begrenzung der maximalen Normalkraft $N_{\mathrm{Ed,max}}$ unterstellt eine Lastausmitte von $e/t \le 1/3$.

Für die Bestimmung von $N_{\mathrm{Ed,min}}$ ist der Zeitpunkt der Hinterfüllung zu beachten. Es dürfen beim Nachweis nur vertikale Auflasten berücksichtigt werden, welche zum Zeitpunkt der Verfüllung bereits vorhanden sind.

β = 20 für $b_{\mathrm{c}} \ge 2\,h$

= 60 - 20 b_{c} / h für $h < b_{\mathrm{c}} < 2\,h$

= 40 für $b_{\mathrm{c}} \le h$

mit b_{c} der Abstand zwischen aussteifenden Querwänden oder anderen aussteifenden Elementen;

γ_{e} die Wichte der Anschüttung.

Für die Reduzierung der erforderlichen Auflast $N_{\mathrm{Ed,min}}$ infolge eines horizontalen Lastabtrags (β > 20) muss das Mauerwerk eine ausreichend große Druckfestigkeit parallel zur Lagerfuge aufweisen. Dementsprechend sollten die Stoßfugen vermörtelt werden.

Bei Mauerwerk mit verminderten Überbindemaß ist (NA.5) zu beachten.

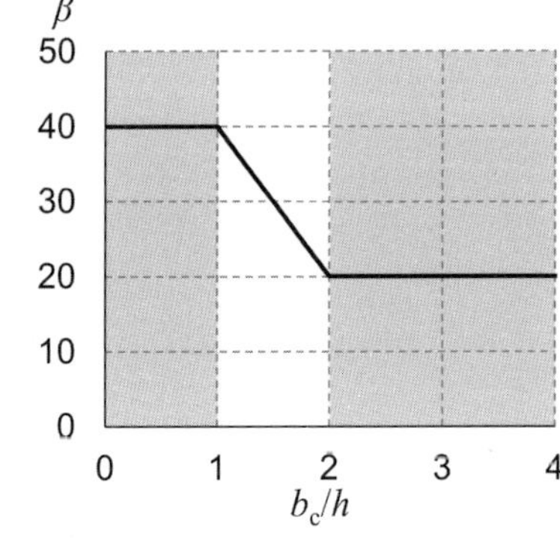

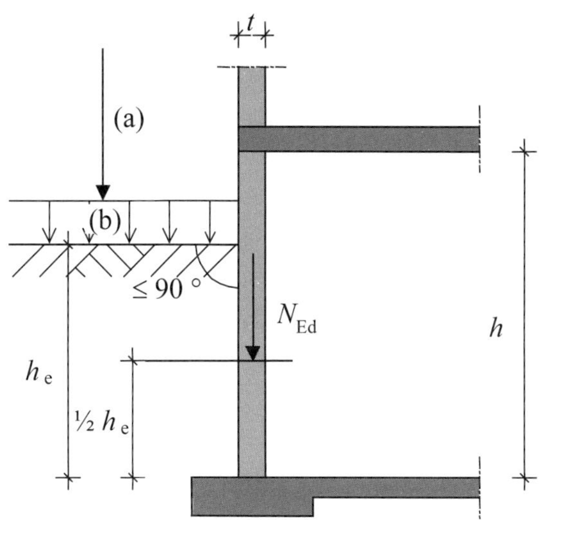

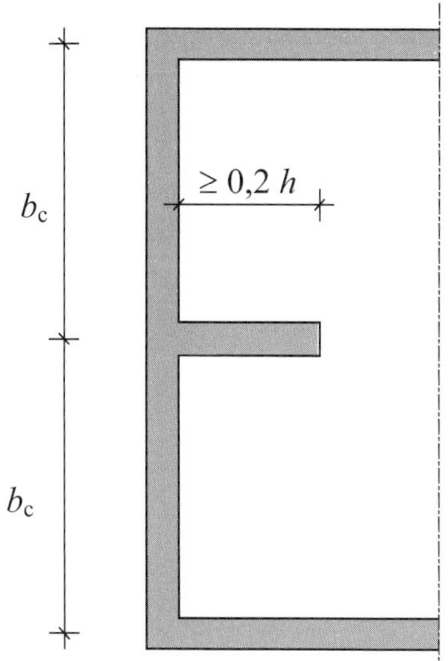

Legende

(a) Keine Einzellast ≥ 15 kN näher als 1,5 m an der Wand, gemessen in horizontaler Richtung

(b) Charakteristische Verkehrslast auf der Geländeoberfläche ≤ 5 kN/m^2

Bild 4.8 — Variablen für Kellerwände in Schnitt und Grundriss

(NA.3) Den Gleichungen (4.11) und (4.12) liegt der Ansatz des aktiven Erddruckes zugrunde. Für die Verfüllung und Verdichtung des Arbeitsraumes sind die Vorgaben aus DIN EN 1996-2/NA:2012-01, Anhang NA.E (3) einzuhalten. Wenn andere Verdichtungsarten oder Erdstoffe zum Einsatz kommen, wird auf DIN EN 1996-1-1 verwiesen.

In DIN EN 1996-2/NA [E7], Anhang E werden Bedingungen für die Verfüllung und Verdichtung des Arbeitsraumes mit nichtbindigen Böden nach DIN 1054 [R4] angegeben. Weiterhin dürfen nur Rüttelplatten oder Stampfer mit folgenden Eigenschaften zum Einsatz kommen:

- Breite des Verdichtungsgerätes ≤ 50 cm
- einer Wirktiefe von maximal 35 cm
- Gewicht von 100 kg, bzw. Zentrifugalkräfte ≤ 15 kN

(NA.4) Die Anschütthöhe h_e darf höchstens 1,15 · h betragen.

Gerade in Terrassenbereichen ist bei praxisüblicher Bauweise eine Anschütthöhe bis zur Oberkante der Kellerdecke erforderlich. Daher wird durch den Nationalen Anhang eine maximale Anschütthöhe h_e = 1,15 · h gestattet.

(NA.5) In Gleichung (4.12) ist bei Elementmauerwerk mit einem Überbindemaß 0,2 $h_u \leq l_{ol} <$ 0,4 h_u generell β = 20 einzusetzen.

Bei Überbindemaßen 0,2 $h_u \leq l_{ol} <$ 0,4 h_u ist eine horizontale Bogentragwirkung nur in geringem Umfang vorhanden. Daher sollte bei derartigem Mauerwerk nur ein Lastabtrag in vertikaler Richtung angesetzt werden.

(NA.6) DIN EN 1996-2/NA: 2012-01, Anhang NA.E, regelt die Ausführung von Kellerwänden.

(NA.7) Die vereinfachte Berechnungsmethode nach DIN EN 1996-3:2010-12, 4.5 gilt nur für Wanddicken $t \geq$ 240 mm.

Die Bedingungen zur Ausführung (s. auch (NA.3)) sind bei Berücksichtigung des aktiven Erddrucks nach Gl. (4.12) zwingend einzuhalten.

4.6 Vereinfachte Berechnungsmethode für begrenzt horizontal, aber nicht vertikal beanspruchte Wände

(1) Eine vereinfachte Berechnungsmethode zur Bestimmung der Mindestdicke und der Grenzabmessungen von vertikal außer dem Eigengewicht nicht beanspruchten Innenwänden unter bestimmten Bedingungen in Abhängigkeit der seitlichen Halterung ist in Anhang B für Wände mit begrenzter horizontaler Belastung angegeben.

Es ist zu beachten, dass die hier enthaltene vereinfachte Berechnungsmethode nur für den Einbaubereich 1 (Bereiche mit geringer Menschenansammlung, z. B. Wohnungen, Hotel-, Büro-, Krankenräume und ähnlich genutzte Räume einschließlich der Flure) gilt.

Gegenüber der in Deutschland ebenfalls gültigen DIN 4103 [R9] ist die hier enthaltene Methode nur für Wanddicken $t \geq 115$ mm gültig.
Für die Bemessung nichttragender Innenwände im Einbaubereich 2 sowie kleinerer Wanddicken im Einbaubereich 1 ist weiterhin die nationale Vorschrift DIN 4103 [R9] anzuwenden.

4.7 Vereinfachte Berechnungsmethode für gleichmäßig horizontal, aber nicht vertikal beanspruchte Wände

(1) Wände, die durch gleichmäßig verteilte horizontale Lasten beansprucht werden, dürfen mit einer vereinfachten Methode bemessen werden.

ANMERKUNG Eine vereinfachte Berechnungsmethode zur Bestimmung der Mindestdicke und der Grenzwerte der Maße von vertikal außer dem Eigengewicht nicht beanspruchten Wänden in Abhängigkeit der seitlichen Halterung ist in Anhang NA.C für Wände mit gleichmäßig verteilter horizontaler Bemessungslast angegeben.

Abschnitt 4.7 von DIN EN 1996-3/NA [E19] regelt den vereinfachten Nachweis von Ausfachungswänden. Der nach DIN EN 1996-3 informative Anhang C wurde für Deutschland modifiziert und als normativer Anhang NA.C übernommen.

Anhang A (normativ)
Vereinfachte Berechnungsmethode für unbewehrte Mauerwerkswände bei Gebäuden mit höchstens drei Geschossen

Der informative Anhang A wird mit Ausnahme von A.3 als normativer Anhang übernommen. Anhang A.3 gilt in Deutschland nicht.

A.1 Allgemeine Anwendungsbedingungen

(1) Die in diesem Anhang angegebene vereinfachte Berechnungsmethode darf bei Gebäuden angewendet werden, wenn die folgenden Bedingungen eingehalten sind:

Diese in Absatz 1 genannten Bedingungen sind zusätzlich zu den in Abschnitt 4.2.1.1 genannten Anwendungsbedingungen einzuhalten.

- das Gebäude hat nicht mehr als drei Geschosse über Geländehöhe;
- die Wände sind rechtwinklig zur Wandebene durch die Decken und das Dach in horizontaler Richtung gehalten, und zwar entweder durch die Decken und das Dach selbst oder durch geeignete Konstruktionen, z. B. Ringbalken mit ausreichender Steifigkeit;
- die Auflagertiefe der Decken und des Daches auf der Wand beträgt mindestens 2/3 der Wanddicke ...Auslassung...;

Da teilaufliegende Decken bei Bemessung nach Anhang A erst ab Wanddicken $t \geq 36{,}5$ cm ausgeführt werden dürfen (vgl. NCI zu Anhang A.2), beträgt die Mindestauflagertiefe $a_{\min} = 240$ mm. Der im Originaltext enthaltene Mindestwert von 85 mm ist damit nichtig.

- die lichte Geschosshöhe ist nicht größer als 3,0 m;

Infolge der Anwendungsbedingungen nach Tabelle NA.2 in Abschnitt 4.2.1.1 ist in bestimmten Fällen die maximal zulässige lichte Geschosshöhe auf $h = 2{,}75$ m begrenzt.

- die kleinste Gebäudeabmessung im Grundriss beträgt mindestens 1/3 der Gebäudehöhe;
- die charakteristischen Werte der veränderlichen Einwirkungen auf den Decken und dem Dach sind nicht größer als 5,0 kN/m²;

In Anlehnung an Tabelle NA.2 gilt der Wert einschließlich Zuschlag für nichttragende innere Trennwände

- die größte lichte Spannweite der Decken beträgt 6,0 m;

Nach den Anwendungsbedingungen in Abschnitt 4.2.1.1 gilt diese Spannweitenbegrenzung bei zweiachsig gespannten Decken nur für die kürzere der beiden Stützweiten.

- die größte lichte Spannweite des Daches beträgt 6,0 m, ausgenommen Leichtgewichts-Dachkonstruktionen, bei denen die Spannweite 12,0 m nicht überschreiten darf.
- das Verhältnis h_{ef}/t_{ef} von Innen- und Außenwänden ist nicht größer als 21;

Dabei ist

h_{ef} die Knicklänge der Wand nach 4.2.2.4;

t_{ef} die effektive Wanddicke nach 4.2.2.3.

Gemäß NDP zu Abs. 4.2.2.3 (1) gilt in Deutschland für die effektive Wanddicke stets $t_{ef} = t$ mit t als Wandstärke der Tragschale.

Verlagsanmerkung

Im Anhang A.2 ist der Normentext nicht durchgängig im originalen Wortlaut dargestellt. Seitens der Autoren wurden zum leichteren Verständnis Textausschnitte teilweise neu konsolidiert sowie der Traglastfaktor mit Φ anstelle c_A bezeichnet.

A.2 Bemessungswert des vertikalen Tragwiderstands einer Wand

(1) Der Bemessungswert des vertikalen Tragwiderstands N_{Rd} darf ermittelt werden aus:

$$N_{\text{Rd}} = \Phi f_{\text{d}} A \qquad \text{(A.1)}$$

Dabei ist

Φ = 0,50 für $h_{\text{ef}}/t_{\text{ef}} \leq 18$

Φ = 0,40 für $h_{\text{ef}}/t_{\text{ef}} \leq 18$ und $f_{\text{k}} < 1{,}8$ N/mm² und gleichzeitig $l_{\text{ef}} > 5{,}5$ m

= 0,33 für $18 < h_{\text{ef}}/t_{\text{ef}} \leq 21$;

f_{d} der Bemessungswert der Druckfestigkeit des Mauerwerks;

A die belastete Bruttoquerschnittsfläche der Wand ohne Öffnungen.

Der Abschnitt A.2 wurde national modifiziert. Der besseren Lesbarkeit halber werden die Regelungen nachfolgend konsolidiert dargestellt.

Im originalen Normentext von DIN EN 1996-3 [E8] wird der Traglastfaktor in diesem Anhang mit c_A bezeichnet. Zur Vereinheitlichung der Bezeichnung wird nebenstehend der Buchstabe Φ für den Traglastfaktor verwendet.

Der Traglastfaktor nach Anhang A.2 resultiert bei voll aufliegender Decke gegenüber den Regelungen nach Abs. 4.2.2.3 stets in geringer Tragfähigkeiten:

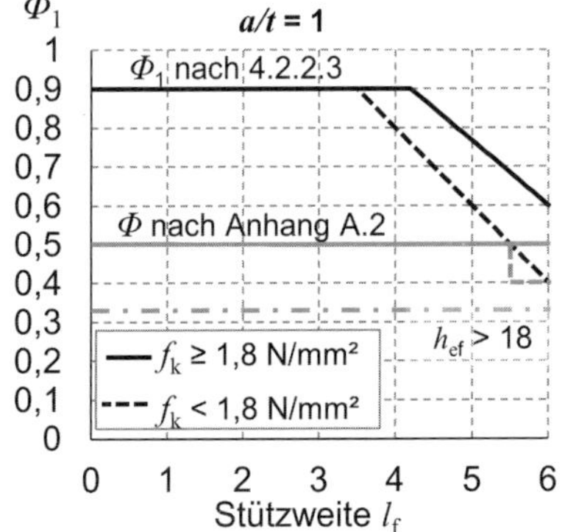

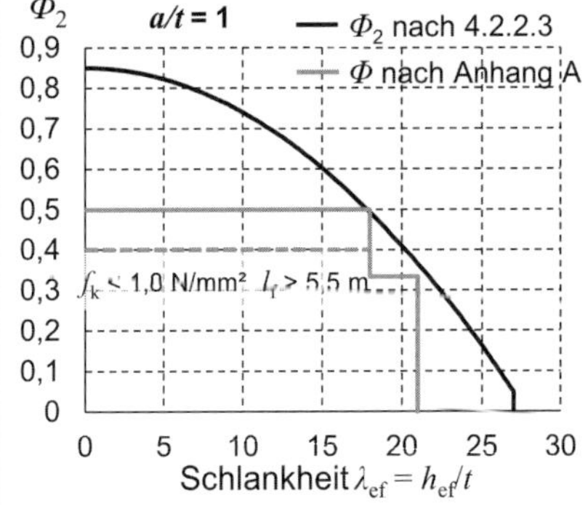

Bei Wänden als Endauflager im obersten Geschoss, insbesondere bei Dachdecken, gilt bei Anwendung von DIN EN 1996-3:2010-12, Anhang A.2 (1) für den Traglastfaktor in Gleichung (A.1) einheitlich:

Φ = 0,33

Bei Wänden mit teilaufliegenden Decken und

- $f_k \geq 1{,}8$ N/mm² und einer Deckenstützweite > 5 m oder
- $f_k < 1{,}8$ N/mm² und einer Deckenstützweite > 4 m sowie

generell bei Wänden als Endauflager im obersten Geschoss, insbesondere unter Dachdecken, sind die Werte für Φ mit a/t zu multiplizieren.

Bei teilaufliegender Decke ist bei Stützweiten größer 5 m bzw. größer 4 m eine Abminderung des Traglastfaktors erforderlich, um gegenüber Abschnitt 4.2.2.3 konservative Ergebnisse zu erhalten:

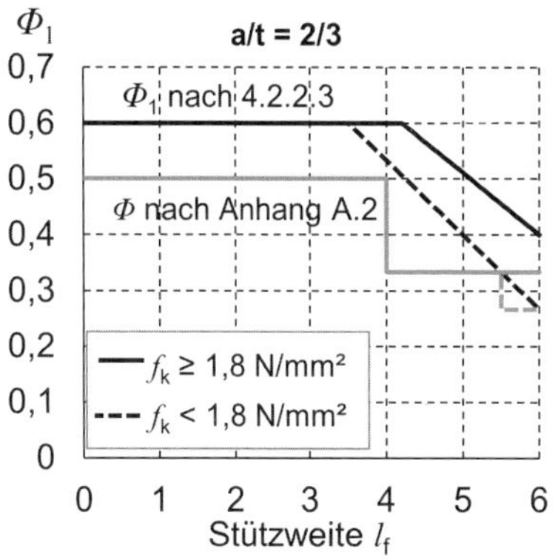

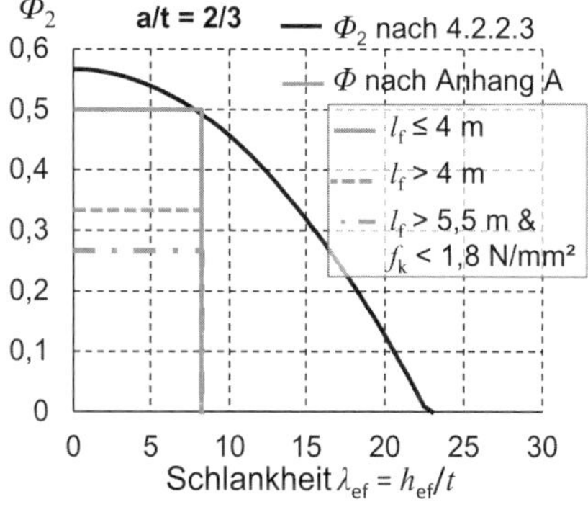

Bei teilaufliegenden Decken muss bei Anwendung des Nachweisverfahrens nach DIN EN 1996-3:2010-12, Anhang A die Wanddicke t mindestens 36,5 cm betragen.

Bei teilaufliegenden Decken ist in der Praxis durch die Mindestwanddicke $t \geq 365$ mm sowie die Begrenzung der maximalen lichten Geschosshöhe auf $h \leq 3{,}00$ m die Schlankheit auf $hef/t \leq 8{,}2$ begrenzt. Damit ergibt sich – außer bei Wänden unter Dachdecken bzw. bei Stützweiten > 4 m – bei teilaufliegenden Decken stets ein Traglastfaktor von $\Phi = 0{,}50$.

A.3 Wandscheiben ohne Nachweis der Windlastaufnahme

...Auslassung...

Die Anwendung dieses Teils des Anhangs A ist in Deutschland ausgeschlossen.

Anhang B (normativ)
Vereinfachte Berechnungsmethode für vertikal nicht beanspruchte Innenwände mit begrenzter horizontaler Belastung

Der normative Anhang B bezieht sich auf Bereiche mit geringer Menschenansammlung, in denen eine horizontale Nutzlast von 0,5 kN/m nach DIN EN 1991-1-1/NA:2010-12, Tabelle 6.12 DE, Zeile 1 nicht überschritten wird, vorausgesetzt, dass Vollsteine und Lochsteine nach DIN EN 1996-1-1/NA:2019-12, NCI zu 3.1.1, (NA.5) zur Anwendung kommen.

Die in Anhang B enthaltene vereinfachte Berechnungsmethode gilt nur für den Einbaubereich 1 (geringe Menschenansammlungen).
Im Gegensatz zu der in Deutschland parallel gültigen DIN 4103 [R9] gilt die in DIN EN 1996-3 [E19] enthaltene Methode nur für Wanddicken $t \geq 115$ mm.

(1) Die Anwendung der in diesem Anhang angegebenen Regeln ist abhängig von den folgenden einzuhaltenden Anforderungen an die Maße und die Ausführung:

- die lichte Höhe (h) der Wand ist nicht größer als 6,0 m;
- die lichte Länge (l) der Wand zwischen den seitlichen Halterungen ist nicht größer als 12,0 m;
- die Wanddicke, ohne Berücksichtigung des Putzes, ist nicht kleiner als 50 mm;
- die Mauersteine, die zur Herstellung der Wand verwendet werden, dürfen allen in DIN EN 1996-1-1:2013-02 genannten Steinen der Gruppen 1, 2, 3 und 4 entsprechen.

In Deutschland werden vorzugsweise die aus [24] oder [D3] bekannten Tabellen zu Bestimmung zulässiger Trennwandflächen verwendet. Diese enthalten auch Regelungen für den Einbaubereich 2 mit größeren Menschenansammlungen.

In Deutschland sind nur Mauersteine der Gruppe 1 zulässig.

ANMERKUNG Seitliche Halterungen am oberen Rand, an den Seiten oder am oberen und an den seitlichen Rändern müssen zeitabhängige Verformungen der angeschlossenen Bauwerksteile (z. B. Durchbiegung infolge Kriechen einer Betondecke) aufnehmen können und entsprechend bemessen und ausgeführt werden.

(2) Die in diesem Anhang angegebenen Regeln gelten nur dann, wenn:

- die Wand innerhalb eines Gebäudes angeordnet ist;
- die Außenfassade des Gebäudes nicht durch eine große Tür oder ähnliche Öffnungen durchbrochen ist;
- die horizontale Beanspruchung der Wand auf Lasten durch Personen und Kleinmöbel in Bereichen mit geringer Menschenansammlung begrenzt ist (z. B. Räume und Flure in Wohnungen, Büros, Hotels und ähnlich genutzten Gebäuden);
- die Wand außer ihrem Eigengewicht keiner weiteren ständigen oder zeitweise auftretenden veränderlichen Belastung (einschließlich Windbelastung) ausgesetzt ist;
- die Wand nicht als Auflager schwerer Gegenstände, wie z. B. Möbel, Sanitär- oder Heizungsanlagen, verwendet wird;
- die Stabilität der Wand nicht durch Verformungen anderer Teile des Gebäudes (z. B. durch die Durchbiegung von Decken) oder durch Betriebsabläufe im Gebäude ungünstig beeinflusst wird;
- die Auswirkung von Türen oder anderen Öffnungen in der Wand berücksichtigt wird (siehe (4) bezüglich einer Methode zur Bemessung von Wänden mit Öffnungen);
- die Auswirkung von Schlitzen in der Wand berücksichtigt wird.

(3) Die Mindestdicke und die Grenzabmessungen der Wand dürfen nach Bild B.1 für die folgenden Ausführungen der seitlichen Halterung der Wand bestimmt werden:

- Typ a: Wände, die an allen vier Rändern gehalten sind;
- Typ b: Wände, die an allen Rändern, mit Ausnahme eines vertikalen Randes, gehalten sind;
- Typ c: Wände, die an allen Rändern, mit Ausnahme des oberen Randes, gehalten sind;
- Typ d: Wände, die nur am oberen und unteren Rand gehalten sind.

(4) Für Wände mit Öffnungen dürfen die Mindestdicke und die Grenzabmessungen ebenfalls nach Bild B.1 bestimmt werden, wenn der Wandtyp auf der Grundlage der Darstellungen in Bild B.2 abgeleitet wird.

Der Einfluss von Öffnungen in der Wand darf vernachlässigt werden, wenn:

- die Gesamtfläche der Öffnungen nicht größer als 2,5 % der Wandfläche ist

und

- die größte Fläche einer Einzelöffnung nicht größer als 0,1 m² und die Länge oder Breite einer Einzelöffnung nicht größer als 0,5 m ist.

(5) Wandtyp a mit Öffnung ist als Wandtyp b zu berücksichtigen, wobei l der größere Wert von l_1 und l_2 ist, siehe Bild B.2.

(6) Für Wandtyp c mit Öffnung ist dieser Anhang nicht anwendbar.

(7) Für Wandtyp d mit Öffnungen ist dieser Anhang für den linken, den mittleren und den rechten Teil der Wand anwendbar, wenn $l_3 \geq 2/3\ l$ und $l_3 \geq 2/3\ h$ ist, siehe Bild B.3.

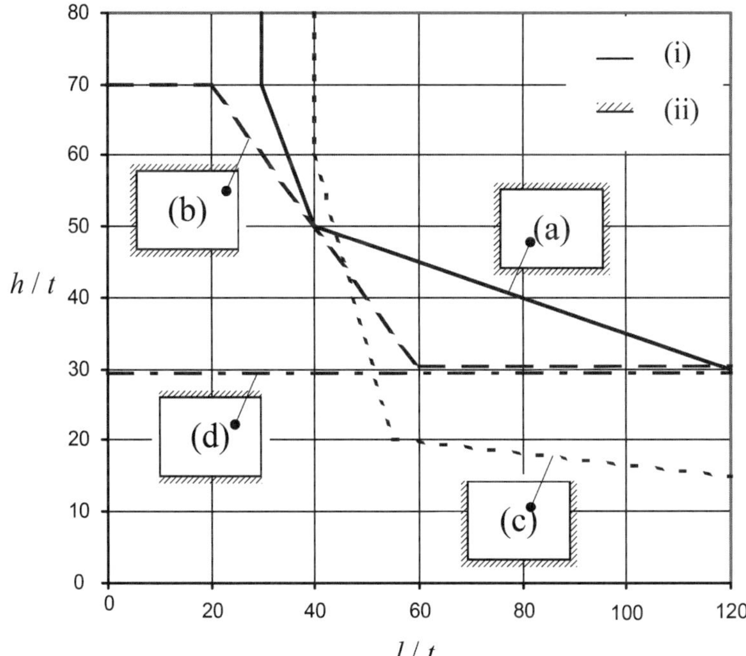

Legende

(i)	freier Rand	(a)	Wandtyp a
(ii)	gehaltener Rand	(b)	Wandtyp b
		(c)	Wandtyp c
		(d)	Wandtyp d

Bild B.1 — Mindestdicke und Grenzabmessungen von vertikal nicht beanspruchten Innenwänden mit begrenzter horizontaler Belastung

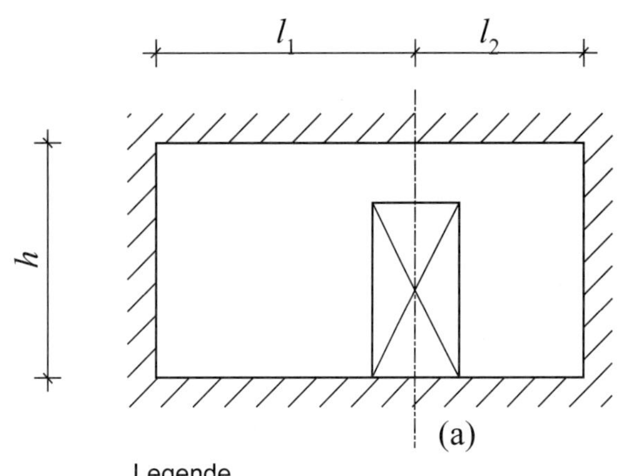

Legende
(a) Mittellinie der Öffnung

Bild B.2 — Wandtyp a mit einer Öffnung

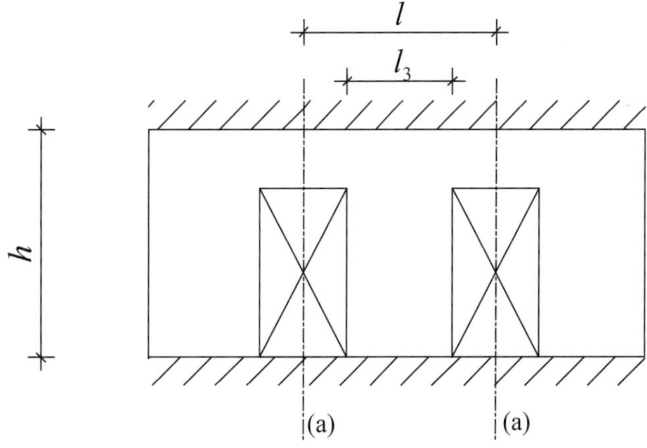

Legende
(a) Mittellinie der Öffnung

Bild B.3 — Wandtyp d mit Öffnungen

NCI Anhang NA.C (normativ) Vereinfachte Berechnungsmethode für vertikal nicht beanspruchte Wände mit gleichmäßig verteilter horizontaler Bemessungslast

Der informative Anhang C von DIN EN 1996-3 [E8] wird durch den normativen Anhang NA.C von DIN EN 1996-3/NA [E19] ersetzt.

(1) Bei vorwiegend windbelasteten nichttragenden Ausfachungswänden ist kein gesonderter Nachweis erforderlich, wenn:

a) die Wände vierseitig gehalten sind (z. B. durch Verzahnung, Versatz oder Anker), und

b) die Größe der Ausfachungsflächen $h_i \cdot l_i$ nach Tabelle NA.C.1 eingehalten ist, wobei h_i die Höhe und l_i die Länge der Ausfachungsfläche ist.

Tabelle NA.C.1 — Größte zulässige Werte der Ausfachungsfläche von nichttragenden Außenwänden ohne rechnerischen Nachweis

Wanddicke t mm	Größte zulässige Werte [a,b] der Ausfachungsfläche in m² bei einer Höhe über Gelände von			
	0 m bis 8 m		8 m bis 20 m [c]	
	$h_i/l_i = 1{,}0$	$h_i/l_i \geq 2{,}0$ oder $h_i/l_i \leq 0{,}5$	$h_i/l_i = 1{,}0$	$h_i/l_i \geq 2{,}0$ oder $h_i/l_i \leq 0{,}5$
115 [c,d]	12	8	–	–
150 [d]	12	8	8	5
175	20	14	13	9
240	36	25	23	16
≥ 300	50	33	35	23

[a] Bei Seitenverhältnissen $0{,}5 < h_i/l_i < 1{,}0$ und $1{,}0 < h_i/l_i < 2{,}0$ dürfen die größten zulässigen Werte der Ausfachungsflächen geradlinig interpoliert werden.

[b] Die angegebenen Werte gelten für Mauerwerk mindestens der Steindruckfestigkeitsklasse 4 mit Normalmauermörtel mindestens der Klasse M 5 und Dünnbettmörtel.

[c] In Windlastzone 4 nur im Binnenland zulässig.

[d] Bei Verwendung von Steinen der Festigkeitsklassen ≥ 12 dürfen die Werte dieser Zeile um 1/3 vergrößert werden.

(2) Die Anwendung dieses Anhanges für die Ermittlung der größten zulässigen Werte von Ausfachungsflächen ist bei Elementmauerwerk nur zulässig, wenn das Überbindemaß $\geq 0{,}4 \cdot h_u$ beträgt.

Diese Einschränkung ist erforderlich, da nur bei ausreichendem Überbindemaß ein nennenswerter Lastabtrag in horizontaler Richtung möglich ist.

Anhang D (normativ)
Vereinfachte Methode zur Bestimmung der charakteristischen Festigkeit von Mauerwerk

D.1 Charakteristische Druckfestigkeit

(1) Die charakteristische Druckfestigkeit f_k von Mauerwerk ist in Tabelle NA.D.1 bis Tabelle NA.D.10 angegeben.

ANMERKUNG DIN EN 998-2 gibt keine Begrenzung der Lagerfugendicke bei Verwendung von Dünnbettmörtel an. Die Werte für Dünnbettmörtel gelten für eine Dicke von 1 mm bis 3 mm.

(2) Die charakteristische Festigkeit für Verbandsmauerwerk mit Normalmauermörtel ist durch Multiplikation des Tabellenwertes mit 0,80 zu ermitteln. Verbandsmauerwerk ist Mauerwerk mit mehr als einem Stein in Richtung der Wanddicke.

Tabelle NA.D.1 — Charakteristische Druckfestigkeit f_k in N/mm² von Einsteinmauerwerk aus Hochlochziegeln mit Lochung A (HLzA), Lochung B (HLzB), Lochung E (HLzE)[a], Mauertafelziegeln T1 sowie Kalksand-Loch- und Hohlblocksteinen mit Normalmauermörtel

Steindruckfestigkeitsklasse	f_k N/mm²			
	M 2,5	M 5	M 10	M 20
4	2,1	2,4	2,9	---
6	2,7	3,1	3,7	---
8	3,1	3,9[a]	4,4[a]	---
10	3,5	4,5[a]	5,0[a]	5,6
12	3,9	5,0[a]	5,6[a]	6,3
16	4,6	5,9[a]	6,6[a]	7,4
20	5,3	6,7[a]	7,5[a]	8,4
28	5,3	6,7	9,2	10,3
36	5,3	6,7	10,6	11,9
48	5,3	6,7	12,5	14,1
60	5,3	6,7	14,3	16,0

[a] Hochlochziegel mit Lochung E (HLzE) nur bei Druckfestigkeitsklassen 8 bis 20 und Mörtelklassen M 5 und M 10.

Anhang D von DIN EN 1996-3 [E8] enthält die bei der vereinfachten Berechnung zu verwendenden Mauerwerksfestigkeiten. Diese sind national festlegbar. Dementsprechend ist der gesamte Inhalt des Anhangs D als NDP vorgesehen.

Die angegebenen Werte entsprechen in Deutschland mit geringfügigen „Rundungsabweichungen“ den sich nach DIN EN 1996-1-1/NA [E16], Abs. 3.6.1.2 ergebenden charakteristischen Druckfestigkeiten.

Bei Dünnbettmörtel ergibt sich die vorhandene Lagerfugendicke im Wesentlichen aus der Körngröße der Sandfraktion.

Tabelle NA.D.2 — Charakteristische Druckfestigkeit f_k in N/mm² von Einsteinmauerwerk aus Hochlochziegeln mit Lochung W (HLzW), Mauertafelziegeln (T2, T3 und T4) sowie Langlochziegeln (LLz) mit Normalmauermörtel

Steindruck-festigkeits-klasse	f_k N/mm²			
	M 2,5	**M 5**	**M 10**	**M 20**
4	1,7	2,0	2,3	2,6
6	2,2	2,5	2,9	3,3
8	2,5	3,2	3,5	4,0
10	2,8	3,6	4,0	4,5
12	3,1	4,0	4,5	5,0
16	3,7 (3,1)	4,7 (4,0)	5,3 (4,5)	5,9 (5,0)
20	4,2 (3,1)	5,4 (4,0)	6,0 (4,5)	6,7 (5,0)
Werte in Klammern gelten für Mauerwerk aus Hochlochziegeln mit Lochung W (HLzW) und Mauertafelziegeln T4.				

Tabelle NA.D.3 — Charakteristische Druckfestigkeit f_k in N/mm² von Einsteinmauerwerk aus Vollziegeln sowie Kalksand-Vollsteinen und Kalksand-Blocksteinen mit Normalmauermörtel

Steindruck-festigkeits-klasse	f_k N/mm²			
	M 2,5	**M 5**	**M 10**	**M 20**
4	2,8	---	---	---
6	3,6	4,0	---	---
8	4,2	4,7	---	---
10	4,8	5,4	6,0	---
12	5,4	6,0	6,7	7,5
16	6,4	7,1	8,0	8,9
20	7,2	8,1	9,1	10,1
28	8,8	9,9	11,0	12,4
36	10,2	11,4	12,7	14,3
48	10,2	11,4	15,1	16,9
60	10,2	11,4	15,1	16,9

Tabelle NA.D.4 — Charakteristische Druckfestigkeit f_k in N/mm² von Einsteinmauerwerk aus Kalksand-Plansteinen und Kalksand-Planelementen mit Dünnbettmörtel

Steindruck-festigkeits-klasse	f_k N/mm²			
	Planelemente		Plansteine	
	KS XL	KS XL-N, KS XL-E	KS P	KS L-P
4	2,9	2,9	2,9	2,9
6	4,0	4,0	4,0	3,7
8	5,0	5,0	5,0	4,4
10	6,0	6,0	6,0	5,0
12	9,4	7,0	7,0	5,6
16	11,2	8,8	8,8	6,6
20	12,9	10,5	10,5	7,6
28	16,0	13,8	13,8	7,6
36	16,0	13,8	16,8	7,6
48	16,0	13,8	16,8	7,6
60	16,0	13,8	16,8	7,6

Tabelle NA.D.5 — Charakteristische Druckfestigkeit f_k in N/mm² von Einsteinmauerwerk aus Mauerziegeln und Kalksandsteinen mit Leichtmauermörtel

Steindruck-festigkeitsklasse	f_k N/mm²	
	LM 21	LM 36
2	1,2	1,3
4	1,6	2,2
6	2,2	2,9
8	2,5	3,3
10	2,8	3,3
12	3,0	3,3
16	3,0	3,3
20	3,0	3,3
28	3,0	3,3

Tabelle NA.D.6 — Charakteristische Druckfestigkeit f_k in N/mm² von Einsteinmauerwerk aus Leichtbeton- und Betonsteinen mit Normalmauermörtel

Leichtbetonsteine	Steindruckfestigkeitsklasse	f_k N/mm²		
		M 2,5	M 5	M 10 und M 20
Hbl, Hbn	2	1,4	1,5	1,7
	4	2,2	2,4	2,6
	6	2,9	3,1	3,3
	8	2,9	3,7	4,0
	10	2,9	4,3	4,6
	12	2,9	4,8	5,1
V, Vbl	2	1,5	1,6	1,8
	4	2,5	2,7	3,0
	6	3,4	3,7	4,0
	8	3,4	4,5	5,0
	10	3,4	5,4	5,9
	12	3,4	6,1	6,7
	16	3,4	6,1	8,3
	20	3,4	6,1	9,8
Vn, Vbn Vm, Vmb	4	2,8	2,9	2,9
	6	3,6	4,0	4,0
	8	3,6	4,7	5,0
	10	3,6	5,4	6,0
	12	3,6	6,0	6,7
	16	3,6	6,0	8,0
	≥ 20	3,6	6,0	9,1

Tabelle NA.D.7 — Charakteristische Druckfestigkeit f_k in N/mm² von Einsteinmauerwerk aus Leichtbeton-Vollblöcken mit Schlitzen Vbl S, Vbl SW mit Normalmauermörtel

Steindruckfestigkeitsklasse	f_k N/mm²		
	M 2,5	M 5	M 10, M 20
2	1,4	1,6	1,8
4	2,1	2,4	2,9
6	2,7	3,1	3,7
8	2,7	3,9	4,4
10	2,7	4,5	5,0
12	2,7	5,0	5,6

Tabelle NA.D.8 — Charakteristische Druckfestigkeit f_k in N/mm² von Einsteinmauerwerk aus Voll- und Lochsteinen aus Leichtbeton mit Leichtmauermörtel

Steindruckfestigkeitsklasse	f_k N/mm²
	LM 21 und LM 36
2	1,4
4	2,3
6	3,0
8	3,6

Tabelle NA.D.9 — Charakteristische Druckfestigkeit f_k in N/mm² von Einsteinmauerwerk aus Porenbeton-Plansteinen und Porenbeton-Planelementen mit Dünnbettmörtel (DM)

Steindruckfestigkeitsklasse	f_k N/mm²
2	1,8
4[a]	3,0
6[b]	4,1
8	5,1

a Für die Steindruckfestigkeitsklasse-Rohdichtekombination 4-0,5 gilt f_k = 2,6 N/mm².

b Für die Steindruckfestigkeitsklasse-Rohdichtekombination 6-0,6 gilt f_k = 3,7 N/mm².

Tabelle NA.D.10 — Charakteristische Druckfestigkeit f_k in N/mm² von Einsteinmauerwerk aus Planhochlochziegeln mit Lochung B (PHLzB) und E (PHLzE) mit Dünnbettmörtel

Steindruckfestigkeitsklasse	f_k N/mm²
6	3,1
8	3,7
10	4,2
12	4,7
16	5,5
20	6,3

D.2 Charakteristische Biegefestigkeit

...Auslassung...

Die charakteristische Biegefestigkeit $f_{xk,1,s}$ wird nach DIN EN 1996-1-1/NA:2019-12, NDP zu 3.6.3, bestimmt. Sofern eine Biegezugfestigkeit benötigt wird, ist diese DIN EN 1996-1-1 zu entnehmen.

Die in DIN EN 1996-3 [E8], Anhang D.2 bzw. D.3 angegebenen charakteristischen Biegefestigkeiten und Haftscherfestigkeiten werden in Deutschland für die Bemessung unbewehrter Wände mit den vereinfachten Bemessungsmethoden nicht benötigt. Spezielle Nachweise, welche einer Biegefestigkeit bedürfen, sind nach DIN EN 1996-1-1/NA [E16] zu führen.

D.3 Charakteristische Haftscherfestigkeit

...Auslassung...

Die charakteristische Haftscherfestigkeit $f_{vk0,s}$ wird nach DIN EN 1996-1-1/NA:2019-12, NDP zu 3.6.2, bestimmt.

Schrifttum

Eurocodes

[E1] DIN EN 1990:2010-12: Eurocode 0: Grundlagen der Tragwerksplanung.

[E2] DIN EN 1991-1-1:2010-12: Eurocode 1: Einwirkungen auf Tragwerke – Teil 1-1: Allgemeine Einwirkungen auf Tragwerke – Wichten, Eigengewicht und Nutzlasten im Hochbau.

[E3] DIN EN 1991-1-4:2010-12: Eurocode 1: Einwirkungen auf Tragwerke – Teil 1-4: Allgemeine Einwirkungen auf Tragwerke – Windlasten.

[E4] DIN EN 1992-1-1:2011-01: Eurocode 2: Bemessung und Konstruktion von Stahlbeton- und Spannbetontragwerken – Teil 1-1: Allgemeine Bemessungsregeln und Regeln für den Hochbau.

[E5] DIN EN 1996-1-1:2013-02: Eurocode 6: Bemessung und Konstruktion von Mauerwerksbauten – Teil 1-1: Allgemeine Regeln für bewehrtes und unbewehrtes Mauerwerk; Deutsche Fassung EN 1996-1-1:2005+A1:2012.

[E6] DIN EN 1996-1-2:2011-04: Eurocode 6: Bemessung und Konstruktion von Mauerwerksbauten – Teil 1-2: Allgemeine Regeln – Tragwerksbemessung für den Brandfall; Deutsche Fassung EN 1996-1-1:2005 + AC:2010.

[E7] DIN EN 1996-2:2010-12: Eurocode 6: Bemessung und Konstruktion von Mauerwerksbauten – Teil 2: Planung, Auswahl der Baustoffe und Ausführung von Mauerwerk; Deutsche Fassung EN 1996-2:2006 + AC:2009.

[E8] DIN EN 1996-3:2010-12: Eurocode 6: Bemessung und Konstruktion von Mauerwerksbauten – Teil 3: Vereinfachte Berechnungsmethoden für unbewehrte Mauerwerksbauten; Deutsche Fassung EN 1996-3:2006 + AC:2009.

[E9] DIN EN 1997-1:2014-03: Eurocode 7 – Entwurf, Berechnung und Bemessung in der Geotechnik – Teil 1: Allgemeine Regeln.

[E10] DIN EN 1998-1: 2010-12: Eurocode 8: Auslegung von Bauwerken gegen Erdbeben – Teil 1: Grundlagen, Erdbebeneinwirkungen und Regeln für Hochbauten.

[E11] DIN EN 1990/NA:2010-12: Nationaler Anhang – National festgelegte Parameter – Eurocode 0: Grundlagen der Tragwerksplanung.

[E12] DIN EN 1990/NA/A1:2012-08: Nationaler Anhang – National festgelegte Parameter – Eurocode: Grundlagen der Tragwerksplanung; Änderung A1.

[E13] DIN EN 1991-1-1/NA:2010-12: Nationaler Anhang – National festgelegte Parameter – Eurocode 1: Einwirkungen auf Tragwerke – Teil 1-1: Allgemeine Einwirkungen auf Tragwerke – Wichten, Eigengewicht und Nutzlasten im Hochbau.

[E14] DIN EN 1991-1-4/NA:2010-12: Nationaler Anhang – National festgelegte Parameter – Eurocode 1: Einwirkungen auf Tragwerke – Teil 1-4: Allgemeine Einwirkungen auf Tragwerke – Windlasten.

[E15] DIN EN 1992-1-1:2011-01: Eurocode 2: Bemessung und Konstruktion von Stahlbeton- und Spannbetontragwerken – Teil 1-1: Allgemeine Bemessungsregeln und Regeln für den Hochbau.

[E16] DIN EN 1996-1-1/NA:2019-12: Nationaler Anhang – National festgelegte Parameter – Eurocode 6: Bemessung und Konstruktion von Mauerwerksbauten – Teil 1-1/NA: Allgemeine Regeln für bewehrtes und unbewehrtes Mauerwerk.

[E17] DIN EN 1996-1-2/NA:2013-06 Nationaler Anhang – National festgelegte Parameter – Eurocode 6: Bemessung und Konstruktion von Mauerwerksbauten – Teil 1-2: Allgemeine Regeln – Tragwerksbemessung für den Brandfall.

[E18] DIN EN 1996-2/NA:2012-01: Nationaler Anhang – National festgelegte Parameter – Eurocode 6: Bemessung und Konstruktion von Mauerwerksbauten – Teil 2/NA: Planung, Auswahl der Baustoffe und Ausführung von Mauerwerk.

[E19] DIN EN 1996-3/NA:2019-12: Nationaler Anhang – National festgelegte Parameter – Eurocode 6: Bemessung und Konstruktion von Mauerwerksbauten – Teil 3/NA: Vereinfachte Berechnungsmethoden für unbewehrte Mauerwerksbauten.

DIN-Normen

[R1] DIN 1053-1:1996-11: Mauerwerk – Teil 1: Berechnung und Ausführung *(Norm zurückgezogen).*

[R2] DIN 1053-4:2013-04: Mauerwerk – Teil 4: Fertigbauteile *(Norm zurückgezogen).*

[R3] DIN 1053-100:2007-09: Mauerwerk – Teil 100: Berechnung auf der Grundlage des semiprobabilistischen Sicherheitskonzepts *(Norm zurückgezogen).*

[R4] DIN 1054:2010-12: Baugrund – Sicherheitsnachweise im Erd- und Grundbau – Ergänzende Regelungen zu DIN EN 1997-1.

[R5] DIN EN 1363-2:1999-10: Feuerwiderstandsprüfungen – Teil 2: Alternative und ergänzende Verfahren; Deutsche Fassung EN 1363-2:1999.

[R6] DIN 4102-4:1994-03: Brandverhalten von Baustoffen und Bauteilen; Zusammenstellung und Anwendung klassifizierter Baustoffe, Bauteile und Sonderbauteile *(Norm zurückgezogen).*

[R7] DIN 4102-4/A1:2004-11: Brandverhalten von Baustoffen und Bauteilen – Teil 4: Zusammenstellung und Anwendung klassifizierter Baustoffe, Bauteile und Sonderbauteile; Änderung A1 *(Norm zurückgezogen).*

[R8] DIN 4102-4:2016-05: Brandverhalten von Baustoffen und Bauteilen – Teil 4: Zusammenstellung und Anwendung klassifizierter Baustoffe, Bauteile und Sonderbauteile.

[R9] DIN 4103-1:1984-07: Nichttragende innere Trennwände; Anforderungen, Nachweise *(Norm zurückgezogen).*

[R10] DIN 4108 Beiblatt 2:2019-06: Wärmeschutz und Energie-Einsparung in Gebäuden; Beiblatt 2: Wärmebrücken – Planungs- und Ausführungsbeispiele.

[R11] DIN 4108-3:2018-10: Wärmeschutz und Energie-Einsparung in Gebäuden – Teil 3: Klimabedingter Feuchteschutz – Anforderungen, Berechnungsverfahren und Hinweise für Planung und Ausführung.

[R12] DIN 4108-10:2015-12: Wärmeschutz und Energie-Einsparung in Gebäuden – Teil 10: Anwendungsbezogene Anforderungen an Wärmedämmstoffe – Werkmäßig hergestellte Wärmedämmstoffe.

[R13] DIN 4149:2005-04: Bauten in deutschen Erdbebengebieten – Lastannahmen, Bemessung und Ausführung üblicher Hochbauten *(Norm zurückgezogen).*

[R14] DIN 18015-3:2016-09: Elektrische Anlagen in Wohngebäuden – Teil 3: Leitungsführung und Anordnung der Betriebsmittel.

[R15] DIN 18202: 2019-07: Toleranzen im Hochbau – Bauwerke.

[R16] DIN 18515-1:2017-08: Außenwandbekleidungen – Grundsätze für Planung und Ausführung – Teil 1: Angemörtelte Fliesen oder Platten.

[R17] DIN 18533-1:2017-07: Abdichtung von erdberührten Bauteilen – Teil 1: Anforderungen, Planungs- und Ausführungsgrundsätze.

[R18] DIN 18533-2:2017-07: Abdichtung von erdberührten Bauteilen – Teil 2: Abdichtung mit bahnenförmigen Abdichtungsstoffen.

[R19] DIN 18533-3:2017-07: Abdichtung von erdberührten Bauteilen – Teil 3: Abdichtung mit flüssig zu verarbeitenden Abdichtungsstoffen.

[R20] DIN 18550-1:2018-01: Planung, Zubereitung und Ausführung von Außen- und Innenputzen – Teil 1: Ergänzende Festlegungen zu DIN EN 13914-1:2016-09 für Außenputze.

[R21] DIN 18555-9:2019-04: Prüfung von Mörteln mit mineralischen Bindemitteln – Teil 9: Bestimmung der Fugendruckfestigkeit von Festmörteln.

[R22] DIN 18580:2019-06: Baustellenmauermörtel.

[R23] DIN 20000-401:2017-01: Anwendung von Bauprodukten in Bauwerken – Teil 401: Regeln für die Verwendung von Mauerziegeln nach DIN EN 771-1:2015-11.

[R24] DIN 20000-402:2017-01: Anwendung von Bauprodukten in Bauwerken – Teil 402: Regeln für die Verwendung von Kalksandsteinen nach DIN EN 771-2:2015-11.

[R25] DIN 20000-403:2019-11: Anwendung von Bauprodukten in Bauwerken – Teil 403: Regeln für die Verwendung von Mauersteinen aus Beton (mit dichten und porigen Zuschlägen) nach DIN EN 771-3:2015-11.

[R26] DIN 20000-404:2018-04: Anwendung von Bauprodukten in Bauwerken – Teil 404: Regeln für die Verwendung von Porenbetonsteinen nach DIN EN 771-4:2015-11.

[R27] DIN 20000-412: 2019-06: Anwendung von Bauprodukten in Bauwerken – Teil 412: Regeln für die Verwendung von Mauermörtel nach DIN EN 998-2:2017-02.

[R28] DIN EN 771-1:2015-11: Festlegungen für Mauersteine – Teil 1: Mauerziegel; Deutsche Fassung EN 771-1:2011+A1:2015.

[R29] DIN EN 771-2:2015-11: Festlegungen für Mauersteine – Teil 2: Kalksandsteine; Deutsche Fassung EN 771-2:2011+A1:2015.

[R30] DIN EN 771-3:2015-11: Festlegungen für Mauersteine – Teil 3: Mauersteine aus Beton (mit dichten und porigen Zuschlägen); Deutsche Fassung EN 771-3:2011+A1:2015.

[R31] DIN EN 771-4:2015-11: Festlegungen für Mauersteine – Teil 4: Porenbetonsteine; Deutsche Fassung EN 771-4:2011+A1:2015.

[R32] DIN EN 771-5:2015-11: Festlegungen für Mauersteine – Teil 5: Betonwerksteine.

[R33] DIN EN 771-6:2015-11: Festlegungen für Mauersteine – Teil 6: Natursteine.

[R34] DIN EN 772-1: 2016-05: Prüfverfahren für Mauersteine – Teil 1: Bestimmung der Druckfestigkeit.

[R35] DIN EN 845-1:2016-12: Festlegungen für Ergänzungsbauteile für Mauerwerk – Teil 1: Maueranker, Zugbänder, Auflager und Konsolen; Deutsche Fassung EN 845-1:2013+A1:2016.

[R36] DIN EN 998-1:2017-02: Festlegungen für Mörtel im Mauerwerksbau – Teil 1: Putzmörtel; Deutsche Fassung EN 998-1:2016.

[R37] DIN EN 998-2: 2017-02: Festlegungen für Mörtel im Mauerwerksbau – Teil 2: Mauermörtel.

[R38] DIN EN 1052-3:2007-06: Prüfverfahren für Mauerwerk – Teil 3: Bestimmung der Anfangsscherfestigkeit (Haftscherfestigkeit).

[R39] DIN EN 1926:2007-03: Prüfverfahren für Naturstein – Bestimmung der einachsigen Druckfestigkeit.

[R40] DIN EN 13139:2002-08: Gesteinskörnungen für Mörtel.

[R41] DIN EN 13279-1:2008-11: Gipsbinder und Gips-Trockenmörtel – Teil 1: Begriffe und Anforderungen.

[R42] DIN EN 13914-1:2016-09: Planung, Zubereitung und Ausführung von Außen- und Innenputzen – Teil 1: Außenputze; Deutsche Fassung EN 13914-1:2016

[R43] DIN EN 14967:2006-08: Abdichtungsbahnen – Bitumen-Mauersperrbahnen – Definitionen und Eigenschaften; Deutsche Fassung EN 14967:2006.

[R44] DIN EN ISO 8044:2015-12: Korrosion von Metallen und Legierungen – Grundbegriffe.

[R45] DIN SPEC 20000-202:2016-03: Anwendung von Bauprodukten in Bauwerken – Teil 202: Anwendungsnorm für Abdichtungsbahnen nach Europäischen Produktnormen zur Verwendung als Abdichtung von erdberührten Bauteilen, von Innenräumen und von Behältern und Becken.

DGfM und DIBt

[D1] Deutsche Gesellschaft für Mauerwerks- und Wohnungsbau (DGfM): Merkblatt Schlitze und Aussparungen. Fachliche Beratung durch F. Purtak, Berlin, 2015.

[D2] Deutsche Gesellschaft für Mauerwerks- und Wohnungsbau (DGfM): Merkblatt zur Abdichtung von Mauerwerk. Fachliche Beratung durch R. Oswald, Berlin, 2. Auflage, 2016.

[D3] Deutsche Gesellschaft für Mauerwerks- und Wohnungsbau (DGfM): Merkblatt nichttragende innere Trennwände aus Mauerwerk. Fachliche Beratung durch F. Purtak, Berlin, 2. Auflage, 2017.

[D4] Deutsche Gesellschaft für Mauerwerks- und Wohnungsbau (DGfM): Praxistipps für die Ausführung von Mauerwerk. Fachliche Beratung durch R. Oswald und P. Schubert, Berlin, 2013.

[D5] Deutsches Institut für Bautechnik (DIBt): Muster-Verwaltungsvorschrift Technische Baubestimmungen (MVV TB). Berlin, Ausgabe 2019/1; Amtliche Mitteilungen 2020/1 (Ausgabe: 15. Januar 2020)

Zitierte Literatur

[1] Altaha, N.; Seim, W.: EC 6-Kommentar und Anwendungshilfe, Teil 2: Planung, Auswahl der Baustoffe und Ausführung von Mauerwerk. Mauerwerk-Kalender 37 (2012), Ernst & Sohn: Berlin. S.197-209.

[2] Bakeer, T.: Stability of Masonry Walls. Habilitation, Technische Universität Dresden, 2016.

[3] Brameshuber, W.: Eigenschaften von Mauersteinen, Mauermörtel, Mauerwerk und Putzen. Mauerwerk-Kalender 44 (2019), Ernst & Sohn: Berlin. S. 3-29.

[4] Deutscher Ausschuss für Stahlbeton (DAfStb): Hilfsmittel zur Schnittgrößenermittlung und zu besonderen Detailnachweisen bei Stahlbetontragwerken. Beuth Verlag: Berlin. Heft 631, 2019.

[5] Eis, A.: Übersicht über abgeschlossene und laufende Forschungsvorhaben im Mauerwerksbau. Mauerwerk-Kalender 43 (2018), Ernst & Sohn: Berlin. S. 527-560.

[6] Förster, V.: Tragfähigkeit unbewehrter Beton- und Mauerwerksdruckglieder bei zweiachsig exzentrischer Beanspruchung. Dissertation, Institut für Massivbau, Technische Universität Darmstadt, Heft 40 (2018).

[7] Förster, V.: Tragfähigkeit schlanker unbewehrter Mauerwerksdruckglieder unter schiefer Biegebeanspruchung / Load-bearing capacity of slender unreinforced masonry compression members under biaxial bending. Mauerwerk 21 (2017), Ernst & Sohn: Berlin. H. 5, S. 320-331.

[8] Förster, V.; Graubner, C.-A.: Design of basement walls under lateral earth pressure. Brick and Block Masonry: Trends, Innovations and Challenges: Proceedings of the 16th International Brick and Block Masonry Conference, Padova, Italy, 26-30 June 2016. CRC Press: Leiden (Netherlands). S. 2225-2230.

[9] Förster, V.; Graubner, C.-A.: Erweiterung des Anwendungsbereichs von DIN EN 1996-3/NA für hohe Wände / Extended conditions of application of DIN EN 1996-3/NA for high walls. Mauerwerk 23 (2019), Ernst & Sohn: Berlin. H. 5, S. 284-299.

[10] Förster, V.; Graubner, C.-A., Purkert, B.: Tragfähigkeitstafeln für unbewehrtes Mauerwerk nach DIN EN 1996-3/NA:2019-12. Mauerwerk 24 (2020), Ernst & Sohn: Berlin.

[11] Glock, C.: Traglast unbewehrter Beton- und Mauerwerkswände. Dissertation, Institut für Massivbau, Technische Universität Darmstadt, H. 9 (2014).

[12] Graubner, C.-A.: Mauerwerksbau. Schneider – Bautabellen für Ingenieure, 24. Auflage (2020), Bundesanzeiger Verlag: Köln. S. 7.1-7.36.

[13] Graubner, C.-A.; Faust, T.; Purkert, B.; Mazur, R.; Krieger, L.; Müller, D.; Förster, V.: Verbesserung der Eurocodes durch pränormative Forschung – Phase 2: Entwurfsphase zur Qualitätssicherung und -kontrolle der Eurocode-Entwürfe – Teilantrag Vorhaben B: Erweiterung des Anwendungsgebiets der vereinfachten Berechnungsmethoden nach EN 1996-3/NA. Interner Forschungsbericht (Kurzzusammenfassung in [5] enthalten), Initiative Praxisgerechte Regelwerke im Bauwesen, PG 5 Mauerwerksbau. Berlin. 2017.

[14] Graubner, C.-A.; Förster, V.: Vereinfachter Stabilitätsnachweis knickgefährdeter Mauerwerkswände / Simplified design concept for slender masonry walls. Mauerwerk 19 (2015), Ernst & Sohn: Berlin. H. 6, S. 417-426.

[15] Graubner, C.-A.; Glock, C.: Abschätzung der Knicklänge mehrseitig gehaltener Wände aus großformatigen Mauersteinen. Bauingenieur 79 (2004), Springer Verlag: Düsseldorf. H. 6, S. 300-305.

[16] Graubner, C.-A.; Kohoutek, J.; Tran, L.: Bestimmung der maßgebenden Einwirkungskombinationen nach DIN EN 1990 zur rationellen Bemessung von Stahlbetonbauteilen im üblichen Hochbau. T 3325. Fraunhofer IRB Verlage: Stuttgart. 2016.

[17] Graubner, C.-A.; Müller, D.: Vereinfachter Nachweis von Aussteifungswänden aus unbewehrtem Mauerwerk / Simplified verification method for unreinforced masonry shear walls. Mauerwerk 23 (2019), Ernst & Sohn: Berlin. H. 5, S. 300-305.

[18] Graubner, C.-A.; Purkert, B.: Nachweis des Feuerwiderstands von Ziegelmauerwerk – Tipps für eine effiziente Bemessung / Verification of the fire resistance of clay brick masonry – hints for efficient design. Mauerwerk 23 (2019), Ernst & Sohn: Berlin. H. 5, S. 306-315.

[19] Graubner, C.-A.; Schmitt. M.; Förster, V.: Hilfsmittel für die praxisnahe Bemessung von unbewehrtem Mauerwerk – Design tables for URM. Mauerwerk 18 (2014), Ernst & Sohn: Berlin. H. 3/4, S. 176-187.

[20] Graubner, C.-A.; Schmitt, M.; Förster, V.: Nachweis von Aussteifungscheiben aus unbewehrtem Mauerwerk nach DIN EN 1996-1-1/NA. Mauerwerksbau – Praxishandbuch für Tragwerksplaner, Beuth Verlag: Berlin. 2017, S. D.73-D87.

[21] Graubner, C.-A.; Schmitt, M.; Förster, V.: Tragfähigkeitstafeln für unbewehrtes Mauerwerk nach DIN EN 1996-3/NA. Mauerwerksbau – Praxishandbuch für Tragwerksplaner, Beuth Verlag: Berlin. 2017, S. D.49-D72.

[22] Graubner, C.-A.; Spengler, M.: Randbedingungen des vereinfachten Nachweises erddruckbelasteter Kelleraußenwände aus Mauerwerk. Forschungsbericht, Deutsche Gesellschaft für Mauerwerksbau (DGfM): Berlin. 2007.

[23] Hahn, C.: Tragwerksbemessung für den Brandfall nach Eurocode 6 – Erläuterungen zum Nationalen Anhang zu DIN EN 1996-1-2. Mauerwerk-Kalender 38 (2013), Ernst & Sohn: Berlin, S. 413-446.

[24] Kirtschig, K.; Anstötz, W.: Zur Tragfähigkeit von nichttragenden inneren Trennwänden in Massivbauweise. Mauerwerk-Kalender 11 (1986). Ernst & Sohn: Berlin. S. 697-734.

[25] Mann, W.: Zug- und Biegezugfestigkeit von Mauerwerk – theoretische Grundlagen und Vergleich mit Versuchsergebnissen. Mauerwerk-Kalender 17 (1992), Ernst & Sohn: Berlin. S. 604-607.

[26] Mann, W.; Müller, H.: Schubtragfähigkeit von gemauerten Wänden und Voraussetzungen für das Entfallen des Windnachweises. Mauerwerk-Kalender 10 (1985), Ernst & Sohn: Berlin. S. 95-114.

[27] Mazur, R.; Purkert, B.; Graubner, C.-A.; Förster, V.: Vorschlag zur vereinfachten Bemessung von Kellerwänden unter horizontalem Erddruck. Mauerwerk 22 (2018), Ernst & Sohn: Berlin. H. 3, S. 162-174.

[28] Musterbauordnung (MBO). Fassung November 2002, Zuletzt geändert durch Beschluss der Bauministerkonferenz vom 22.02.2019.

[29] Schmitt, M.: Tragfähigkeit ausfachender Mauerwerkswände unter Berücksichtigung der verformungsbasierten Membranwirkung. Dissertation, Institut für Massivbau, Technische Universität Darmstadt, H. 39 (2017).

[30] Schmitt, M.; Graubner, C.-A.; Förster, V.: Mindestauflast auf Mauerwerkswänden – eine realitätsnahe Betrachtung / Minimum vertical load on masonry walls – a realistic view. Mauerwerk 19 (2015), Ernst & Sohn: Berlin. H. 4, S. 245-257.

[31] Schmitt, M.; Graubner, C.-A.: Tragfähigkeit ausfachender Mauerwerkswände unter Berücksichtigung der verformungsbasierten Membranwirkung. Mauerwerk-Kalender 44 (2019), Ernst & Sohn: Berlin. S. 431-459.

[32] Schmidt, U.: Bruchmechanischer Beitrag zur Biegezugfestigkeit von Mauerwerk. Dissertation, Aachener Beiträge zur Bauforschung des ibac 19 (2015), RWTH Aachen.

[33] Schubert, P.: Zweischalige Außenwände von Mauerwerk nach EC6. Mauerwerksbau aktuell 2013, Beuth Verlag: Berlin. S. A.65-A.82.

[34] Bundesvereinigung der Prüfingenieure für Bautechnik (BVPI): Bemessung von Mauerwerk nach DIN EN 1996. Technische Mitteilung 03/001, Sept. 2015.